지은이 라스 치트카 Lars Chittka

퀸 메리 런던 대학교의 감각·행동 생태학 교수다. 《수분 작용의 인지 생태학(Cognitive Ecology of Pollination)》을 공동 저술했다.

저자는 벌이 매우 똑똑하고, 고유한 성격을 가지고 있으며, 꽃과 인간의 얼굴을 인식하며, 기본적인 감정을 표현할 수 있으며, 숫자를 셀 수 있으며, 간단한 도구를 사용하며, 문제를 해결하며, 다른 벌들을 관찰함으로써 학습한다는 것을 보여준다. 심지어 저자는 벌에게 의식이 있을 수도 있다고 주장한다.

옮긴이 고현석

《경향신문》, 《서울신문》에서 과학, 국제, 사회 분야의 기사를 썼다. 지금은 수학, 자연과학, 우주과학, 인지과학 분야의 책들을 우리말로 옮기고 있다. 연세대학교 생화학과를 졸업했으며 《느끼고 아는 존재》, 《보이스》, 《측정의 과학》, 《세상을 이해하는 아름다운 수학 공식》, 《의자의 배신》, 《제국주의와 전염병》, 《과학이 만드는 민주주의》, 《코스모스 오디세이》, 《페미니즘 인공지능》, 《인지 도구》, 《신호에서 상징으로》, 《마음의 모델》, 《우리 이전의 세계》 등을 번역했다.

벌의 마음

THE MIND OF A BEE
by LARS CHITTKA

Copyright © 2022 PRINCETON UNIVERSITY PRESS
All rights reserved.
Korean translation copyright © 2025 by HYUNGJU PRESS
Korean translation rights arranged with PRINCETON UNIVERSITY PRESS
through EYA Co., Ltd.

이 책의 한국어판 저작권은 EYA Co., Ltd를 통해 PRINCETON UNIVERSITY PRESS와
독점계약한 형주가 소유합니다. 저작권법에 의해 한국 내에서 보호를 받는
저작물이므로 무단전재와 복제를 금합니다.

벌의 마음

글쓴이 라스 치트카
옮긴이 고현석

1판 1쇄 인쇄 2025. 3. 15.
1판 1쇄 발행 2025. 3. 30.

펴낸곳 형주 | **펴낸이** 주명진
표지·편집 디자인 예온

신고번호 제 333-2022-000002호 | **신고일자** 2022. 1. 3.
주소 부산광역시 해운대구 마린시티 2로 38 2동 2710호
전화 051-513-7534 | **팩스** 051-582-7533

ⓒ Hyungju Press, 2025

ISBN 979-11-94155-03-4 03490

THE MIND OF A BEE

벌의 마음

라스 치트카 지음 | 고현석 옮김

벌에게 의식이 있을까?

차례

1	서론	7
2	다른 색깔의 세계	33
3	벌의 이상한 감각세계	57
4	단순한 본능일까? 정말 그럴까?	89
5	벌의 지능과 의사소통의 기원	119
6	공간에 대한 학습	141
7	꽃에 대한 학습	177
8	사회적 학습에서 '무리 지능'으로	213
9	벌 뇌의 다양한 능력	247
10	벌들의 성격 차이	281
11	벌에게 의식이 있을까?	317
12	에필로그	351

감사의 말	358
주&참고문헌	360
일러스트 출처	408
찾아보기	416

서론

"금성이나 화성의 생명체가 산 높이에서 우리를 관찰한다고 생각해 보자. 그들은 길거리를 돌아다니는 우리를 공간에서 움직이는 작고 까만 점들로 생각할 것이다. … 그들은 우리가 벌집을 관찰할 때처럼 매우 놀라워 보이는 몇 가지 사실에 주목하면서 그 사실들에 기초해 우리가 벌에 대해 내리는 결론처럼 잘못되고 불확실한 결론을 내릴 수밖에 없을 것이다….

그들은 몇 년, 어쩌면 몇백 년 동안 우리를 꾸준히 관찰한 뒤 '저 생명체들은 어디로 향하고, 무엇을 하는 것일까?', '저 생명체들의 삶의 목적은 무엇일까? … 저들의 행동을 지배하는 규칙은 무엇일까? 저 작은 생명체들은 어떤 때는 서로 무리를 이루기도 하고, 어떤 때는 서로를 파괴하며 흩어지기도 한다. 저들은 나타났다 사라지고, 만났다 흩어진다. 하지만 아무도 저들의 목적이 무엇인지 모른다.'고 말할 것이다."

— 모리스 마테를링크(Maurice Maeterlinck), 1901년

외계 생명체의 마음을 이해하는 것은 쉬운 일이 아니다. 하지만 그 어려운 일을 하고 싶다면 방법이 없지는 않다. 외계 생명체의 마음이 어떤 것인지 알기 위해 우주로 갈 필요는 없다. 외계 생명체의 마음을 바로 우리 주변에서 찾을 수 있기 때문이다.

사람들은 인간의 마음과 약간 다를 것이라고 추정되는 마음을 찾기 위해 포유동물의 심리학적 특성을 연구하기도 한다. 하지만 외계 생명체의 마음을 이해하기 위해 꼭 뇌가 큰 포유동물을 연구할 필요는 없다.

벌 같은 곤충의 마음이 인간의 마음과 비슷하리라고는 도무지 생각되지 않는다. 벌은 개체와 집단의 심리학적 특성 모두가 인간의 심리학적 특성과 전혀 비슷하지 않기 때문이다([그림 1-1]). 실제로 벌이 지각하는 세계는 우리가 지각하는 세계와는 확연히 다르고 완전히 다른 감각기관의 지배를 받으며, 벌의 삶은 인간의 우선순위와는 완전히 다른 우선순위에 의해 결정된다.

따라서 벌은 '안쪽 우주의 외계 생명체aliens from inner space'라고 말하는 것이 정확할 수도 있다('안쪽 우주'란 우주 공간 전체 또는 우리 은하 밖의 우주인 바깥 우주outer space와 상반되는 우주, 즉 인간이 파악할 수 있는 세계를 뜻한다; 역주).

곤충 사회는 인간에게는 곤충 개체 하나하나가 아무 생각 없이

[그림 1-1] **벌의 세계는 낯설다.** 벌의 삶은 개체 측면과 집단 측면 모두에서 인간의 삶과 전혀 비슷하지 않다. 벌의 독특한 감각 능력, 본능적 행동, 인지, 사회적 상호작용은 수학적으로 최적의 구조인 벌집 같은 구조를 만들어 낸다. 벌집은 규칙성과 기능성 면에서 동물이 만들 수 있는 가장 뛰어난 구조다.

톱니바퀴 역할을 하는 매끄럽게 기름칠한 기계처럼 보일 수 있지만, 외계 생명체에게는 인간 사회와 비슷하게 보일지도 모른다. 이 책의 목표는 벌에게 마음이 있다는 것을 보여주는 것이다.

나는 이 책 전체에 걸쳐 마음을 구성하는 핵심요소인 자서전적 기억autobiographical memory, 주변 세계와 자신의 지식에 대한 인식, 자신의 행동 결과에 대한 인식, 기본적인 감정과 지능을 벌이 가지고 있으며, 이런 벌의 마음이 매우 정교한 뇌에 의해 구축된다는 것을 보여줄 것이다.

앞으로 살펴보겠지만, 곤충의 뇌는 결코 단순하지 않다. 인간의 뇌에는 860억 개의 신경세포가 있는 데 비해 벌의 뇌에는 100만 개밖에 없다.[1] 하지만 벌의 뇌 신경세포는 세밀하게 가지를 뻗은 구조이며, 그 복잡성은 다 자란 참나무와 비슷할 정도다. 또한 이 신경세포들은 각각 최대 1만 개의 다른 신경세포들과 연결된다.

따라서 벌의 뇌에는 10억 개 이상의 연결 지점이 있을 수 있으며, 각각의 연결은 벌의 경험에 의해 변경될 수 있다.[2] 이처럼 작고 정교한 형태를 가진 벌의 뇌는 단순한 입출력 장치가 아니라 가능성을 탐색하는 생물학적 예측 기계다. 또한 벌의 뇌는 자극이 없을 때도, 심지어 밤에도 쉬지 않고 가동된다.[3]

벌이 된다는 것은 어떤 것일까?

벌의 마음속에 무엇이 있을지 탐구할 때는 1인칭 벌의 시점에서 세상의 어떤 측면이 자신에게 중요할지, 어떻게 중요할지 생각해 보는 것이 도움이 된다. 벌이 되어 보는 것은 어떤 느낌일지 상상해 보자.[4]

그러기 위해서는 우선 기사의 갑옷 같은 외골격을 당신이 가지고 있다고 상상해 보자.[5] 하지만 이 외골격은 피부가 아니라 근육이 안쪽에 바로 붙어 있는 형태다. 당신은 딱딱한 껍질이 부드러운 코어

core를 감싸고 있는 전형적인 곤충이 된 것이다. 또한 당신에게는 주 삿바늘처럼 생긴 화학무기가 내장돼 있어 자기 몸집의 천 배나 되는 동물을 죽일 수도 있고, 극심한 고통을 줄 수도 있다. 하지만 이 무기를 사용하면 자신도 죽을 수 있기 때문에 이 무기는 최후의 수단으로만 사용해야 한다. 이제 벌 내부에서 바라보는 세상이 어떤 모습일지 상상해 보자.

이제 당신의 시야각은 300도로 넓어졌고, 인간의 눈보다 더 빠르게 정보를 처리할 수 있다.[6] 당신의 유일한 영양분의 원천은 꽃이지만, 꽃 한 송이에서 얻을 수 있는 영양분의 양은 매우 적기 때문에 때로는 꽃을 찾아 몇 km를 이동해야 하고, 다른 벌들과 먹이찾기 경쟁을 해야 한다. 또한 벌이 된 당신은 인간보다 훨씬 넓은 범위의 색을 볼 수 있고, 자외선을 감지할 수 있으며, 빛의 파장이 진동하는 방향도 매우 민감하게 탐지해낼 수 있다. 게다가 이제 당신은 자기나침반처럼 정확하게 방향을 탐지할 수 있으며, 머리에는 다리 길이 정도의 긴 돌기가 달려 있어 그 돌기로 맛을 보거나, 냄새를 맡거나, 전기장을 감지할 수 있다([그림 1-2]). 당연히 자유롭게 날아다닐 수도 있다. 이 모든 것을 고려할 때 당신의 마음에는 무엇이 들어 있을까?

야생에서 먹이찾기의 어려움

동물(인간 포함)의 마음속에는 진화 과정에서 얻은 정보들이 혼합된

[그림 1-2] 호박벌(bumble bee)은 꽃을 어떻게 볼까? A. 전자현미경으로 촬영한 벌의 머리. 벌의 더듬이는 물체 표면의 질감과 공기 흐름을 감지하며, 맛을 보거나 냄새를 맡고, 온도와 전기장을 감지할 수 있다. 머리 양쪽에 있는 커다란 곡선형 눈은 뒤쪽을 제외한 모든 방향을 동시에 볼 수 있으며, 자외선과 편광(polarized light)에 민감하게 반응한다. 이 겹눈은 홑눈이라고 부르는 수천 개의 '마이크로 눈'으로 구성되며, 각각의 홑눈에는 육각형 모양의 수정체가 있고[그림 A의 우측 상단 참조. 흰색 막대의 길이는 50마이크로미터(μm)]. 홑눈 하나하나는 이미지에 1픽셀을 기여한다. 그림 B와 C는 별 모양의 일반적인 꽃 이미지가 4cm 떨어져서 그 꽃을 보는 벌의 곡선형 눈에 어떻게 매핑되는지 보여준다. 이 거리에서 보는 꽃의 이미지는 시각적 해상도가 낮고 매우 왜곡돼 있다는 점에 주목하자.

상태로 존재한다. 이 정보들은 동물이 진화를 통해 갖게 된 감각 필터를 통과한 정보, 경험을 통해 기억하게 된 정보, 동물이 상상할 수 있는, 즉 예측할 수 있는 정보들이다.

동물의 마음속에 무엇이 들어 있는지 탐구하기 위해서는 동물의 일상생활에서 중요한 것이 무엇인지 먼저 생각해 보는 것이 도움이 된다. 예를 들어 우리는 일벌의 마음속에 섹스에 대한 생각은 없을 것이라고 확신할 수 있다. 일벌(모든 일벌은 암컷이다: 역주)은 일반적으로 생식능력이 없으며, 번식은 여왕벌이 독점하기 때문이다. 또한 꽃은 벌들의 마음속에서 우리가 생각하는 꽃의 의미와는 전혀 다른 의미를 지닐 것이다. 식물은 태양광을 이용해 일종의 에너지 드링크라고 할 수 있는 꽃꿀nectar(화밀)을 만들어내며, 벌에게 이 꽃꿀은 자신과 가족의 생존을 위한 가장 중요한 영양분의 원천이다. 식물의 정자라고 할 수 있는 꽃가루도 벌에게는 꽃꿀만큼 중요한 채집 대상이다. 꽃가루에는 고농도의 다양한 단백질이 포함돼 있기 때문이다.[7]

꽃이 생존과 직결되는 생물체의 마음에는 어떤 것이 들어 있는지 더 자세하게 탐구하기 위해, 집 밖으로 처음 나온 어린 벌을 상상해 보자. 이 벌에게 주어진 과제는 집 주변에서 이정표가 될 수 있는 것들의 위치를 기억하고, 꽃꿀을 얻을 수 있는 자원을 찾는 것이다. 게다가 이 어린 벌은 몇 번의 탐사만으로 집에 꽃꿀을 가져올 수 있어야 한다. 그렇지 않으면 집에 있는 동생들은 굶어 죽는다. 다양한 연구 결과에 따르면 벌은 진화하면서 상당한 지식을 축적한 것이 확실하다.[8] 예를 들어 벌은 나는 법을 배울 필요가 없으며, 풍경 속에서 보이는 알록달록하고 향기 나는 점들이 꽃일 수도 있다는 것을 태어나면서부터 알고 있다.

하지만 벌에게 필요한 정보 중에는 진화가 제공할 수 없는 것도 많다. 한 세대에서 그다음 세대로 이어지면서 많은 정보가 예측이 불가능할 정도로 변화하기 때문이다. 예를 들어 벌은 태어날 때부터 꽃이 어디에 있는지, 정확히 어떻게 생겼는지, 꽃을 어떻게 다뤄야 하는지, 꽃에 꽃꿀과 꽃가루가 얼마나 들어 있는지는 알지 못한다. 특정한 꽃들이 영양분을 많이 가진다고 해도 이미 다른 벌들이 그 꽃들의 영양분을 고갈시켰을 가능성도 있다.[9] 이런 모든 정보는 벌 개체 각각이 탐구하고 학습해야만 하는 정보다. 벌은 성체로 지내는 3주 정도밖에 안 되는 짧은 기간 안에 이 모든 정보를 학습해야 하며, 그렇지 못하면 집으로 돌아가는 길을 찾지 못하거나 꽃에서 영양분을 효율적으로 채집할 수 없다.

벌은 첫 비행이 가장 위험하다. 예를 들어 채집을 위해 처음 날아오른 호박벌의 최대 10%는 다시는 집으로 돌아오지 못한다.[10] 이 호박벌의 일부는 집의 위치를 정확하게 기억해 내지 못하고, 일부는 곤충을 잡아먹는 새나 게거미crab spider처럼 꽃에서 기다리고 있다 곤충을 잡아먹는 포식자에게 희생된다. 이 상황을 이해하기 위해 인간의 어린이들이 같은 상황에 처해 있다고 상상해 보자.

태어난 지 며칠밖에 안 된 채집 벌forager bee은 인간으로 치면 대략 6세 정도 어린이에 해당한다. 이 어린이들을 야생 환경, 즉 기억하기 쉬운 이정표 역할을 할 수 있는 건물 같은 구조물이 없는 곳에 풀어놓는다고 생각해 보자([그림 1-3]).[11] 상황을 단순하게 만들기 위해

꽃가루의 질이 좋은 꽃들이 모여 있는 곳

벌집은 이 나무 밑에 있다

이 산을 넘어가면 꽃꿀의 질이 좋은 꽃들이 모여 있다

[그림 1-3] 자연 서식지 주변에서 채집하는 개체가 채집을 마치고 다시 '중심지(벌집)'로 회귀하는 것은 쉬운 일이 아니다. (눈에 띄는 구조물들이 있는) 도시 환경과 달리 숲이 우거진 산 같은 자연 서식지는 특별히 기억에 남는 특징이 없는 반복적인 모양과 패턴으로 가득 차 있는 경우가 많다. 하지만 벌은 이러한 환경에서 몇 km의 거리를 이동하면서도 집의 위치를 기억할 수 있으며, 하루의 다양한 시간대에 각각 가장 많은 영양분을 제공할 수 있는 꽃들이 모여 있는 위치도 기억할 수 있다. 인간이 이런 환경에서 첨단장비와 지도 없이 가이드의 도움도 받지 않으면서 공간을 탐색해 벌들처럼 식량을 찾아내야 한다면 대부분은 실패할 것이다.

이 환경에서 포식자가 없다고 가정하자. 이 상황에서 어린이들에게 주어진 과제는 집에서 5km 정도 떨어진 곳에서 식량을 구해 집으로 돌아오는 것이다. 그렇다면 이 어린이들은 살아서 집으로 돌아가기 위해 충분한 식량을 확보할 방법을 미리 생각해야 하고, 식량이 떨어지면 스스로 찾아낼 수 있는 지혜가 있어야 한다. 꽃의 구조적 복잡성과 비슷한 정도의 복잡성을 구현하기 위해 이 어린이들이 다양한 퍼즐 상자들을 열어야만 식량을 꺼낼 수 있다고 생각해 보

자. 이 어린이들은 어른의 도움 없이 자력으로 이 퍼즐 상자들의 메커니즘을 이해해야 식량을 꺼낼 수 있다.[12] 식량을 꺼낸 후에도 어른의 도움 없이 집으로 돌아가는 길을 스스로 찾아야 한다.

하루가 끝났을 때 이 어린이들의 어느 정도가 자신이 중간에 먹은 식량을 제외하고 충분한 양의 식량을 집에 가져갈 수 있을까?

이 상황에서 식량을 구해 집으로 돌아올 수 있는 몇 안 되는 어린이는 공간 기억력, 탐색 능력, 운동능력 그리고 식량자원의 질에 대한 정확한 판단을 내릴 수 있는 능력이 뛰어난 아이일 것이다. 식량을 구하는 과정에서 시간이 지나면서 일부 어린이는 가장 좋은 식량 출처가 무엇인지 기억하게 되고, 그 출처들에 집중하면서 그것들과 비슷한 출처들을 찾아내기 시작할 수도 있으며, 그 출처들을 연결하는 짧은 경로를 찾을 수도 있을 것이다.

하지만 그렇게 된다고 해도 상황이 완전히 안정적이라고 할 수는 없다. 다른 어린이들과의 경쟁도 있을 수 있고, 벌이 탐색하는 꽃의 세계에서처럼 이전에 좋았던 식량 출처가 사라져 새로운 출처를 찾기 위해 탐색을 추가적으로 진행해야 할 수도 있다. 어린 벌들은 처음 비행에서 이런 기본적인 어려움을 포함한 다양한 어려움에 직면하게 된다. 따라서 이 벌들의 마음속에는 이런 어려움을 해결해야 한다는 생각이 가득 차 있을 것이다. 다음 섹션에서는 이런 어려움을 해결하기 위해 복잡하고 다양한 형태의 의사결정 능력과 효율적인 기억 구성이 필요하다는 사실에 대해 살펴볼 것이다.

꽃밭이라는 슈퍼마켓에서 쇼핑하는 벌의 마음

꽃은 본질적으로 식물의 생식기관이며, 꽃의 색깔, 무늬, 향기는 이동 능력이 없는 꽃이 성적인 거래transaction, 즉 수꽃에서 암꽃으로 꽃가루를 옮기는 일을 동물이 하게 만들도록 유혹하기 위해 설계돼 있다. 하지만 일반적으로 벌은 이 일을 아무런 보상 없이 하지는 않는다. 이렇게 생각할 때 꽃의 수분pollination(수술의 꽃가루가 암술 머리에 옮겨 붙는 일; 역주) 시스템은 동물이 품질(예: 꽃꿀에 포함된 당분의 양)을 기준으로 '브랜드(꽃 종류)'를 선택하고, 식물이 '고객[수분 매개체 pollinator: 꽃가루를 운반하는 곤충)]'을 확보하기 위해 경쟁하는 생물학적 시장이라고 볼 수 있다.

이 생물학적 시장에서 벌은 꽃이 내는 광고의 내용과 꽃이 제공하는 상품의 질을 비교한다. 이 시장에 나오는 상품은 끊임없이 바뀐다. 예를 들어 아침에는 좋은 상품을 제공하던 꽃밭이 점심때가 되면 꽃꿀을 제공하지 않을 수도 있다. 다른 벌들이 그 사이에 꽃꿀을 모두 가져가 버리는 경우다. 다음 날 아침에는 다시 꽃꿀이 생길 수도 있지만 사흘 후에는 아예 꽃들이 완전히 시들어 버릴 수도 있다. 채집 벌들은 이 모든 변화에 기초해 정보를 업데이트해야 하며, 영양분을 얻을 수 있는 다른 꽃들을 계속 찾아다녀야 한다.

벌의 마음에서 일어나는 정신작용에 대해 이해하려면 이렇게 끊임없이 변화하는 생물학적 시장에서 경제성을 확보하기 위해 벌이 어떤 노력을 하는지 생각해야 한다. 이런 환경에서 활동하는 데 따르는 압박은 물리적 계산이 가능하다. 예를 들어 벌은 자신의 몸무게만큼의 꽃꿀 그리고/또는 꽃가루를 운반할 수 있다. 벌은 한 번 배를 채우기 위해 10km를 이동하면서 1,000개의 꽃에 앉아야 할 수도 있고, 꿀 한 티스푼을 만들기 위해 그러한 여행을 100번 해야 할 수도 있다. 하지만 이 과정에서 벌이 하는 정신적 노력은 저평가되고 있다.

벌은 1,000개의 꽃에 앉을 때마다 1,000개의 '퍼즐 상자'를 풀어

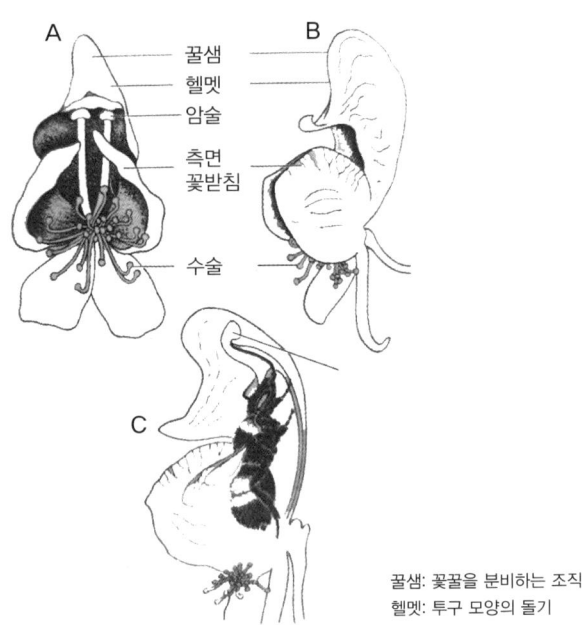

꿀샘: 꽃꿀을 분비하는 조직
헬멧: 투구 모양의 돌기

[그림 1-4] 꽃은 자연의 퍼즐 상자다. 투구꽃(Aconitum variegatum) 정면(A)과 측면(B). 꽃 안에 들어간 호박벌(C)이 꽃꿀을 빼내기 위해 꽃의 '후드(hood)'에 혀를 집어넣고 있다. 경험이 없는 벌은 꽃꿀을 찾는 데 실패하기도 한다. 벌이 이 기술을 완전히 익히려면 수십 번 시도해야 한다.

야 한다. 이 각각의 퍼즐 상자는 인간이 사용하는 자물쇠만큼이나 복잡한 구조를 가지며([그림 1-4]), 벌은 한 종의 꽃에서 퍼즐 상자 푸는 법을 알아냈다고 해서 그 방법을 다른 종의 꽃에 그대로 적용할 수도 없다. 꽃밭을 날아다니는 동안 벌은 다양한 종의 다양한 꽃들이 제공하는 자극들(색깔 패턴, 향기, 전기장)의 폭격을 초 단위로 끊임없이 받는다. 따라서 벌은 이 자극 중 가장 중요한 자극에만 집중해야 하고 나머지 자극들에 대한 반응은 억제해야 한다. 예를 들어

[그림 1-5] 꽃 슈퍼마켓에서 쇼핑하기. 꽃밭 위를 날아다니는 꿀벌은 여러 꽃 종의 색상과 향기 등 다양한 감각 자극에 직면한다. 벌은 쇼핑하는 사람처럼 비용 대비 이득이 가장 많은 꽃 종('상품')을 선택해야 한다(즉 노력 대비 가장 좋은 꽃꿀과 꽃가루를 얻을 수 있는 꽃을 선택해야 한다.). 벌은 꽃의 광고(꽃의 색깔, 모양, 향기)를 기억하고 다른 꽃으로부터의 신호에 주의가 분산되지 않도록 특정한 꽃 종에만 집중해야 한다.

1,000개의 꽃에 앉는다고 가정할 때 벌은 익숙지 않거나, 보상이 적거나, 하루 중 다른 시간에만 보상을 주는 5,000개의 다른 꽃은 무시해야 할 수도 있다([그림 1-5]).

벌은 먹이를 찾는 동안 경쟁자가 최근에 비워 버린 수십 개의 빈 꽃을 연속으로 발견하는 좌절감과 굶주림의 위험을 극복해야 하며, 언제 손실을 줄이고 대체식량을 찾을지 결정해야 한다. 하루에 수천 송이의 꽃을 찾아다니다 보면 벌은 꽃 종과 색깔에 관계없이, 방사 대칭인 꽃(예: 데이지)보다는 양측 대칭인 꽃(예: 금어초)에서 더 많은 보상을 받을 수 있다는 법칙을 발견하게 된다. 일반적으로 곤충은 규칙 학습을 하지 못한다고 생각하지만, 사실 벌은 꽃 슈퍼마켓에서 받는 활동의 압박 때문에 이런 지능적인 규칙 학습을 할 수 있다(이에 대해서는 곧 자세히 설명할 것이다). 또한 벌은 이러한 모든 상황을 파악하는 동안 포식자의 공격을 피해야 하며, 특히 포식 위험이 높은 꽃밭을 기억하고 피해야 한다. 게다가 비행경로가 복잡한 상황에서도, 돌풍 때문에 정해진 경로에서 멀리 벗어날 수 있는 상황에서도 집의 위치를 계속 기억하고 있어야 한다.

벌집에서 이뤄지는
복잡한 의사결정, 의사소통, 구축

마침내 집으로 돌아왔을 때 벌은 곰이 자신의 집을 파헤치고 있는 것을 보게 될 수도 있다. 이때 벌은 어떻게 해야 할까? 먼저 먹이를 내려놓아야 할까, 아니면 죽음의 위험을 감수하고 곰을 공격해야 할까? 아니면 곰의 머리 주변에서 윙윙거리면서 곰이 벌집을 파헤치지 못하게 위협해야 할까? 아니면 벌집 근처 나무에 앉아 곰의 공격이 끝날 때까지 기다려야 할까? 이런 선택은 타고난 벌의 본능에 따라 이뤄진다고 생각하기 쉽지만 사실은 그렇지 않다. 벌들은 각각의 개체 성향에 따라 서로 다른 선택을 한다.

곰이 사라진 후 벌은 집을 수리하고 곰이 훔쳐간 꿀을 다시 보충해야 한다. 벌집을 만들려면 벌의 복부에서 나오는 부드러운 물질로 정확하게 육각형 셀^{cell}들을 만들어내야 하며, 이 셀은 벌의 몸이 들어갈 수 있는 크기여야 한다. 이유는 아직 밝혀지지 않았지만, 이 작업을 위해 벌들은 서로 매달려 사슬 구조를 이룬다([그림 1-1]). 벌은 공중에서 자매 벌들과 이렇게 연결된 상태에서 셀들이 완성될 때까지 벌집 수리 작업을 계속한다.

정상적인 꿀벌의 집(즉 곰의 공격으로 손상되지 않은 집)은 낮이건 밤이건 항상 어두우며, 벌집 안의 세계는 벌집 밖의 세계만큼이나 흥미롭고 기묘하다. 창문이 하나도 없는 100층짜리 건물 외벽을 타고 수많은 사람들이 계속해서 오르내린다고 상상해 보자. 이 상황에서 개개인은 자신이 속한 집단이 처리해야 하는 수십 가지 일 중 자신이 어떤 일을 해야 하는지 어떻게 알 수 있을까?

벌의 의사소통 대부분은 벌이 분비하는 페로몬(몸 전체에 분포하는 다양한 분비샘에서 방출되는 다양한 화학물질. 꿀벌의 경우 15종의 페로몬을 분비한다.)과 벌이 만들어내는 정전기 신호를 통해 이뤄진다.[13] 벌은 기계적 자극을 감지하는 털$^{mechanosensory\ hairs}$을 이용해 정전기 신호를 감지한다. 하지만 꿀벌은 '춤 언어 dance language'라고 불리는 상징적인 움직임을 이용해 꽃의 위치에 대해 서로 소통할 수도 있다.[14]

춤 언어는 채집 꿀벌이 수직 방향의 벌집 표면에서 추는 춤이다. 먹이를 찾은 꿀벌은 이 춤으로 자신이 찾은 먹이 위치를 알리고, 다른 꿀벌은 이 춤을 보면서 먹이의 위치를 알아낸다. 꿀벌의 집은 어둡기 때문에 다른 꿀벌들은 춤추는 꿀벌의 배에 더듬이를 대는 방법으로 이 움직임을 읽어낸다. 진화론적 관점에서 꿀벌의 생존은 다른 꿀벌의 이 움직임을 해석하는 능력에 달려 있다고 볼 수 있다. 어둠 속에서 추는 이 춤을 더 잘 해석하는 꿀벌도 있을 것이고, 전혀 해석하지 못하는 꿀벌도 있을 것이다. 이 춤의 메시지를 정확하게 해석하는 능력을 타고난 꿀벌도 있을 것이고, 이 소통 방법을 더 빠르게 학습할 수 있는 꿀벌도 있을 것이다. 이렇게 수많은 세대가 교체되면서 이 춤의 메시지를 암호화하고, 촉각을 통해 그 메시지를 해독하는 꿀벌의 능력이 자연선택을 통해 진화했을 것이다.

다른 개체의 마음을 이해하는 데 상상이 중요한 이유

철학자 중에는 다른 동물(개체)의 마음이 어떤 것일지 상상할 필요가 없다고 주장하는 사람도 있다.[15] 하지만 내 생각은 다르다. 나는 이런 상상이 매우 유용하다고 본다.

나는 당신이 되는 것이 어떤 것인지 정확하게 상상할 수 없다(인간이 아닌 다른 동물이 되는 것이 어떤 것인지 정확하게 상상하기는 더 어렵다). 하지만 당신과 내가 어떤 물체를 빨간색 물체라고 부르는 데 어느 정도 동의하는지, 약간 다른 빨간색의 두 물체를 당신과 내가 어느 정도로 다른 색깔의 물체라고 생각하는지는 확인할 수 있다(벌은 이런 확인을 할 수 없다). 또한 나는 감각 능력이 줄어든 상태가 어떤 상태인지도 상상할 수 있으며(예를 들어 나는 안경을 벗었을 때나 어두운 지하실에 있을 때 시각을 보완하기 하기 위해 촉각을 이용하는 것을 상상할 수 있다), 내가 물체를 투과해 볼 수 있는 엑스레이 장비의 능력을 가지고 있다면 어떤 느낌일지도 어느 정도는 상상할 수 있다. 내가 이런 투시력을 가지고 있다면, 예를 들어 벽이 어느 정도 두꺼운지도 알 수 있을 것이고, 벽 너머에 있는 사람이 무슨 색 옷을 입었는지도 알 수 있을 것이다. 다른 존재가 물체를 어떻게 지각하는지 알 수 있다면 그 존재가 속한 세계를 더 잘 이해하는 데 도움이 될 것이다.

"다른 동물이 된다는 것은 실제로 어떤 것인가?"라는 일부 철학자들이 가진 의문은 아마 무의미할 것이다. 일단 다른 감각의 세계에 익숙해지면 그 세계에서 사는 것이 전혀 특별하게 느껴지지 않을 것이기 때문이다. 새로운 감각 능력을 얻는 동안은(그게 가능하다면) 그 세계가 흥미롭게 느껴지겠지만 그 과정이 지나면 낯설다는 느낌은 빠르게 사라지고 그 세계가 평범하게 느껴질 것이다. 감각적 지각은 감정적 경험, 예를 들어 벌의 경우는 먹이를 발견하거나, 게거미의 공격에서 벗어나거나, 큰 동물이 자신의 집을 파괴하는 것을 보는 경험과 연결될 때만 의미를 가지는 주관적 경험이 된다. 우리는 가축과 야생동물에게 적용되는 동일한 기준에 따라 벌에게도 확실히 '감정과 유사한 상태emotion-like states'가 존재하는 마음이 있다는 것을 알게 될 것이다.[16]

동물의 관점에서 삶을 경험하는 것이 어떤 느낌일지 탐구하기 위해서는 앞서 살펴본 것처럼 해당 동물에게 중요한 것이 무엇인지 이해하는 것이 필수적인 출발점이다. 꿀벌 같은 동물이 우리의 감각기관과는 완전히 다른 감각기관을 통해 세계를 인식하며, 환경의 다양한 측면들이 동물의 안녕과 생존에 중요하다는 것을 이해한다면 우리는 동물의 행동에 인간에게 적용되는 심리학적 연구 방법을 적용하는 부적절한 의인화의 위험에서 벗어나 상상력을 펼칠 수 있을 것이다.

어떤 벌?

일반적으로 사람들은 '벌'이라고 하면 대표적으로 가축화된 사회성 곤충인 양봉꿀벌western honey bee(학명 Apis mellifera)을 떠올린다. 실제로 벌의 심리에 대한 우리의 지식 대부분은 쉽게 볼 수 있는 양봉꿀벌과 호박벌 같은 사회성 종에 대한 연구를 통해 얻은 것이다.[17] 이런 벌들의 사회적 삶에는 흥미로운 심리학적 특성들이 있다. 예를 들어 이 벌들은 충분한 영양분을 마련하고, 변화하는 기후에 대응하고, 군집을 방어하기 위해 군집에 속한 벌들이 효율적으로 일을 나눠서 하게 만드는 매우 복잡한 의사소통 시스템을 이용한다.

하지만 전 세계 2만여 종의 벌 중 사회성 벌은 몇백 종류밖에 안

되며, 사회성 벌이 아닌 벌들의 생물학적 특성과 행동 특성도 사회성 벌 못지않게 흥미롭다. 이런 벌들도 새끼를 위해 먹이를 구하고, 집을 짓는다. 하지만 이런 일을 하는 벌은 모두 암컷이다. 사회성 벌들처럼 이 벌들도 수컷은 생식활동 외에는 아무것도 하지 않기 때문이다. 이 독립성 벌의 암컷들도 사회성 벌 암컷들처럼 많은 것을 학습해야 한다. 예를 들어 집의 공간적 위치를 기억하는 능력을 가져야 하고, 다양한 꽃들의 모양을 학습하고 그 꽃들에서 영양분을 추출하는 기술을 습득해야 한다. 사회성 벌들은 자신이 해야 하는 일의 일부를 다른 벌들에게 할당할 수 있지만 독립성 벌들은 집을 지을 장소를 물색하고, 집을 짓고, 기생동물과 포식자로부터 벌집을 보호하고, 새끼에게 먹이를 주는 등 모든 일을 혼자 힘으로 다 잘할 수 있어야 한다.

하지만 이 책에서는 이렇게 수많은 종의 심리에 대한 폭넓은 논의를 하지는 않을 것이다. 대신 벌의 세계 전반에서 관찰할 수 있는 유용한 예들에 집중할 것이다.

이 책의 구성

이 책은 다음과 같이 구성되어 있다. 서론에 이어 벌의 감각기관에 대한 개요(제2장 및 제3장)가 이어진다. 독자들은 벌의 머릿속에 저장되는 모든 정보는 먼저 감각기관을 통과해야 하며, 벌의 감각세계는 인간의 감각세계와 완전히 다를 뿐만 아니라 훨씬 더 풍부하다는 사실을 곧 알게 될 것이기 때문에 이 부분이 중요하다. 하지만 (인간을 포함한) 동물의 마음속에 있는 모든 것이 개별적으로 후천적으로 습득되지는 않는다. 동물의 욕구와 공포, 특정 동작을 수행하는 방법 등은 부분적으로 본능에 지배되기 때문이다.

제4장에서는 벌의 다양한 선천적 행동과 이러한 행동이 벌의 심리와 학습 행동에 어느 정도 영향을 미치는지에 대해 설명할 것이다. 제5장에서는 '중심지 회귀 채집자central place foragers(채집을 마치고 집으로 돌아오는 채집자)'로서의 벌의 생활방식에서 벌의 지능의 뿌리를 찾을 것이다. 벌의 조상은 처음에는 일정한 집 없이 여기저기 돌아다니면서 생활하다 새끼들을 안정적으로 보호하면서 새끼들에게 먹이를 공급하기 위해 집을 짓기 시작했을 것이다. 그러기 위해서는 장거리 채집 후 다시 집으로 돌아오기 위해 뛰어난 공간 기억력이 필요했을 것이다.

제6장에서는 벌의 마음이 공간을 표현하는 방식에 대해 자세히 탐구할 것이다. 제7장에서는 꽃을 찾아가는 벌의 행동이 어떻게 벌을 곤충계의 지적 거인intellectual giant으로 만들었는지, 즉 벌이 꽃의 위치, 색깔, 향기를 학습하는 수준을 넘어 꽃이라는 자원을 효율적으로 이용하는 데 도움을 주는 규칙과 개념을 어떻게 학습하게 됐는지 살펴볼 것이다. 제8장에서는 벌의 사회적 학습을 다룰 것이다. 벌은 다른 벌들에 대한 관찰을 통해 어떤 꽃을 방문해야 하는지, 어떻게 복잡한 개체 조정 과제object-manipulation task를 수행해야 하는지 등에 대한 정보를 놀라울 정도로 많이 학습할 수 있다. 따라서 벌의 복잡한 사회적 행동 대부분은 분산된 집단 지능swarm intelligence에 의

해 이뤄진다는 기존 생각과 달리 개체의 문제해결 능력에 훨씬 더 좌우된다고 생각할 수 있다.

제9장에서는 감각 입력에서 복잡한 사회적 인지까지 다양한 측면을 통해 벌의 작은 신경계가 엄청나게 복잡한 행동을 어떻게 가능하게 만드는지 살펴볼 것이다. 제10장에서는 벌 개체 간 심리학적 차이와 그 차이를 생성하는 신경적 토대에 대해 집중적으로 다룰 것이다. 제11장에서는 이전 장들에서 다룬 연구 결과들에 기초해 가장 어려운 질문, 즉 "벌에게 의식이 있는가?"라는 질문을 할 것이고, 그 질문에 대한 대답이 "그렇다."에 가깝다는 결론을 내릴 것이다. 제12장에서는 벌의 보존과 관련된 윤리적 문제를 다룰 것이다.[18] 이 문제들은 벌의 주관적 경험에 대한 연구와 벌이 적어도 기본적인 감정을 가지고 있을 가능성이 있다는 추론에 기초해 제기되는 것이다.

벌에 대한 기존 연구

인류는 진화 역사 초기부터 벌과 벌꿀을 이용하기 시작했다. 유인원 중 우리와 가장 가까운 친척들도 도구를 이용해 야생벌 서식지에서 벌꿀을 추출한다. 따라서 가장 초기의 호미닌hominin도 도구를 이용해 벌꿀을 추출했을 가능성이 상당히 높다. 여러 대륙의 선사시대 동굴 벽화에는 꿀벌 서식지를 습격하는 모습이 묘사돼 있으며, 현존하는 많은 수렵채집 부족의 구성원들도 다양한 종의 야생

벌로부터 꿀을 채취한다. 꿀은 자연이 제공하는 탄수화물이 가장 풍부한 에너지 음료이며, 일부 과학자들은 효율적인 꿀 채집 습관이 많은 에너지를 필요로 하는 우리 뇌의 진화를 촉진했을 것이라고 생각한다.

하지만 창의적인 사람들이 당분에만 의존해 반짝이는 아이디어를 만들어내는 것은 아니다. 이런 아이디어들은 술에 취한 상태에서 생성되기도 한다. 실제로 벌은 사람을 취하게 만드는 물질을 제공하기도 한다. 벌꿀을 발효시켜 만든 벌꿀 술mead은 가장 오래된 알코올음료 중 하나이며, 중국, 핀란드, 에티오피아 그리고 스페인 정복 이전의 멕시코 같은 다양한 지역에서 적어도 9,000년 전부터 벌꿀 술을 마셔 왔다. 또한 밀랍으로 만든 양초는 전기가 들어오기 전 수천 년 동안 밤을 밝히고, 학자들의 책상과 사원을 비췄다.

인간과 벌의 오랜 관계를 고려하면 그동안 벌의 행동에 대한 학술 연구가 폭넓게 이뤄졌다는 사실은 전혀 놀랍지 않다.[19] 이 책을 쓰기 위해 준비하는 동안 나는 시각장애인이었던 스위스 학자 프랑수아 위베르François Huber 같은 사람들의 연구 결과를 찾아보며 흥미를 느꼈다. 18세기에서 19세기로 접어들 무렵 위베르는 꿀벌의 벌집 구축이 꿀벌의 계획 능력에 기초할 가능성과 꿀벌 개체 간에 '성격' 차이가 있을 가능성에 대해 언급했다. 위베르는 이 가능성들로 군집 내에서의 꿀벌들의 노동 분화에 대해 설명하려고 했다.

또한 나는 아프리카계 미국인 과학자 찰스 터너Charles Turner (1867-1923)의 이야기에서 영감을 받기도 했다.[20] 고등학교 교사였던 터너는 제대로 된 실험실이나 참고문헌의 도움을 받지 못하는 상태에서 벌을 비롯한 곤충들의 심리적 특성을 규명하기 위해 선구적 실험을 한 사람이었다.

이런 연구 결과 중 일부는 현재의 과학자들에게 거의 알려지지 않은 상태다. 따라서 내게 이런 연구 결과들을 찾는 과정은 마치 새로운 발견을 해내는 과정처럼 흥미진진하게 느껴졌다. 이 책 전체에 걸쳐 최근의 연구 결과들과 함께 관련된 과거의 연구 결과들도 다룰 것이다. 그럼으로써 나는 최근에 처음 제시된 것처럼 보이는 벌의 마음에 대한 아이디어의 상당 부분이 한 세기 전 이미 어떤 형태로든 제시된 적이 있다는 것을 보여줄 것이다.

우리 선조 과학자들은 오늘날의 학자들처럼 글을 건조하게 쓰거나 전문용어를 많이 사용하지 않고도 자신의 생각을 훌륭하게 표현했던 사람들이다. 나는 독자들이 이 책에서 그들의 연구 결과를 그들의 문체로 읽고 이해할 수 있기를 바란다. 또한 나는 내게 영감을 준 학자들의 개인적 삶에 대해 묘사하기 위해 이 책의 공간 일부를 할애했다. 고립된 상태에서 혼자 연구하는 과학자는 없다. 따라서 과학자들의 중요한 발견이나 오류에 대해 제대로 이해하려면 그들이 속해 있던 시대 상황과 그들 간 상호작용에 대해 이해해야 한다.

자, 이제 벌의 마음으로의 여행을 떠나보자. 먼저 가볼 곳은 벌들의 낯선 감각세계다.

2

다른 색깔의 세계

"곤충에게 밝은색이 매력적이라고 가정하는 것은 곤충의 색각(colour-vision)이 인간의 색각과 거의 같을 것이라는 추정을 전제로 한 것이다. 이는 매우 당연한 추정이다."[1]

— 레일리 경(Lord Rayleigh), 1874년

벌의 마음속에 무엇이 있는지 탐구하려면 먼저 벌의 감각을 이해해야 한다. 동물이 얻는 모든 정보는 감각기관을 통해 걸러지며, 감각기관은 종에 따라 크게 다르기 때문이다. 이번 장과 다음 장에서 우리는 신경계가 매우 작음에도 불구하고 벌의 감각기관이 우리의 감각기관에 비해 결코 빈약하지 않다는 것을 알게 될 것이다. 벌은 촉각, 시각, 청각, 후각, 미각, 온도 감각 같은 전통적인 감각은 물론 평형 감각과 시간 감각처럼 마음속에서 쉽게 생겨나지 않는 감각도 가지고 있다. 또한 벌에게는 자기磁氣 감각처럼 인간에게 없는 감각도 있다. 하지만 가장 놀라운 사실은 모든 감각 측면에서 벌의 세계와 인간의 세계가 엄청나게 다르다는 것이다.

이 장에서 우리는 앞서 인용한 레일리 경의 말처럼 벌이 색채 감각(색각)을 가지고 있지만, 그것이 인간의 것과는 엄청나게 다르다는 것을 살펴볼 것이다. 먼저 우리는 동물의 감각 탐구방법에 대한 사례연구로 벌의 색채 감각에 대해 살펴본 뒤, 제3장에서 벌의 다른 감각 양상들sensory modalities에 대해서도 탐구할 것이다.

곤충이 가진 특이한 색채 감각을 실험을 통해 처음 탐구한 사람은 존 러벅John Lubbock(1834-1913, 제3장에서 자세히 다룸)이다. 러벅은 개미 군집을 빛에 노출시키면 개미들이 유충을 밝은 곳에서 어두운 곳으로 옮긴다는 것을 관찰했고, 그 뒤 빛을 다양한 색깔의 필터를 통과시켜 개미들에게 비추는 실험을 진행했다. 그 결과 러벅은 인간에게는 매우 어두운 색깔로 보이는 보라색을 피해 개미들이 유충을 옮긴다는 사실을 알게 됐다.

당시 러벅은 "색깔에 대한 개미들의 감각은 인간의 감각과 매우

[그림 2-1] 벌은 자외선을 볼 수 있으며, 따라서 인간의 눈에는 보이지 않는 꽃의 패턴도 볼 수 있다. 사진의 꽃잎은 인간에게는 모두 노란색으로 보이지만(왼쪽), 벌에게는 두 가지 색깔로 보인다(오른쪽). 인간에게 보이는 모든 빛을 차단하는 특수 자외선 투과 필터를 통해 이 꽃잎을 보면 눈으로 볼 때와 다른 패턴을 발견할 수 있다. 또한 사진에서 보이는 호박벌의 복부(흰색)는 자외선을 반사하지만 노란색 줄무늬와 검은색 부분은 그렇지 않다.[2]

다른 것 같았다. 하지만 나는 한 걸음 더 나아가 개미들의 시각의 한계가 인간과 어떻게 다른지 알고 싶어졌다."는 기록을 남겼다. 이 추가적인 연구를 위해 러벅은 개미 군집에 있는 유충에 자외선을 비췄고, 다양한 종의 일개미들이 유충에게 위험할 수 있는 자외선이 비치는 위치에서 다른 위치로 빠르게 유충을 옮기는 것을 확인했다. 자외선은 인간이 눈으로 볼 수 없는 광선이다. 또한 개미들은 유충들을 빨간색 광선이 비치는 위치로 옮겼다. 따라서 러벅은 인간의 눈에는 빨간색 광선이 매우 밝게 보이지만 개미에게는 빨간색 광선이 비치는 곳이 유충을 숨길 수 있는, 거의 암흑에 가까운 색깔로 보인다는 결론을 내렸다. 러벅은 대부분의 곤충이 빨간색을 보지 못하거나, 적어도 빨간색처럼 파장이 긴 광선을 인간처럼 감지하지 못한다는 것을 처음 발견했다. 러벅의 이 발견은 그로부터 수십 년 뒤 정설로 확립됐다.

인간이 감지하지 못하는 전자기파의 일부를 곤충이 감지할 수 있다는 사실이 발견됨에 따라 인간의 감각세계와 완전히 다른 감각세계를 들여다볼 수 있는 창이 열리게 됐다([그림 2-1]). 현재 우리는 (벌을 포함한) 대부분의 동물이 자외선을 볼 수 있으며 (대부분의 포유동물과) 인간은 자외선을 볼 수 없는 매우 예외적인 동물이라는 사실을 잘 알고 있다.

카를 폰 헤스와 카를 폰 프리슈의
벌의 색각 논쟁

존 러벅은 훈련된 벌을 대상으로 연구한 결과, 벌이 다양한 색깔의 종이와 꿀을 연관시키는 방법을 학습할 수 있다는 것을 증명했다. 하지만 독일 안과의사 카를 폰 헤스(1863-1923)는 벌의 이 학습 능력이 벌의 색각에 대한 확실한 증거가 될 수 없다고 지적했다.[3] 예를 들어 색맹인 사람도 빨간색과 파란색을 구분할 수 있는데, 이는 두 색깔의 명도 intensity(밝기)가 다르기 때문이다. 마찬가지로 색맹인 동물에게도 서로 다른 색깔의 종이가 음영 shade이 서로 다른 회색들로 보일 수 있다. 1912년 동물의 색각을 폭넓게 다룬 최초의 책을 출간했으며, 시각에 관한 연구로 기사 작위를 받기도 한 헤스는 모든 무척추동물(어류 포함)이 색맹이라는 결론을 내렸다.[4]

같은 해, 20대 중반의 오스트리아 출신 강사였던 카를 폰 프리슈(1886-1982)는 꽃가루 매개자 pollinator가 색깔을 볼 수 없다면 색이 있는 꽃이 존재할 의미가 없다는 그럴듯한 주장을 내놨다. 꽃가루 매개자가 색깔을 볼 수 없다면 진화 과정에서 대부분의 식물에서 꽃 색깔이 잎 색깔보다 화려해질 이유가 없다는 주장이었다. 헤스의 생각이 틀렸다는 것을 증명하기 위해 프리슈는 다음과 같은 실험을 진행했다.

그는 색깔이 칠해진 직사각형 카드와 음영이 서로 다른 회색 카드들을 배열했다([그림 2-2]). 색깔이 칠해진 카드 위에는 설탕물이 담긴 작은 유리그릇을 올려놓았다. 색깔이 칠해진 카드 위에 앉은 벌은 보상으로 설탕물을 먹을 수 있게 만든 것이다. 이 실험이 진행되는 동안 벌들은 항상 회색 카드가 아닌 색깔이 칠해진 카드 위에 앉았고, 색깔이 칠해진 카드의 위치를 바꾸어도 결과는 같았다(벌들이 단순히 목표물의 위치만 기억했다면 이런 결과가 나올 수 없었다).

당시 독일 학계에서는 기성 교수들의 의견에 동의하지 않으면 젊은 과학자의 경력은 끝날 수도 있었다. 프리슈의 실험 소식을 듣고 격분한 헤스는 프리슈가 실험 결과를 논문으로 발표하기 전에 서둘러 자신의 연구 결과를 발표했다. 헤스는 벌에게 색깔을 학습시키기 위해 (프리슈가 보상으로 사용한 무향의 설탕물이 아닌) 꿀을 사용했다.[5] 하지만 꿀은 벌에게 매우 매력적인 향을 가지고 있기 때문에 벌들

프리슈, 벌의 색각

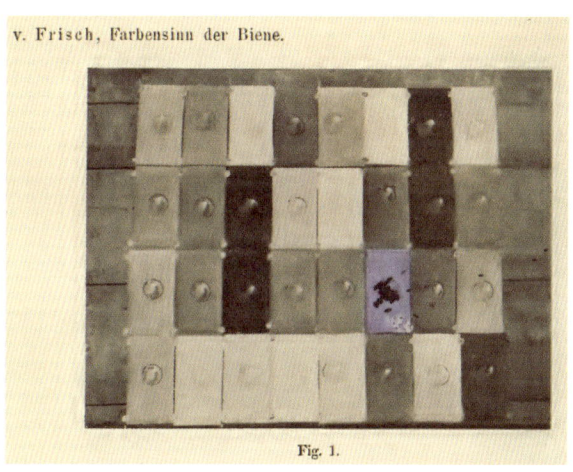

[그림 2-2] 1914년 카를 폰 프리슈가 꿀벌의 색각을 입증한 선구적인 논문의 원본 컬러사진. 파란색 종이 위에 놓인 유리그릇에서 설탕물을 모으도록 훈련받은 꿀벌은 새로운 위치에 설탕물을 놓아도 회색 종이에 둘러싸인 '파란색' 종이를 정확히 찾아냈다. 이는 벌들이 올바른 자극의 밝기만 학습한 것이 아님을 보여준다.[6]

이 다른 목표 기능들을 학습하는 것을 방해했고, 헤스의 결과는 부정적일 수밖에 없었다.

헤스는 1913년 발표한 논문 '꿀벌이 색각을 가진다는 주장에 대한 실험적 연구'를 통해 이렇게 말했다.

"벌이 특정한 색깔을 인식하도록 '훈련'시킬 수 있다는 러벅의 오래된 주장과 프리슈의 최근 주장이 모두 틀렸다는 것을 입증할 수 있었다. 벌이 색각을 가진다는 생각을 뒷받침할 수 있는 단 하나의 사실도 찾을 수 없었다. 이 연구를 통해 벌이 색각을 가진다는 생각은 최종적으로 반박됐다."

하지만 프리슈는 헤스의 이런 주장에 동의하지 않았고, 위협을 느끼지도 않았다. 프리슈는 1914년 발표한 논문에서 자신의 실험에 대해 자세히 설명하면서 벌이 색각을 가진다는 증거를 꼼꼼하고 단정적으로 제시했다. 그는 헤스의 논문에 대해서도 자신의 생각을 다음과 같이 거침없이 밝혔다.

"헤스는 내 연구 결과를 인정하지 않는다. 그는 내 연구가 아마추어적이며 물리학이나 색채의 생리학에 대한 지식 없이 수행되었다고 주장함으로써 내 연구의 신뢰성을 떨어뜨리려고 계속 시도하고 있다. 하지만 그의 이런 주장에는 결정적인 증거가 없다. 그는 내가 수행한 확실한 실험들이 잘못됐다고 생각한다. 나는 그의 이런 논쟁적 접근 방식에 항의하며, 그에게 이런 경멸적 발언을 자제해 주기를 요청한다. 헤스는 파란색을 알아보도록 훈련시킨 벌에게 꿀을 묻힌 노란색 연필을 제시한 뒤 그 벌이 노란색 연필에 앉는 것을 관찰했고, 파란색 연필에 꿀을 묻힌 뒤 벌이 파란색 연필에 앉는 것을 확인했다. 이 실험이 벌이 꿀의 유혹에 넘어갈 수 있다는 것을 보여주는 실험에 불과하다는 것은 모든 사람이 알 것이다."

젊은 과학자였던 프리슈는 이런 발언으로 미래가 위협받을 수 있다는 것을 잘 알고 있었다. 실제로 그는 어머니에게 보낸 편지에 이렇게 썼다.

"이제 세상에서 나에게 해를 가할 수 있는 진짜 적이 처음으로 생겼다는 불편한 느낌이 듭니다."

하지만 프리슈의 연구 결과는 너무 압도적이었고, 결국 젊은 과학자의 명예를 실추시키려는 헤스의 시도는 실패로 돌아갔다. 프리슈는 훗날 자서전에서 이 논쟁을 통해 자신을 폭넓게 노출시킴으로써 오히려 자신이 더 강해졌다고 말했다. 이 논쟁을 통해 프리슈는 반박할 수 없는 증거와 논거로 미래의 발견을 방어할 수 있는 준비를 확실히 한 것이었다. 프리슈는 1973년 노벨상을 수상했지만, 헤스의 견해는 결국 사장됐다.[7]

하지만 헤스가 벌이 색깔에 반응하지 않는 것을 보여주기 위해 진행한 실험을 통해 제시한 특정 개념 중 하나인 '주광성phototaxis, 走光性' 개념은 확실히 옳았다. 주광성은 날아다니는 동물 대부분이 위협을 받을 때 빛의 자극에 반응해 빛이 비치는 방향으로 움직이는 성질을 뜻한다. 실제로 벌의 이런 행동은 벌이 색깔을 보지 못하기 때문에 일어난다는 것이 밝혀진 상태다.

하지만 특정 상황에서 어떤 생물이 색깔을 감지하지 못한다고 해서 그 생물이 색깔을 전혀 볼 수 없다고 할 수는 없다. 예를 들어 인간은 빛이 희미한 곳이나 암흑 속에서는 색깔을 볼 수 없기 때문에 "밤에는 모든 고양이가 회색이다."라고 말할 수도 있다. 하지만 인간과 꿀벌은 낮에는 꽃 색깔을 볼 수 있다.

프리슈는 벌의 색각이 인간의 색각과 크게 다르다는 사실을 추가적으로 확인하기도 했다. 그는 벌이 회색 종이들 사이에 놓인 파란색 종이나 노란색 종이는 쉽게 찾아내지만, 가장 어두운 회색 종이와 빨간색 종이는 구분하지 못한다는 사실을 발견한 뒤 벌이 적색맹이라는 결론을 내렸다.[8] 유럽 식물군에서 빨간색 꽃이 상대적으로 드문 이유가 바로 여기 있다.[9]

카를 폰 프리슈와 나치

그 후 카를 폰 프리슈는 다른 주제(특히 제5장에서 설명할 꿀벌의 춤 '언어'에 대한 탐구)로 관심을 돌렸다. 많은 벌 종류가 자외선을 감지할 수 있으며 꽃들이 자외선을 반사한다는 사실은 이미 1920년대에 밝혀져 있었고, 프리슈는 벌의 색각에 대한 심층적 연구를 제자들에게 맡겼다. 이 제자 중 한 사람이 카를 다우머 Karl Daumer(다음 섹션 참조)였다. 하지만 이 연구는 수행되지 못할 뻔했다. 프리슈가 나치 시대인 1933~1945년에 핍박을 받았기 때문이다.[10]

프리슈의 할머니는 출생 직후 세례를 받은 가톨릭 신자였지만 부모가 모두 유대인이었다. 바이에른 주정부는 프리슈를 '2급 잡종

(1941년 1월 12일 주정부가 보낸 공문에서 쓰인 표현)'으로 분류했고, 그가 당시 재직하던 뮌헨대학교에서 해임하려고 했다.[11] 프리슈 주위의 영향력 있는 동료 교수들도 그를 '반유대주의의 강력한 걸림돌'이라고 비난했고, 그의 논문 중 한 편은 "유대인에 의한 선동의 전형적인 예"라는 비난을 받기도 했다.[12] 동료 교수들은 "가장 현대적이며 최고의 시설을 갖춘 독일동물학연구소가 새로운 시대를 이해하지 못하고 새로운 시대에 적대적인 옹졸하고 편협한 전문가에 의해 운영되고 있다. 연구소는 이 상황을 종식시킬 수 있는 새로운 리더가 필요하다."고 공개적으로 목소리를 높였다.

절망에 빠진 프리슈는 (나치 당원이 되지는 않았지만) 나치에게 잘 보이기 위해 어느 정도 노력한 것으로 보인다. 1936년 출간한 책 『당신과 삶: 모든 사람을 위한 현대 생물학You and Life: A Modern Biology for Everybody』 마지막 부분에서 '인종 위생racial hygiene'에 대한 주장과, 동의 없이 지적장애인에게 불임수술을 시행해야 한다는 충격적인 주장을 했기 때문이다. 또한 프리슈는 이 책에서 자신이 제1차 세계대전 당시 군복무 부적격 판정을 받을 정도로 심한 근시였음에도 불구하고 원시시대라면 혹독한 생존투쟁에서 살아남지 못했을 근시들을 현대문명이 과잉보호하고 있다는 주장을 펼치기도 했다.

어쩌면 이런 말들은 나치 당국의 압력에 의해 추가되었을 수도 있을 것이다. 아마도 1930년대의 프리슈는 나치 당국의 요구에 어느 정도 부응하면서 자신의 교수직을 지키고, 연구소에서 일하는 많은 유대인 연구자들을 보호하려고 했을 것이다. 어쨌든 이런 말들이 나치의 위협을 받던 지식인이 어려운 시기를 어떻게 견뎌냈는지 보여주는 것만은 사실이다.

　이렇게 힘든 시기를 보내던 프리슈에게 일시적이나마 안정을 제공한 것은 꿀벌의 질병 발생이었다. 1940~1942년 단세포 장내 기생충인 '노제마Nosema'가 수십만 개의 벌집을 덮쳐 식량 안보를 심각하게 위협했다[벌집군집붕괴현상colony collapse disorder]. 수많은 작물에서 수분이 제대로 이뤄지지 않는 문제가 발생한 것이다. 당시 나치당 의장이자 히틀러의 친한 친구였던 마르틴 보어만Martin Bormann 은 전쟁이 끝날 때까지 프리슈의 해임을 보류할 것을 지시했다(전쟁 승리를 확신했던 나치는 전쟁이 끝난 뒤 프리슈를 해임하면 된다고 생각했다).

　프리슈는 1945년까지 꿀벌의 질병을 관리하는 임무를 수행하면서 노제마에 의한 질병 치료방법은 찾아내지 못했지만 벌 연구를 계속할 수 있었고, 젊은 과학자들을 가르칠 수 있는 기회도 계속 가질 수 있었다. 그는 계속해서 더 많은 획기적인 발견을 해냈고, 이 책에 소개된 대부분의 과학자들은 그의 제자이거나 그의 제자의 제자다(나도 그중 한 명이다).

다른 색깔의 세상

프리슈의 제자 카를 다우머(1932년생)는 인간과 벌의 색각의 유사점과 차이점을 모두 발견한 사람이다.[13] 다우머의 박사학위 논문 덕분에 벌의 색각은 인간의 색각 다음으로 많이 연구되기 시작했으며, 이후 여러 세대에 걸쳐 재능 있는 연구자들이 그의 발자취를 따라 벌에 대한 연구를 진행하고 있다.

　벌이 어떻게 색깔을 보는지 논의하기 전에 인간의 색 지각에 대해 간단하게 알아보자. 색각은 인간에게도 좀 이상하게 느껴지는 개념이다. 어떤 물체의 색깔을 지각한다고 해도 그 물체의 물리적 스펙트럼 속성을 재구성하기가 쉽지 않기 때문이다. 예를 들어 노란색 빛과 빨간색 빛을 섞으면 오렌지색 빛이 나온다. 하지만 우리는 오렌지색 빛이 두 가지 빛이 혼합돼 생성된 색이라는 것을 알 수 없을 뿐만 아니라, 그 빛과 단색(단일 파장)의 오렌지색 빛을 구별할 수도 없다. 또한 우리는 파란색 빛과 노란색 빛, 빨간색 빛과 청록색 빛, 녹색 빛과 자홍색 빛 등 보색 관계에 있는 색들의 빛을 섞거나, 우리 시각 시스템의 '기본색'인 녹색, 빨간색, 파란색 빛을 섞으면 흰색 빛으로 지각한다.

　스펙트럼에서 가장 파장이 긴 빨간색과 가장 파장이 짧은 보라색violet을 섞으면 스펙트럼에서는 볼 수 없는 색깔인 자주색purple이 나온다. 우리는 이런 혼합 현상에 너무나 익숙하기 때문에 이런 현상이 물리적 세계에 잘 대응되지 않는다는 것을 거의 알지 못한다. 즉 우리는 물리적 자극이 띠는 색깔로는 그 물리적 자극이 어떤 것인지 추론할 수 없다. 하지만 청각의 경우는 이와 대조적이다. 우리는 두 가지 음이 이루는 화음과 세 가지 음이 이루는 화음은 완벽하게 구분할 수 있다. 또한 우리는 400Hz 음과 800Hz 음을 섞은 중간 주파수의 음을 600Hz 음으로 인식하지 않지만 색깔의 경우는 중간색을 확실하게 인식한다.

　시각과 청각의 이런 차이는 기본적으로 시각 수용체와 청각 수용

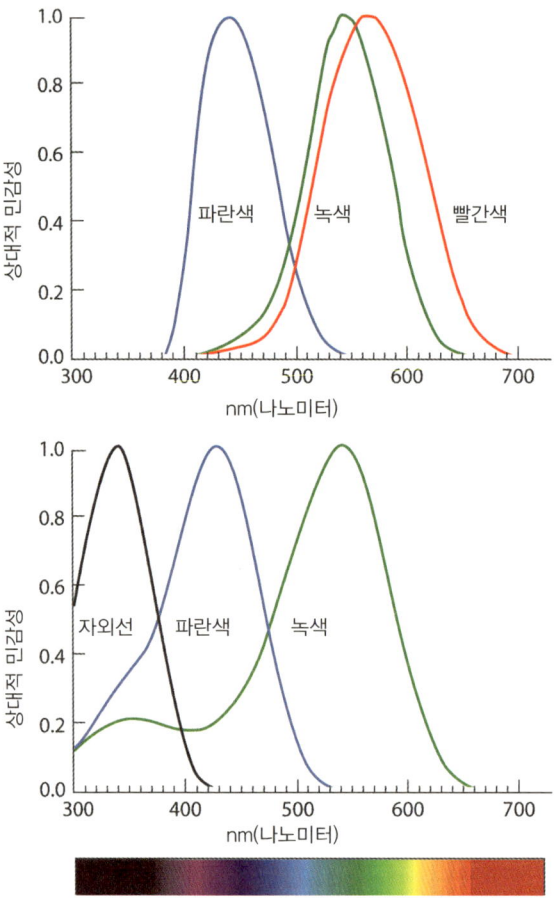

[그림 2-3] **인간과 벌의 색깔 수용체 비교.** (자외선에서 빨간색까지) 파장 300~700nm 스펙트럼 범위에서의 인간의 색깔 수용체 민감성(위)과 벌의 색깔 수용체 민감성(아래). 인간과 벌 모두 세 가지 색에 대한 수용체를 가지고 있으며, 각각 특정 파장에서 민감성이 최고점에 이르며, 최고점 양쪽에서 민감성이 떨어진다. 인간은 자외선에 전혀 민감하지 않지만, 꿀벌은 자외선에 특화된 수용체를 가지고 있다. 한편 긴 파장을 수용하는 벌의 색깔 수용체는 인간과 달리 빨간색을 수용하지 못한다.

체의 구성 방식이 다르기 때문에 발생한다.[14] 우리 눈에 있는 시각 수용체의 종류는 각각 파란색, 녹색, 빨간색만 수용할 수 있는 세 가지밖에 없다. 우리가 지각하는 약 100만 가지 색깔들은 모두 이 세 가지 유형의 수용체들이 받는 자극의 상대적 강도의 조합에 의해 지각된다. 반면 내이inner ear에는 서로 다른 주파수에 반응하는 수천 개의 청각 수용체 세포가 있으며, 이 세포들의 반응은 색각에서처럼 서로 경쟁하지 않고 병렬로 처리된다.

벌의 시각 스펙트럼은 약 300nm(자외선)~650nm(노랑-주황색) 범위에 걸쳐 있다. 즉 벌의 시각 스펙트럼은 인간에 비해 파장이 짧은 색깔들로 구성된다([그림 2-3]). 카를 다우머는 단색광들을 섞는 정교한 장치를 만들어내 실험을 진행한 결과 꿀벌이 다른 모든 색깔에 비해 자외선에 더 민감하며, 꿀벌의 색각에도 인간의 색각에 적용되는 혼합 규칙과 비슷한 규칙이 적용된다는 것을 알아냈다([그림 2-4]). 예를 들어 파란색 빛과 녹색 빛을 섞어 만들어낸 빛은 그 두 빛의 중간 주파수를 가진 청록색 빛과 구분이 불가능하다.

인간의 색각에서처럼 벌의 시각 스펙트럼에서 가장 파장이 짧은 색깔과 가장 파장이 긴 색깔을 섞으면 하나의 파장을 가진 빛이 만들어낼 수 없는 독특한 빛을 만들어낼 수 있다(다우머는 이 색깔에 '벌 자주색bee purple'이라는 이름을 붙였다). 또한 다우머는 벌의 색각에서도 보색이 존재한다는 것을 발견했으며(벌의 색각에서는 청록색과 자외선, 보라색과 녹색, '벌 자주색'과 파란색 등이 서로 보색이다), 벌은 청록색과 자외선을 반사하지 않는 흰색 표면을 혼동한다는 것도 발견했다.

다우머는 벌의 뇌를 직접 들여다보지 않고 심리물리학적 실험에

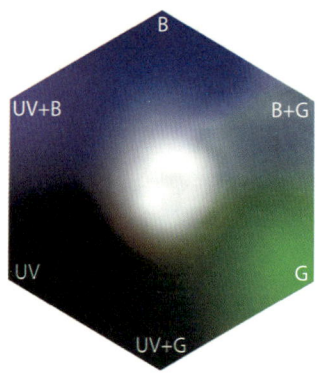

[그림 2-4] **벌의 색깔 공간에도 색깔 혼합 원리가 적용된다.** 그림에서 보이는 육각형의 모서리 영역들은 각각 벌이 주관적으로 느끼는 색상(hue)을 나타낸다. 자외선 광수용체, 파란색 광수용체, 녹색 광수용체만 자극하는 물체들은 각각 왼쪽 아래 모서리, 맨 위쪽 모서리, 오른쪽 아래 모서리에 위치한다. (녹색과 파란색 사이의 색을 나타내는 오른쪽 위쪽의 혼합색처럼) 혼합색은 이 육각형 모서리들 사이에 위치한다. 벌의 색깔 공간에도 (인간에게 자주색이 그렇듯이) 벌의 스펙트럼상에 존재하지 않는 색깔 영역이 존재한다. 긴 파장의 색깔(녹색)과 짧은 파장의 색깔(자외선)이 섞이면 육각형 맨 아래쪽에 보이는 '벌 자주색'이 벌에게 보인다.

만 의존해 벌의 시각이 인간처럼 삼원색을 기반으로 한다는 결론을 내렸다. 즉 다우머는 벌의 시각이 자외선, 파란색, 녹색을 각각 수용하는 세 가지 수용체에 의한 신호에 기초한다고 생각한 것이다. 하지만 당시까지만 해도 이 삼원색 이론trichromacy theory은 말 그대로 이론일 뿐이었다. 이 삼원색 이론이 검증된 것은 1962년 독일 생리학자 한스요헴 아우트룸Hansjochem Autrum (1907-2003)에 의해서였다. 그는 뮌헨대학교에서 프리슈 후임으로 일하며 팀원들과 함께 동물 중 최초로 벌 머리에 다양한 파장의 빛을 비추면서 미세전극(끝부분 지름이 1만분의 1mm인 유리 모세관)을 벌 눈에 있는 미세한 광수용체에 삽입해 광수용체의 전기 신호를 측정하는 데 성공했다. 그 결과 꿀벌 눈에 각각 녹색 빛, 파란색 빛, 자외선에 가장 민감한 세 가지 유형의 광수용체 세포가 존재한다는 것이 확인됐다. 이 광수용체들은 모두 종 모양의 민감성 곡선을 나타냈고, 각각의 곡선의 최고점을 중심으로 상당히 넓은 범위의 파장들에 민감성을 보였다([그림 2-3]).

프리슈의 학문적 '손자'인 독일 신경과학자 란돌프 멘첼Randolf Menzel(1940년생)은 꿀벌이 다양한 색깔을 설탕 보상과 연관시키는 방법을 얼마나 빨리 배울 수 있는지 측정해 꿀벌의 학습 속도가 매우 빠르다는 것을 밝혀냈다.[15] 또한 이전에 존 러벅이 꿀벌이 가장 좋아하는 색깔은 파란색이라고 주장한 바 있는데, 실제로 멘첼은 박사학위 논문을 위한 연구 과정에서 청보라색에 대한 단 한 번의 보상으로도 꿀벌이 매우 정확한 기억을 구축할 수 있다는 사실을 발견했다. 이렇게 기억을 구축한 꿀벌은 이후 다른 어떤 색깔을 보여주더라도 청보라색을 높은 정확도로 선택했다. 다른 대부분의 색깔은 설탕 보상을 몇 번 더 줘야 꿀벌이 지속적인 기억을 형성할 수 있었지만, 청록색 같은 흔하지 않은 색깔도 10회의 설탕 보상을 주면 꿀벌들은 이 색깔을 학습할 수 있었다.

이렇게 빠르게 색깔을 학습하는 동물은 꿀벌밖에 없다.[16] 꿀벌에 대한 이 획기적인 연구 이후 수십 년 동안 더 많은 동물을 대상으로 색깔 학습이 테스트되었다. 11개 동물종의 색깔 학습 속도를 비교분석한 결과 꿀벌이 가장 빨랐고, 물고기와 새가 그 뒤를 이었으며, 가장 느린 동물은 인간 영아였다. 인간이 가장 똑똑할 거라는 기

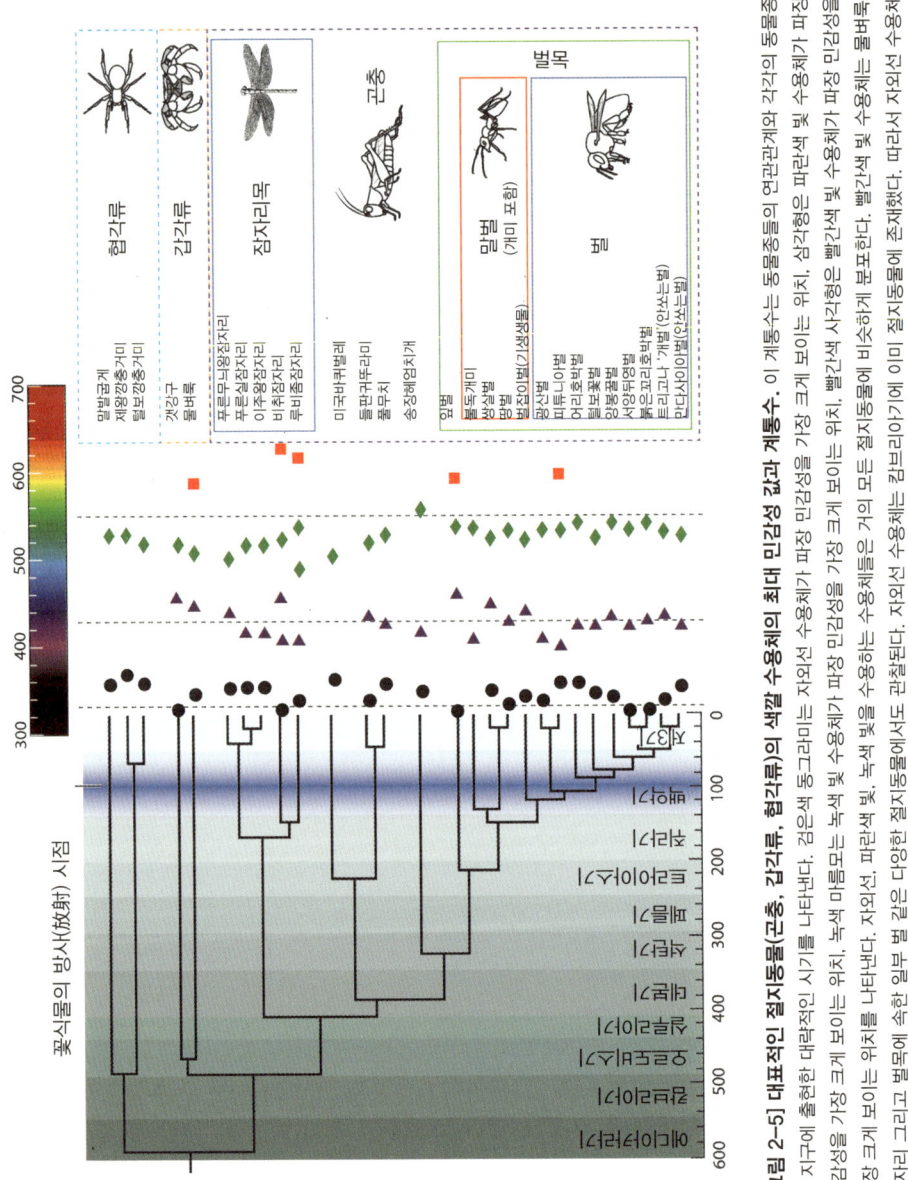

[그림 2-5] 대표적인 절지동물(곤충, 갑각류, 협각류)의 색깔 수용체의 최대 민감성 값과 계통수. 이 계통수는 동물종들의 연관관계와 각각의 동물종이 지구에 출현한 대략적인 시기를 나타낸다. 검은색 동그라미는 자외선 수용체가 최대 민감성을 가장 크게 보이는 위치, 삼각형은 파란색 및 수용체가 최대 민감성을 가장 크게 보이는 위치, 녹색 마름모는 녹색 및 녹색 빛 수용체가 최대 민감성을 가장 크게 보이는 위치, 빨간색 사각형은 빨간색 및 수용체가 최대 민감성을 가장 크게 보이는 위치를 나타낸다. 자외선, 파란색 및 녹색 빛을 수용하는 수용체들은 거의 모든 절지동물에 비슷하게 분포한다. 빨간색 및 수용체는 물벼룩, 잠자리 그리고 벌목에 속한 일부 벌 종에 다양한 절지동물에서도 관찰된다. 자외선 수용체는 캄브리아기에 이미 절지동물에 존재했다. 따라서 자외선 수용체의 진화는 꽃 색깔이 진화했던 약 4억 년이나 먼저 진행됐다고 할 수 있다. 검은색 점선은 광수용체가 가장 잘 암호화할 수 있는 꽃 색깔의 파장을 나타낸다.

대에 반하는 이 놀라운 결과는 당시 동물 학습 관련 교과서에서 학습 속도가 지능의 유용한 척도가 아니라는 것을 보여주는 예로 사용되기도 했다.

학습 속도를 지능과 동일시하지 않는 데는 여러 가지 이유가 있을 수 있지만, 인간이 차트에서 1위를 차지하지 못한다는 사실이 그 이유 중 하나가 되어서는 안 된다. 꿀벌이 색깔 학습 과제를 잘 수행하는 이유는 꽃에 대한 단서를 기억할 수 있도록 진화했기 때문이다. 즉 일벌은 날아다니면서 꽃 색깔에 대해 끊임없이 평가할 수 있는 능력을 타고났으며, 하나의 색깔이 더 이상 보상을 주지 않게 되면 다른 색깔의 꽃이 꽃꿀이나 꽃가루를 더 많이 제공한다는 것을 빠르게 학습해야 하는 동물이다.

벌의 색각은 꽃 색깔에 반응해 진화했을까?[17]

벌의 색각이 인간의 색각과 크게 다른 이유, 즉 벌이 자외선을 볼 수 있는 이유, 벌의 광수용체가 정확한 파장에 맞춰져 있는 이유는 무엇일까? 한 가지 가능한 대답은 벌의 꽃 방문 습관과 꽃이 벌에게 보여주는 특정 색깔과 관련 있을 것이다.

운이 좋게도 나는 박사학위 과정(1991~1993년) 중 이 가설을 시험할 수 있는 기회를 얻었다. 내 지도교수가 란돌프 멘첼이었기 때문이다. 당시 멘첼은 수분^{pollination}을 전문적으로 연구하던 생물학자

아비 슈미다^Avi Shmida^와 공동연구를 진행하고 있었다. 멘첼과 슈미다는 이스라엘에서 수행한 현장 연구에서 수십 종의 꽃이 가진 물리적 색깔 특성을 측정했는데, 이 작업은 동물이 민감하게 반응할 수 있는 모든 파장[300nm(자외선)에서 700nm(원적색광far-red)까지의 파장]에서 꽃에서 반사되는 빛의 양을 측정하는 작업이었다. 당시는 유전자 조작으로 벌의 색각을 변형시킬 수 없었기 때문에 벌의 색각 시스템과 비슷한 색각 시스템들 그리고 벌의 색각 시스템과 전혀 다른 색각 시스템들을 모델링해 그중에서 이론적으로 실제 꽃 색깔을 가장 잘 탐지하고 인식할 수 있는 시스템을 찾아내는 방법을 사용했다.

이 작업에서 내가 한 일은 모든 반사율 함수를 컴퓨터에 입력해 컴퓨터가 최적의 색각 시스템을 찾아내도록 만드는 것이었다. 이 과정에서 나는 세 가지 유형의 색깔 수용체들(벌의 경우는 자외선, 파란색, 녹색을 각각 감지하는 수용체들)의 파장 위치, 수용체 신호를 처리하는 뉴런 과정, 꽃이 벌에 노출되는 상황의 조명 조건 등을 다양하게 변경해 컴퓨터에 입력했다. 시뮬레이션 결과는 며칠 후에야 나오곤 했다. 당시는 컴퓨터가 느리고 기본적인 베이식BASIC 프로그래밍 기술도 부족한 데다 쉽게 이용할 수 있는 소프트웨어 패키지가 없었기 때문에 연구자들은 처음부터 모델링을 위한 소프트웨어를 직접 만들어야 했다.

그 결과는 매우 놀라웠다. 컴퓨터가 생성해낸 최적의 색깔 수용체들이 실제 꿀벌 눈에 있는 색깔 수용체들과 거의 같았기 때문이다([그림 2-5]). 감각 시스템이 동물의 생태적 지위 ecological niche(특정

생물종의 서식에 요구되는 특정 환경; 역주)에 맞춰져 있다는 정성적 관찰은 그 이전에도 많이 이뤄졌다. 하지만 우리 연구는 동물의 색깔 감각이 동물이 당면한 과제에 정확하게 최적화돼 있다는 것을 보여주는 최초의 정량적 증명이었다. 그 어떤 뛰어난 공학자도 꿀벌이 꽃 색깔을 암호화하는 색각 시스템보다 더 나은 색각 시스템을 설계할 수는 없을 것이다. 이 연구 이후 다른 연구자들도 우리의 모델링 방법과 비슷한 방법을 이용해 영장류의 색각과 열매 색깔 간의 관계 등을 관찰하면서 생물학적 감각기관의 적응에 대해 연구하기 시작했다.

나와 동료 연구자들은 벌의 색각과 꽃 색깔 간에 이렇게 확실한 조율 관계가 있다는 사실에 흥분하지 않을 수 없었다. 이 연구 결과는 수많은 사람들이 발견하고 싶어했던 상호 진화적 적응의 예를 깔끔하게 제시한 결과였기 때문이다.

하지만 꽃을 감지하고 식별하는 벌의 색각이 이렇게 최적화되었다는 것은 꿀벌의 색각이 꽃의 색채와 함께 진화했다는 것을 의미할까? 벌과 꽃 간의 이런 소통 시스템은 양쪽이 서로에게 영향을 미치면서 진화한 결과일까? 꽃에 의한 신호가 실제로 꿀벌의 색각 진화를 이끌었다는 것을 증명하려면 꽃이 피는 식물(꽃식물)이 출현하기 이전의 벌 조상이 가졌던 색깔 수용체들이 꽃식물 출현 이후에 벌이 가지게 된 색깔 수용체와 달랐다는 것을 증명해야 한다. 하지만 꽃이 지구상에 처음 등장한 2억 년 전에 벌이 세상을 어떤 색으로 보았을지 어떻게 알 수 있을까?

진화생물학자들은 먼 과거를 들여다볼 수 있는 훌륭한 도구, 즉 비교 계통발생학적 분석comparative phylogenetic analysis이라는 도구를 가지고 있다. 예를 들어 현존하는 모든 포유류의 어미는 새끼에게 젖을 먹이기 때문에 우리는 쥐라기에 살았던 포유류의 조상이 이미 유선mammary gland을 가지고 있었고, 현생 포유류와 같은 용도로 유선을 사용했다는 것을 확실하게 추론할 수 있다. 또한 우리는 비교 계통발생학적 분석을 통해 포유류의 조상이 온혈동물이었다고 추론할 수도 있다. 즉 우리는 유선 같은 구체적인 형태의 화석이 남아 있지 않아도 먼 과거의 동물이 가졌던 생리적 특성과 행동적 특성을 추론할 수 있다.

벌과 꽃의 소통 시스템 진화 문제를 다루려면 진화 과정에서 꽃이 출현하기 전 벌과 갈라진 절지동물들(거미, 갑각류, 다른 곤충들)에 대해 살펴보아야 한다. 이런 절지동물들의 색각이 벌과 같다면 이는 꽃 색깔이 진화하기 전 이 색각이 벌과 절지동물들의 공통 조상에게 이미 존재했다는 뜻이다. 다행히도 비교생리학자들은 이미 다양한 절지동물의 색깔 수용체에 대한 방대한 데이터베이스를 수집해 놓은 상태였기 때문에 우리는 이 모든 종들이 포함된 계통수에 벌과 절지동물들의 색깔 수용체 데이터를 매핑하는 방법으로 이 종들의 색각 적응 패턴을 파악할 수 있었다.

이러한 비교 계통발생학적 분석 결과 벌의 색각과 비슷한 색각은 꽃이 최초로 지구상에 출현하기 몇 억 년 전에 이미 형성된 것으로 밝혀졌다([그림 2-5]). 예를 들어 잠자리, 메뚜기, 바퀴벌레 등 거의 모든 곤충이 자외선 수용체를 가지고 있는 것으로 나타났다. 일반적으로 이런 곤충들은 꽃을 방문하는 곤충이 아니다. 심지어 해양 갑각류의 상당 부분도 자외선 수용체를 가지고 있다. 종에 따라 색깔 수용체가 수용하는 파장이 약간씩 다르기는 하지만 꽃을 방문하는 습관이 곤충의 색각에 중요한 변화를 일으켰다는 것을 확실하게 보여주는 증거는 없다.

우리는 캄브리아기에 살았던 모든 곤충과 갑각류의 조상(수생생물일 가능성이 높다)이 이미 자외선, 파란색 빛, 녹색 빛을 감지하는 수용체를 가지고 있었다는 결론을 내렸다. 곤충은 꽃이 존재하기 수억 년 전에, 즉 백악기 중기(1억 년 전)에 시작된 꽃식물의 광범위한 방사radiation 이전에 이미 꽃 색깔을 암호화할 수 있도록 적응돼 있었을 것이다[꽃식물이 최초로 방사한 것은 트라이아스기(2억 5,000년~2억 년 전)였을 것이다]. 즉 "벌은 왜 자외선 수용체를 가지고 있을까?"라는 질문에 대한 답은 "조상이 그랬기 때문"이라고 할 수 있다.

곤충의 색각이 특정 종류의 물체(벌의 경우 꽃)에 적응하기 위해 진화했다는 것은 옳은 가설이 아니다.[18] 곤충이 자외선, 파란색 빛, 녹색 빛을 수용하는 수용체를 가지게 된 것은 자연의 다양한 조명 조건에서 모든 종류의 물체를 암호화하는 데 유용한 더 넓은 범위의 적응의 결과였을 가능성이 있기 때문이다. 꽃 색깔이 곤충의 색각에 적응한 것이지, 곤충의 색각이 꽃 색깔에 적응한 것은 아니라는 뜻이다. 이런 의미에서 꽃 색깔은 꽃가루 매개자인 곤충에 의해 결정된 것이라고 할 수 있다. 식물이 배고픈 곤충을 꽃가루 매개자로 선택하기 전에는 지상의 식물은 대부분 녹색(잎)과 갈색(나무껍질)이었다.

곤충의 감각 시스템에 대한 연구를 통해 우리는 우리가 인식하는 세계가 실제로 존재하는 물리적 현실에 대한 객관적 표현이 아니라는 사실을 처음으로 깨닫게 됐다. 즉 우리는 우리가 인식하는 세계가 동물종이 진화를 통해 획득한 감각 메커니즘을 통해 걸러진 세계라는 것을 알게 됐다.

지금까지 우리는 벌이 색깔을 우리와 얼마나 다르게 보는지, 얼마나 이상하게 보는지 대략 살펴봤다. 이제 벌이 감각기관들을 이용해 환경을 얼마나 이상하게 인식하는지 살펴보면서 벌에게는 있지만 인간에게는 없는 감각 양상에 대해 탐구해 볼 차례다.

3

벌의 이상한 감각세계

"우리는 동물에게 신경이 다양하게 연결된 복잡한 감각기관들이 있다는 것을 알고 있지만, 그 기관들의 기능은 아직 설명할 수 없다. 동물은 우리의 청각과 시각처럼 서로 매우 다른 감각을 50가지가 넘게 가지고 있을지도 모르며, 우리가 들을 수 없는 수많은 소리를 듣고 우리가 인식하지 못하는 수많은 색깔을 인식할지도 모른다. 동물은 우리가 빨간색과 녹색을 구분하듯이 우리가 볼 수 없는 색깔을 구분할 수 있을지도 모른다.

우리를 둘러싸고 있는 익숙한 세계는 다른 동물들에게는 완전히 다른 세계일 수 있다. 그 동물들이 사는 세계는 우리가 들을 수 없는 음악, 우리가 볼 수 없는 색깔, 우리가 느낄 수 없는 감각으로 가득 찬 세계일지도 모른다."

— 존 러벅, 1888년[1]

오늘날 영국인들에게 존 러벅이라는 사람은 은행을 비롯한 기업들이 문을 닫는 공식 공휴일인 '은행 휴일 bank holiday'을 처음 도입한 사람으로 알려져 있다. 국회의원이자 은행가였던 러벅은 크리스마스나 부활절 같은 전통적인 공휴일 외에 주로 봄과 여름에 새로운 공휴일 며칠을 제정하는 데 큰 역할을 한 사람이다.

러벅이 이렇게 공휴일을 도입한 이유는 열정적인 곤충학자이기도 했던 그가 "곤충을 가장 효율적으로 연구할 수 있는 계절에 의회 업무로 대부분의 시간을 빼앗겼기 때문"이었다. 정치인이 자신에게 주어진 권한을 이용해 곤충을 연구할 수 있도록 국가 전체를 쉬게 만든 것은 놀라운 일이 아닐 수 없다.[2]

부유한 은행가의 아들이었던 러벅은 학교에 입학할 나이가 되기 전부터 곤충에 대한 열정이 있었다. 그러던 러벅의 곤충에 대한 관심이 결정적으로 증폭된 것은 8세 때인 1842년의 어느 날이었다. 당시 퇴근한 그의 아버지가 가족들에게 중대 발표를 하겠다고 했고, 어린 러벅은 아버지가 자신에게 조랑말을 사주겠다고 말할 것으로 기대했다. 하지만 러벅의 아버지가 한 말은 "다윈 씨가 우리 동네로 이사 올 거야."였다. 여기서 '다윈 씨'는 그 유명한 찰스 다윈 Charles Darwin을 말하는 것이었고, 다윈은 러벅의 동네에서 세상을 떠날 때까지 살았다.

존 러벅은 '다윈의 제자'가 됐고, 두 사람은 함께 무척추동물의 감각 능력에 대한 놀라운 연구를 수행했다. 다윈은 지렁이의 청각을 테스트하기 위해 피아노를 사용했고, 러벅은 벌에게 바이올린 연주를 들려줬다(당시 사람들의 반응은 대체로 싸늘했다).

1878년 알렉산더 그레이엄 벨Alexander Graham Bell이 빅토리아 여왕에게 새로 개발한 전화기를 시연하기 위해 런던을 방문했는데, 당시 러벅은 개미를 대상으로 전화 기술을 테스트하기도 했다. 개미가 청각적 수단을 통해 경보 메시지를 다른 개미집으로 전송할 수 있는지 확인하기 위한 실험이었다. 러벅은 전화가 사람들의 통신수단으로 널리 사용되기도 전에 곤충학 실험에 전화 기술을 이용한 것이다. 이 실험의 결과는 부정적이었다. 하지만 이 실험을 통해 러벅은 개미에게서 '화학적 언어chemical language'를 발견했고, 사회성 곤충의 페로몬 의사소통에 대한 연구를 시작하게 됐다.[3]

존 러벅의 창의적 실험 결과 중 일부는 실망스러웠지만 그의 연구가 흥미로운 현상을 많이 밝혀낸 것만은 사실이다. 러벅은 술에 취한 개미를 대상으로 실험한 결과, 일반적으로 같은 개미집을 쓰는 동료 개미는 술에 취한 '친구'를 도와주지만, 다른 군집에 속한 개미는 술에 취한 개미를 물에 던져 익사시키는 것을 발견했다(이는 사회적 곤충이 가족 간 유대감이 강하고 친족에게만 '친절함'을 보인다는 것을 보여주는 최초의 증거 중 하나였다). 하지만 러벅의 연구 중 곤충학 분야에 가장 큰 영향을 미친 것은 동물들의 감각 시스템 차이에 관한 것이었다.

현재 우리는 인간과 곤충의 감각 시스템이 상당히 다르다는 것을 알고 있다. 예를 들어 곤충의 공간 해상도는 인간보다 떨어지지만 (곤충은 볼 수 있는 픽셀 수가 적기 때문이다) 인간보다 훨씬 빠르게 볼 수 있다. 즉 곤충은 단위 시간당 더 많은 정보를 흡수한다. 교류 전원을 사용하는 천장 LED 조명은 1초에 50~60회 켜지고 꺼지기를 반복하지만 우리 눈으로는 알 수가 없다. 하지만 (벌을 포함한) 대부분의 곤충은 시각 처리 속도가 인간에 비해 5배나 빠르기 때문에 곤충들에게 LED 조명은 마치 플래시가 정신없이 빠르게 켜졌다 꺼지기를 반복하는 것 같은 느낌을 줄 것이다.[4]

사람들은 수명이 비교적 짧은 곤충이 이렇게 풍부한 심리적 삶을 살 수 있다는 사실에 놀라곤 한다. 하지만 곤충의 수명은 짧지만 밀도가 높다. 인간이 인지할 수 있는 최소 시간 단위가 시각의 속도에 의해 제한된다면 벌은 한 시간에 인간보다 훨씬 많은 사건을 감지할 수 있다.

곤충의 감각기관은 우리가 보기에는 이상한 위치에 존재하기도 한다. 예를 들어 곤충의 청각 기관은 흉부, 복부, 다리 또는 입에 있을 수도 있고, 어떤 곤충은 전혀 소리를 듣지 못하기도 한다(존 러벅은 전화기를 이용해 A 개미집에서 B 개미집으로 경보 메시지를 전송했지만 개미들은 전혀 반응하지 않았다). 일부 수컷 나비는 생식기에 있는 광수용체를 이용해 교미 상대를 찾기도 한다. 지금까지는 벌의 색깔 감각에 초점을 맞췄지만 이제부터는 벌의 다른 '이상한' 감각 양상들을 살펴볼 것이다.

마르틴 린다우어와
벌의 시간 보정 태양나침반

마르틴 린다우어Martin Lindauer(1918-2008)는 카를 폰 프리슈의 뛰어난 제자이자 내 지도교수였던 란돌프 멘첼의 스승이었다. 나는 1990년대 후반 뷔르츠부르크대학교에서 그와 폭넓은 교류를 할 수 있는 행운을 가졌다. 당시 린다우어는 공식적으로 은퇴한 상태였고, 파킨슨병을 앓고 있었지만 여전히 벌의 행동에 관한 실험을 계속했으며, 젊은 과학자들에게 아낌없는 조언을 해주곤 했다.[5]

린다우어는 바이에른 알프스 지역 농부 집안에서 열다섯 자녀 중 한 명으로 태어나 가난하게 자란 사람이었다. 그는 당시 대부분의 독일 교수들과는 달리 거만하지 않았고, 행동생태학 분야에서 가장 뛰어난 학자 중 한 명이었음에도 불구하고 평생을 겸손하게 산 사람이다. 나는 린다우어가 들려주던 동물행동학 관련 이야기들과 자신이 목도했던 역사적 사건들에 대한 이야기에 매료되곤 했다.

대부분의 동급생들과 달리 린다우어는 히틀러청년단에 가입하기를 거부했지만, 결국 1939년 고등학교를 졸업한 지 며칠 만에 강제징집돼 나치가 최초의 강제수용소를 설치한 다하우Dachau에서 도랑 파는 일을 해야 했다. 그 후 린다우어는 히틀러청년단 가입을 거부했다는 이력 때문에 선배와 동료로부터 끊임없이 괴롭힘을 당했고, 제2차 세계대전 초기에 군대에 징집된 후에도 이런 상황은 계속됐다. 1942년 동부전선에서 매복 중 중상을 입은 린다우어는 군 복무 부적합 진단을 받았는데 그가 살아남은 것은 결국 이 부상 덕분이었을 것이다. 린다우어가 복무하던 중대는 그로부터 불과 몇 주 후 스탈린그라드 전투에 투입됐고, 중대원 156명 중 3명밖에 살아남지 못했기 때문이다.

린다우어는 1943년 초 뮌헨에서 부상에서 회복하던 중 우연히 카를 폰 프리슈의 강연을 듣게 됐다. 그는 당시 프리슈의 강연이 자신에게는 일종의 계시처럼 느껴졌으며, 유치한 거짓말과 잔인함 속에서 객관적 진실을 찾기 위해 노력하는 과학자의 모습을 그 강연에서 확실하게 보았다고 회고하기도 했다.

당시 뮌헨은 전선과 멀리 떨어져 있었지만, 전쟁의 끔찍함은 뮌헨 대학가에도 영향을 미치고 있었다. 린다우어는 당시 뉘른베르크 인종법 때문에 프리슈의 교수 직위가 위험에 처해 있다는 것을 알지는 못했다. 하지만 백장미단$^{White\ Rose}$(나치에 대항해 뮌헨대학교 학생과 교수들이 구성한 비폭력 저항 단체; 역주)이 뿌린 전단지를 통해 저항운동이 진행되고 있다는 것은 알고 있었다. 당시 독일 비밀경찰(게슈타포)은 학생들의 가방을 검사해 전단지가 있는지 확인하곤 했다. 전단지 작성자들은 1943년 2월 18일 배신자들의 밀고로 체포됐는데 가장 어렸던 당시 21세의 조피 숄$^{Sophie\ Scholl}$을 비롯한 작성자들 일부는 체포 후 불과 나흘 뒤 단두대에서 죽었고, 나머지는 그해 말 전원 처형됐다.

전쟁 막바지에 접어들어 연합군의 폭격이 뮌헨에 쏟아질 때 린다우어는 프리슈와 공동연구를 시작했다. 결국 뮌헨대학교 동물학과 건물은 공습으로 모두 파괴돼 프리슈는 오스트리아로 연구실을 옮겼지만, 린다우어는 지도교수인 프리슈와의 직접적인 교류가 거의 단절된 채 뮌헨 교외 한 건물에서 논문 작성 작업을 계속했다. 1945년 5월 독일이 무조건 항복하기 며칠 전, 미군 탱크들이 스물여섯 살의 마르틴 린다우어와 그의 실험 장비와 꿀벌 옆을 지나쳐 갔다.

전쟁이 끝난 1945년 연합군이 오스트리아와 독일 국경을 봉쇄하자 린다우어는 지도교수와의 연락이 더 어려워졌다. 하지만 이런 고립이 그가 과학적 질문을 던지고 프로젝트를 완수하는 과정에서 독립성을 키우는 데 도움이 됐을지도 모른다. 과학계에서는 뛰어난 거장의 제자들이 스승의 '그림자에서 벗어나는 것'이 어려울 때가 많다. 거장들은 제자들에게 끊임없이 연구 주제를 제공하지만 제자들을 자신의 아이디어를 기술적으로 뒷받침하는 도구로 생각하는 경우가 많기 때문이다. 하지만 린다우어는 전쟁이 끝난 뒤의 고립 속에서 자신만의 연구 방식을 찾아냈고, 그 후 10여 년 동안 프리슈와 동료로서 과학 연구를 함께 했다.

1920년대에 독일 생물학자 에른스트 볼프Ernst Wolf(1902-1992)는 벌이 태양나침반을 이용해 방향을 탐지한다는 사실을 발견했다. 방해요소가 될 수 있는 물체가 없는 넓은 실험장이 필요하다고 생각한 볼프는 제1차 세계대전이 끝나고 폐쇄된 비행장 사용 허가를 얻었다. 쉬트란츠Schütte-Lanz라는 비행선 제작 기업이 사용하던 곳이었다. 불과 몇 년 전만 해도 200m 길이의 비행선이 이착륙하던 곳에서 볼프는 벌의 방향 탐지 능력을 테스트할 수 있게 된 것이다.[6]

볼프는 실험을 통해 벌이 태양을 기준으로 귀소 벡터homing vector(방향과 거리)를 기억한다는 것을 발견했다. 예를 들어 벌은 먹이통feeding station에서 남쪽으로 150m 거리에 벌집이 있는 경우 먹이통에서 벌을 잡은 뒤 다른 곳에 놓아주어도 남쪽으로 150m 거리를 날아갔다. 즉 벌은 태양을 기준으로 삼아 기억된 벡터를 따라 이동했다. 볼프는 벌의 비행 패턴을 관찰하고 비행시간을 측정하는 것만으로 먹이통이 아닌 다른 위치로 옮겨진 벌의 벌집으로의 비행이 세 가지 단계, 즉 직진 벡터 비행, 예상치 못한 위치에 도착해 익숙한 지형을 찾는 탐색 비행, 실제 벌집까지의 직선에 가까운 비행으로 구성된다는 것을 추론했다([그림 3-1]).

태양나침반을 사용하는 것은 자기나침반을 사용하는 것만큼 쉽지 않다. 지구의 자기장은 하루 내내 일정하며, 자기나침반의 바늘은 항상 북쪽을 가리킨다. 하지만 태양의 방위각azimuth(태양광이 오는 방향과 나침반의 정북 방향이 이루는 각; 역주)은 하루 동안 계속 변하기 때문에 태양을 나침반으로 사용하려면 시간을 정확히 알아야 한다.

제2차 세계대전이 끝난 후 마르틴 린다우어는 프리슈에게 벌의 태양나침반 이용에 대해 구체적으로 연구하자고 제안했다. 린다우어는 벌이 벌집 남쪽에 있는(태양 왼쪽에 있는) 먹이통에서 설탕물을 모으도록 '오후에' 훈련시킨 다음 벌집을 (주변 지형이 낯선) 다른 위치로 옮기고, '아침에' 먹이통 4개를 벌집의 동서남북 네 방향에 놓은 다음 벌들이 어떻게 행동하는지 관찰했다. 벌들은 전날 오후에 그랬던 것처럼 계속해서 태양 왼쪽으로 날아갔을까? 다시 말해 벌들은 태양의 움직임을 시간적으로 보정해 바로 남쪽으로 날아갔을까?[7]

프리슈는 "벌이 이렇게 복잡한 방향 탐색 시스템을 가지고 있다고 주장하면 사람들이 우리를 미쳤다고 생각할 것"이라며 회의적

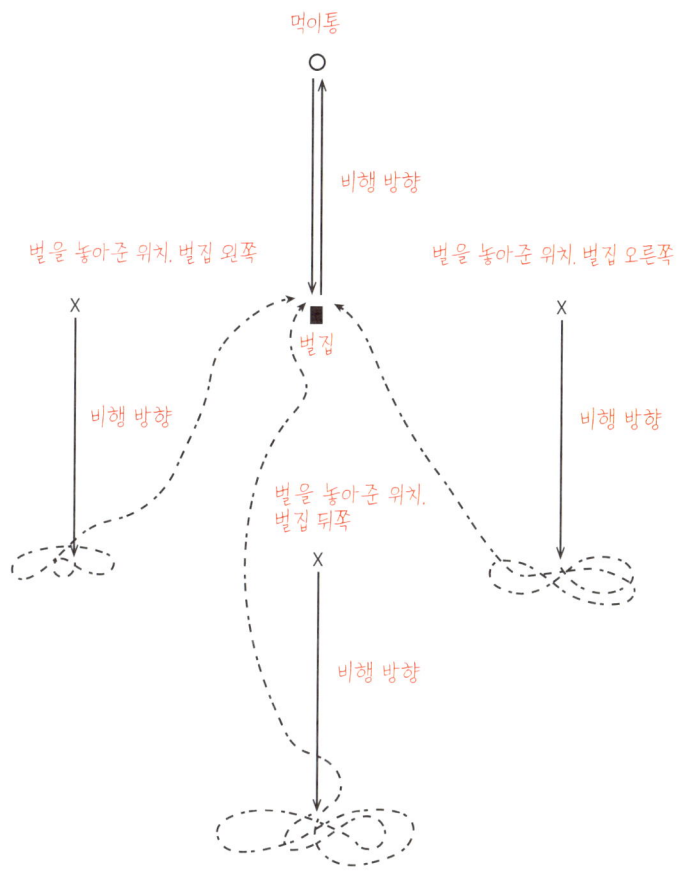

[그림 3-1] 폐쇄된 독일 비행장에서 이뤄진 벌의 방향 탐지 능력 실험. 1927년 에르스트 볼프는 꿀벌이 벌집과 그 벌집에서 150m 떨어진 곳에 있는 먹이통(그림 맨 위쪽) 사이를 왕복하도록 훈련시킨 다음 꿀을 배불리 먹고 벌집으로 돌아가려는 꿀벌을 잡아 벌집에서 각각 서쪽, 남쪽, 동쪽으로 150m 떨어진 세 위치에 놓아주었다. 이 위치에서 꿀벌은 처음에는 '벡터 비행'을 한 뒤(꿀벌은 먹이통에서 벌집으로 가는 정확한 방향으로 정확한 거리를 비행했다). 이 벡터 비행으로 예상 목적지인 벌집에 이르지 못했다는 것을 알아차리고 탐색 비행을 하다 결국 정확하게 벌집을 찾아 비행했다.

인 반응을 보였다. 하지만 린다우어는 실험을 강행했고, 놀랍게도 벌들은 이전 위치의 먹이통을 방문하도록 훈련받은 시간과 실험을 진행한 시간이 달랐음에도 불구하고 전날 오후에 먹이통이 있던 곳인 남쪽으로 정확하게 날아갔다. 그 후 시간 보정 태양나침반을 사용하는 능력은 다른 많은 동물에서도 발견됐다.

린다우어는 벌의 태양나침반 이용이 간단한 일이 아니라는 것을 알고 있었다. 철새와 달리 꿀벌은 일반적으로 계절에 따라 선호하는 비행 방향이 선천적으로 정해져 있지 않다. 벌은 태양을 기준으로 좋은 꽃밭을 오가는 경로를 '학습해야' 하며, 꽃밭과 태양의 방위각은 시간에 따라 달라진다. 따라서 꿀벌은 시간 감각을 가져야 하며, 자신이 지구상에서 어떤 위치에 있는지도 확실히 알아야 한다. 그러기 위해서는 꿀벌에게서 학습이 이뤄지거나 특정 지역에 사는 꿀벌들에게 특정한 지식이 유전되어야 한다.

그 후 린다우어는 한낮에 태양이 북쪽에 있는 남반구에서 한낮에 태양이 남쪽에 있는 북반구로 꿀벌을 옮겨 이 변위 실험을 극단적으로 진행했고, 예상대로 이 실험에서도 꿀벌은 선호하는 방향을 180도 바꿨다. 린다우어는 태양이 하루 동안 이동하는 경로를 예측하는 법을 꿀벌이 실제로 학습하여 새로운 위치에서 태양나침반을 정확하게 사용한다는 사실을 발견한 것이다.[8]

벌의 편광 시각

프리슈와 린다우어는 태양의 위치 자체는 확실한 나침반 역할을 할 수 없다고 생각했다. 태양은 구름이나 산, 나무 뒤에 숨어 있는 경우가 많아 태양의 위치만으로는 방향을 파악하기 힘들 수 있기 때문이다. 린다우어는 프리슈를 도와 꿀벌이 태양을 직접 볼 수 없게 만든 상태에서(꿀벌은 푸른 하늘이 조금만 보여도 정확하게 방향을 파악할 수 있었기 때문이다) 실험을 진행했을 때 느꼈던 감동에 대해 내게 말한 적이 있다. 태양이 보이지 않는데도 태양의 위치를 재구성할 수 있는 놀라운 능력이 꿀벌에게 있다는 것을 알게 된 것이다. 꿀벌은 어떻게 이런 능력을 가지게 된 것일까?

프리슈는 이 의문에 대한 답을 찾기 위해 물리학자들의 자문을 구했고, 꿀벌이 편광polarized light을 볼 수 있을지 모른다는 의견을 들었다. 고등학교 물리 시간에 빛에는 파동 속성이 있으며, 광파는 진행 방향과 직각인 평면에서 진동한다는 설명을 들은 적이 있을 것이다. 지구의 대기에 도달하기 전까지 태양의 광파는 모든 방향으로 무작위로 진동한다. 하지만 대기권 안으로 들어온 광파는 공기 분자에 의해 산란되고, 하늘의 특정 영역에서는 모든 광파가 같은 방향으로 정렬된다. 이를 선형 편광linear polarization 현상이라고 한다.[9]

하늘의 자연 편광 패턴은 태양의 이동에 따라 달라지며, 예측이 가능하다. 선형 편광 패턴은 태양에 가까울수록 줄어들고, 태양과의 각도가 90도(최대 각도)에 가까워질수록 늘어난다([그림 3-2]). 따라서 최대 편광 영역을 찾으려면 왼팔로 태양을 가리킨 상태에서 오른팔을 왼팔과 직각인 상태를 유지하면서 왼팔 쪽으로 회전시키면 된다. 이때 오른팔의 회전으로 생긴 원이 편광이 가장 많이 일어나는 영역이며, 태양광의 편광 방향은 이 원이 그려지는 방향과 같다([그림 3-2]).

편광 패턴은 간단한 선형 편광 필터 시트를 이용해 쉽게 확인할 수 있다. 선형 편광 필터 시트는 특정한 방향으로 진동하는 광파만 통과시키는 일종의 체 같은 것이다. 이런 체에 바늘을 떨어뜨리면 체 구멍의 방향과 같은 방향으로 떨어지는 바늘만 체 아래로 떨어지고, 그렇지 않은 바늘은 체 위에 그대로 남는다.

하늘에서 가장 강력한 편광이 일어나는 원 영역에 선형 편광 필터 시트를 대면 이 시트 '구멍'의 방향과 일치하는 편광, 즉 진동하

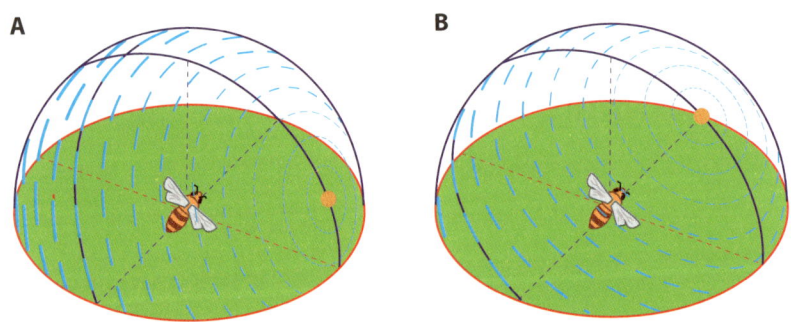

[그림 3-2] **천구의 자연 편광 패턴.** A는 태양(주황색 점)이 뜬 직후, B는 시간이 지나 태양이 더 높이 떴을 때의 상황이다. 벌은 '평평한 지구 표면'의 중심에 있다. 편광 방향의 전체 패턴은 태양의 위치에 따라 예측 가능한 방식으로 변화한다. 편광 패턴은 기본적으로 태양을 중심으로 동심원 모양으로 배열되며, 태양으로부터 90도 방향에서 편광이 가장 강하고 태양 바로 옆에서 가장 약하다(점선의 굵기가 편광의 강도를 나타낸다). 점선의 방향은 편광의 방향을 나타낸다.

는 방향이 시트 구멍들과 일치하는 광파만 이 시트를 통과할 것이다. 이 상태에서 시트를 90도 회전하면 모든 광파의 진동 방향이 시트 구멍들과 수직이 되므로 어둡게 보인다. 하지만 하늘의 태양 빛이 선형으로 편광되지 않는 영역에 시트를 대면 시트를 회전시켜도 시트를 통과하는 빛의 양은 별로 달라지지 않는다.

프리슈와 린다우어는 이 편광 필터를 벌 실험에 이용했다. 그 결과 사람이 태양을 보고 하늘에서 가장 강하게 편광된 빛이 그리는 보이지 않는 원을 유추할 수 있는 것처럼, 벌도 하늘의 다른 부분에서 빛의 편광을 감지할 수 있기 때문에 태양이 가려져 있어도 태양의 위치를 재구성할 수 있다는 것이 밝혀졌다. 이들은 하늘의 모든 편광 패턴은 태양의 움직임과 함께 변화하기 때문에 하늘이 조금만 보여도 벌은 숨어 있는 태양의 위치를 재구성해 방향을 감지할 수 있다는 것을 실험을 통해 알아낸 것이다.

이 실험에서 프리슈와 린다우어는 편광 필터로 벌을 속이는 방법, 즉 편광 필터로 하늘에서 오는 빛의 편광 패턴을 바꿔 벌에게 비추는 방법을 사용했다. 실제로, 자연 상태에서는 편광되지 않은 빛을 필터에 통과시켜 그 빛을 벌에게 비췄을 때 벌들은 자신들이 받는 빛을 선형 편광된 빛으로 생각해 방향감각을 잃었다.

벌은 하늘의 편광 패턴을 이용해 우리 인간은 상상할 수 없는 수준으로 태양나침반을 이용한 감각을 강화한다. 이 실험 이후 많은 무척추동물(거미, 갑각류 및 지금까지 실험된 모든 곤충 포함)이 편광에 민감하며, 심지어 새 같은 일부 척추동물도 편광에 민감하다는 사실이 밝혀졌다.

우리 인간에게는 전혀 없는 이 능력을 벌은 어떻게 가지게 됐을까? 이 의문에 대한 답을 찾아낸 사람은 마르틴 린다우어의 제자 중 한 명인 독일 생물학자 뤼디거 베너Rüdiger Wehner다. 답은 눈에서 빛을 전기신호로 변환하는 세포인 광수용체 구조에 숨겨져 있었다.[10]

척추동물의 광수용체는 낮에 시각과 색각을 처리하는 '원뿔세포cone receptor(원추세포)'와 밤에 시각과 색각을 처리하는 '막대세포rod receptor(간상세포)'로 구성되지만, 곤충의 광수용체는 칫솔 모양의 '봉상체rhabdomeric receptor cell'와 칫솔모처럼 튀어나온 투명한 실 모양의 '미세융모microvillus'로 구성된다([그림 3-3]). 편광에 대한 민감도는 이 미세융모에 있는 감광성 분자의 특정 배열 때문에 발생한다.

미세융모는 지름이 작기 때문에(약 0.1μm) 미세융모 하나에 수백에서 수천 개 존재하는 모든 감광성 분자들은 (수용체 세포 하나에 수만 개 존재하는) 미세융모가 늘어서는 평행 축 방향과 같은 방향으로 정렬한다. 곤충의 광수용체가 칫솔 모양인 이유는 이 감광성 분자들이 모두 같은 방향으로 정렬하기 때문이다. e-벡터(빛이 진동하는 방향)가 감광성 분자의 정렬 방향과 같으면 신호가 생성되고, 미세융모 전체에서 이런 신호가 점점 더 많이 생성되게 된다. 이런 방식으로 벌의 광수용체는 편광면을 감지한다. 광수용체의 '칫솔모들'이 광파의 진동 방향과 모두 같은 방향으로 진동하면 벌의 뇌에 전달되는 신호 양이 최대가 되며, 광수용체가 광파의 진동 방향과 수직이면 벌의 뇌에 전달되는 신호 양은 최소가 된다.

편광을 감지하는 이런 배열은 곤충 눈의 등 쪽 영역, 즉 정상적인 전진 비행 중 하늘을 향하는 영역에서만 확인됐다. 꽃을 향하는 앞

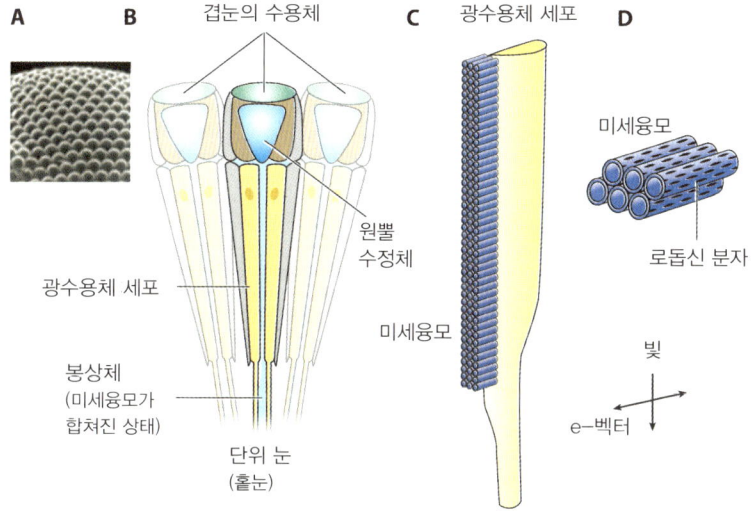

[그림 3-3] **편광을 감지하는 곤충의 눈 구조.** A. 수십 개의 수정체가 있는 곤충 눈의 곡면. B. 3개의 개별 단위인 '홑눈'의 세로 단면. C. '칫솔' 모양의 광수용체. 그림의 오른쪽 부분이 세포체를 나타내며, 아래쪽은 뇌와 연결되는 뉴런 케이블, 즉 축삭(axon)을 나타낸다. D. 감광성 분자(검은색 막대)는 모두 같은 방향으로 향해 있으며, 이 분자에 도달하는 빛이 같은 방향으로 편광될 때 최대 자극이 발생한다.

쪽 부분 또는 배 쪽 부분 등 벌 눈의 다른 영역에서는 편광에 대한 반응성이 혼란을 일으킬 가능성이 있다. 이 영역에서는 이 수용체들이 색깔을 감지하는 데도 사용되기 때문이다.

모든 생물체의 수용체 세포는 단 하나의 판독치readout를 가진다. 즉 수용체 세포는 뇌의 더 '고차원적 영역'으로 신호를 보내는 역할만 한다. 그렇다면 입력 변수가 2개라면, 즉 파장과 편광이 모두 입력 변수가 된다면 뇌는 어떤 반응을 보일까? 이 경우 뇌는 수용체가 보내는 신호를 쉽게 이해할 수 없을 것이다. 뇌는 마치 기온과 압력을 모두 측정해 0에서 100까지의 단일 출력만 제공하는 게이지처럼 행동할 것이다. 따라서 수용체가 유용성을 가지려면 단 하나의 변수에만 반응해야 하며, 각각의 수용체 세포는 서로 다른 기능에 특화되어야 한다(예를 들어 편광 평면에 대한 민감도와 파장에 대한 민감도가 섞여서는 안 된다). 따라서 하늘을 보지 않는 꿀벌의 광수용체, 즉 꽃을 내려다보거나 산이나 나무 같은 지형지물을 정면으로 바라보는 정면과 복부의 광수용체는 편광 민감성을 제거하는 기능을 가져야 한다. 실제로 칫솔 모양의 이 광수용체들은 세로축을 중심으로 꼬여 있다. 따라서 이 광수용체에서는 모든 미세융모가 같은 방향을 가리키지 않고 서로 다른 방향을 가리킨다. 생물체는 이런 식으로 놀라운 나노 공학 기술을 구현한다.

지구 자기장에 대한 민감성

앞서 언급했듯이 마르틴 린다우어는 꿀벌이 지구 자기장에 반응한다는 사실도 발견했다. 린다우어는 헬름홀츠 코일 Helmholtz coil(벌집 양쪽에 평행하게 배치된 2개의 대형 자기 코일)을 사용해 벌집 주변의 자기장을 조작했다.[11] 헬름홀츠 코일은 조작을 통해 거의 균일한 자기장을 만들어낼 수 있으며, 지구 자기장을 중화시키는 데도 사용할 수 있다. 린다우어는 헬름홀츠 코일 조작으로 꿀벌들이 군집 내부의 먹이원 food source에 대해 소통하는 방식에 정교한 영향을 미칠 수 있다는 사실을 발견했다. 현재는 꿀벌이 집 밖에서도 자기나침반을 이용해 먹이원을 찾아낸다는 사실이 밝혀진 상태다(무척추동물 중에는 이런 능력을 가진 동물이 상당히 많다).[12]

1990년대 뉴욕 인근 스토니브룩에서 박사후 과정 연구원으로 일할 때 내 연구실은 창문이 없는 지하 실험실이었다. 실험실 공간은 좋지 않았지만 나는 그곳에서 자연광이 들어오는 기존 실험실에서는 할 수 없었던 발견을 하게 됐다. 천장 조명을 끄고 나면 실험실은 완전히 어두워졌지만, 실험 대상이었던 호박벌들이 밤새 활동하면서 벌집에서 1m 이상 떨어진 먹이통을 비우는 것을 알게 된 것이다. 적외선 비디오 녹화 영상을 보니 벌들은 개미처럼 길을 따라 걷고 있었다. 기괴한 광경이었다.

당신이 창문 없는 지하실의 완전한 어둠 속에 있다고 상상해 보자. 이렇게 완벽한 어둠 속에서는 방향감각을 잃고 무력해질 것이다. 이 상황에서 당신은 벽을 손으로 짚으며 달팽이처럼 천천히 움직이다가 물체에 부딪치기도 할 것이다.[13] 하지만 내 실험실의 호박벌들은 확실하게 방향을 인지하면서 빠르게 걸었다. 또한 이 호박벌들은 개미처럼 냄새를 이용해 경로를 표시하기도 했다.

하지만 냄새의 흔적을 완전히 제거했을 때도 벌은 먹이통을 향해 정확하게 움직였다. 그렇다면 호박벌은 냄새뿐만 아니라 지구 자기장도 이용해 방향을 찾았을 가능성이 있었다(확실한 증거를 얻으려면 자기장 조작 실험을 시행해야 했다). 하지만 이 관찰로 나는 두 가지 깨달음을 얻을 수 있었다. 첫 번째는 최적에 미치지 못한다고 생각되는 실험 조건에서도 예상치 못한 발견을 할 수 있다는 것, 두 번째는 과학은 가설에 기초해야 한다는 기존 생각이 여러 가지 측면에서 유효

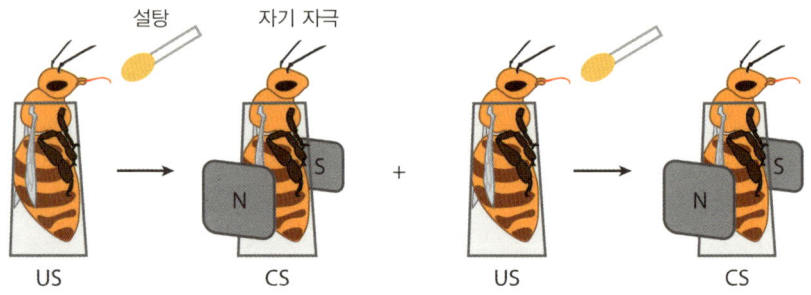

[그림 3-4] 벌의 자기장 학습 과정. 꿀벌에게 설탕물을 묻힌 면봉을 제시하면[US(unconditioned stimulus), 무조건 자극] 꿀벌은 혀를 내밀어 설탕물을 빨아들인다. 꿀벌이 자기장에 노출되면[CS(conditioned stimulus), 조건 자극] 처음에는 반응을 보이지 않지만 CS와 US를 몇 번 연결시키면 그 두 자극의 연관성을 학습하게 되고, 그 후 자기장에 노출되면 보상이 곧 실현될 것으로 예상해 혀를 내민다.

하기는 하지만 그 생각에 너무 집착하면 시야가 제한돼 이미 생각하고 있던 범위 내에서만 발견할 수밖에 없다는 것이다. 나는 전혀 예상하지 못했던 현상을 발견하기 위해서는 시야가 넓어져야 한다는 것을 깨닫게 된 것이다.[14]

벌이 지구 자기장을 감지하는 메커니즘, 즉 벌이 지구 자기장을 감지하는 감각기관에 대해서는 지금도 논란이 계속되고 있다.[15] 하지만 벌의 자기장 지각이 부분적으로 벌의 복부에 위치한 철鐵 입자를 통해 이뤄진다는 연구 결과가 있기도 하다. 또한 자기 자극이 시작되면 벌은 학습을 통해 설탕 보상을 받으리라는 것을 예측할 수 있음을 보여주는 실험이 진행되기도 했다([그림 3-4]). 이 실험을 진행한 연구자들은 벌의 복부와 뇌를 연결하는 신경을 절단하면 벌이 자극들 간 연관성을 학습하지 못했다는 것을 발견했는데, 이는 자기장 수용체가 뇌나 더듬이가 아닌 복부에 있다는 것을 드러낸다. 신경을 절단당한 벌은 냄새와 설탕 보상은 연결시킬 수 있었다. 이는 이 신경을 절단한다고 해서 벌의 학습 능력이 완전히 손상되지는 않는다는 것을 보여준다.

더듬이, 가장 특이한 감각기관

벌의 가장 특이한 감각기관은 더듬이일 것이다([그림 3-5]). 머리에 2개의 팔(손가락 없는 팔)이 붙어 있지만 이 두 팔에는 물체를 들어 올릴 힘이 없다고 상상해 보자.[16] 이 두 팔의 유일한 기능은 주변환경

[그림 3-5] 꿀벌의 더듬이. 감각모(sensory hairs)를 비롯한 다양한 마이크로센서로 가득 찬 더듬이는 냄새와 맛을 느낄 수 있고, 소리를 들을 수도 있으며, 질감과 온도를 느끼고, 전기장에도 반응한다. 녹색은 편절(flagellum), 파란색은 병절(pedicel)을 나타낸다. 이 두 부분을 연결하는 부분(보라색 부분과 그 주변의 병절 부분) 안에는 벌의 '귀'라고 할 수 있는 존스턴기관이 있다. 더듬이의 기저 부분은 기절(scape)이라고 부른다. 오렌지색은 눈, 핑크색은 벌의 머리 표면을 나타낸다.

에 대한 감각 정보 수집, 즉 냄새를 맡고, 맛을 보고, 소리를 듣고, 온도·습도·기류·전기장을 감지하고, 모양과 표면 질감을 분석하는 것이다. 모든 곤충에 있는 이런 더듬이는 벌집 내부처럼 완전히 어두운 공간에서 움직일 때 매우 유용하다. 벌은 이런 공간에서 잠잘 때를 빼고는 항상 움직이면서 수많은 감각 자극을 탐색하고 평가한다. 꽃에 앉은 벌은 더듬이를 이용해 다양한 감각 단서를 탐색하면서 자신이 원하는 보상이 있는 위치를 찾아낸다.

더듬이는 기절, 병절, 편절의 세 부분으로 구성된다. 기절은 공 모양 소켓으로 머리통과 연결돼 있고(회전운동 가능), 기절과 병절은 마치 경첩으로 연결한 것처럼 연결돼 있기 때문에 더듬이는 상당히 자유롭게 움직일 수 있다.

더듬이 표면은 전체가 다양한 유형의 센서로 촘촘히 채워져 있다. 이 센서 중 가장 눈에 띄는 것은 털 모양 센서다. 이 센서들은 굵기와 길이가 다양한데 기본적으로 매우 짧다(10~20μm). 이 털 모양 센서 대부분은 먼 곳에 있는 공기 중 화학물질의 냄새를 맡는 데 사용된다. 냄새 감지에 사용되는 이 털 모양 돌기에는 여러 개의 구멍이 있으며, 그 구멍 바로 밑에는 냄새 분자들에 노출됐을 때 자극을 받는 세포가 있다(나머지 털 모양 센서들은 기계 감각 mechanoreception이라고도 부르는 촉각에 사용된다). 다른 후각 수용체들은 더듬이 표면의 미세한 홈, 즉 더듬이 표면과 수평 방향으로 파인 타원형 영역 바로 아래 있다.

일벌의 더듬이에는 약 6만 5,000개의 후각 수용체 세포가 분포하며, 이 세포들은 각각 서로 다른 화합물에 반응하는 100여 개 유형으로 나뉜다.[17] 포유류의 후각 수용체 유형은 1,000개가 넘는다. 그렇다고 해서 벌이 포유류에 비해 더 적은 수의 냄새에 반응한다고 할 수는 없다. 벌의 냄새 수용체 각각은 다른 범위에 속하는 냄새 분자들에 민감하고, 수많은 냄새 그리고 수많은 냄새가 섞인 냄새는 다른 수용체 유형들이 자극되는 특정한 비율에 의해 정의되기 때문이다. 또한 벌은 이산화탄소처럼 사람이 맡을 수 없는 물질의 냄새도 맡을 수 있다.[18] 벌집처럼 밀집된 환경에서 이산화탄소가 너무 많아지면 산소가 적어질 수 있기 때문에 벌에게 환기는 생존 문제일 수 있다. 따라서 이산화탄소 냄새를 맡을 수 있다는 것은 벌의 생존에 확실히 유용한 능력이다.

　벌의 냄새 수용체 유형이 색깔 수용체에 비해 다양한 이유는 벌의 삶에서 중요한 공기 중 화학물질이 매우 다양하다는 데 있다. 하나의 꽃 종도 수십 가지 냄새 분자를 생성할 수 있으며, 벌의 비행 범위 내에는 수십 종의 꽃이 존재할 수 있다.[19] 또한 벌 스스로도 여러 가지 페로몬 신호를 생성한다.[20] 예를 들어 벌의 애벌레는 배고픔을 알리는 페로몬 신호를, 일벌은 위험이나 먹이 발견을 알리는 페로몬 신호를, 여왕벌은 우위를 알리는 페로몬 신호를 생성한다. 벌이 분비하는 이런 페로몬은 그 자체가 다양한 분자들의 혼합물이기도 하다. 게다가 어두운 벌집 안에는 벌이 생성하지 않는 다른 다양한 냄새 분자들, 예를 들어 꿀을 훔치러 온 다른 벌집의 침입자 벌이 생성하는 냄새 분자, 벌집 구조에 생긴 곰팡이에서 배출되는 냄새 분자 등도 존재한다.

　란돌프 멘첼은 꿀벌이 냄새와 보상을 연관시키는 방법을 매우 빠르게 학습할 수 있다는 사실을 발견했다. 일부 냄새, 특히 꽃 냄새 같은 경우 해당 냄새와 짝을 이루는 보상을 한 번만 주면 꿀벌은 90%의 인식 정확도를 보이는 반면, 꿀벌의 삶에서 일반적으로 덜 중요한 다른 냄새의 경우 학습이 이뤄지기 위해서는 최대 10회의 시도가 필요하다.

꿀벌은 이런 학습과 관련해 매우 유연하기 때문에 자연에 존재하는 꽃에서는 전혀 접할 수 없는 냄새와 설탕 보상을 연관시킬 수 있다. 예를 들어 꿀벌은 공격과 벌침 쏘기를 유도하는 위협이 발생할 때 자신이 공기 중으로 분비하는 경보 페로몬도 보상의 예측 요인으로 학습할 수 있다. 맥주를 마시고 실험실로 들어온 늦은 밤에 나는 내 입에서 나는 맥주 냄새에 벌들이 보상을 기대하며 혀를 내미는 것을 본 적도 있다.

냄새에 대한 꿀벌의 민감도가 마약 탐지견만큼 뛰어나지는 않다. 실제로 몇몇 물질의 냄새에 대한 벌의 민감도는 사람과 거의 같다.[21] 그럼에도 불구하고 몇몇 연구자들은 꿀벌을 공항 보안 검색대 등에서 '마약 탐지용 벌'로 활용할 가능성을 탐색하기도 했다. 이런 시도가 결국 실패한 이유는 꿀벌이 폭발물 냄새를 학습하고 그에 따라 반응할 수 없기 때문이 아니라, 특정 유형의 오류 빈도가 높았기 때문이다. 공항에서 거짓 경보 false alarm 는 별로 문제되지 않는다. 거짓 경보가 울리면 사람이 추가적으로 가방 등을 검색할 수 있기 때문이다. 하지만 '거짓 음성 false negative' 반응, 예를 들어 실제로 마약이 가방에 있는데도 경보가 울리지 않는 경우는 큰 문제가 된다. 꿀벌은 공항에서 보안 용도로 사용하기에는 너무나 많은 '거짓 음성'

오류를 나타냈다.

 하지만 곤충의 냄새 감지 능력은 속도 면에서는 동물계 전체에서 최고 수준이다. 란돌프 멘첼의 제자인 폴 시스카Paul Szyszka는 벌의 냄새 수용체는 2밀리초millisecond 내에 냄새에 반응할 뿐만 아니라 6밀리초 간격으로 순차적으로 나타나는 두 가지 냄새를 감지하면서 그 상황을 그 두 냄새가 동시에 나타나는 상황과 구별할 수 있다는 것을 알아냈다.[22] 따라서 꿀벌은 주변환경 안에서 더듬이를 움직이면서(예를 들어 꽃을 탐색하거나 잠재적 침입자가 벌집에 들어오는지 탐색하면서) 탐색 대상에 대한 정교한 시간적 프로필temporal profile, 즉 '냄새 영화odor movie'를 만들어내 높은 정확도로 대상을 식별한다고 할 수 있다.

벌은 더듬이로 어떻게 맛을 보는가?

후각과 미각은 모두 화학수용chemoreception의 한 형태이지만 미각은 화학물질의 근원을 접촉해야 느낄 수 있는 '접촉 화학수용'이라는 점에서 후각과 다르다. 카를 폰 프리슈는 벌의 미각에 대해 자세하게 탐구한 학자였다.[23] 인간과 마찬가지로 꿀벌도 후각 수용체에 비해 미각 수용체의 종류가 훨씬 적다.

 벌은 (우리가 예상할 수 있는 위치인) 혀와 입 부분뿐만 아니라 발과 더듬이에도 미각 수용체가 있다. 실제로 벌은 발로 밟은 물체의 맛을 느낄 수 있다. 다른 감각의 경우와 마찬가지로 우리가 비슷하다고 느끼는 것들이 벌에게는 다르게 느껴질 수 있으며, 벌이 비슷하다고 느끼는 것들도 우리는 다르다고 느낄 수 있다. 예를 들어 인간의 단맛 수용체는 다양한 인공감미료로 속일 수 있지만 벌은 사카린의 유혹을 받지 않는다.

벌은 단맛 수용체(당연히 이 단맛 수용체는 꽃꿀을 채집하는 벌에게 매우 중요하다) 외에도 짠맛 수용체도 가지고 있으며, 신맛이 나는 물질에는 혐오 반응을 보인다. 실제로 카를 폰 프리슈는 쓴맛에 대한 꿀벌의 민감도는 중간 정도에 불과하지만, 호박벌은 퀴닌quinine(기나나무 껍질에서 얻는 알칼로이드; 역주) 같은 쓴 물질에 강한 혐오 반응을 보인다는 사실을 발견했다. 현재까지도 꿀벌과 호박벌 모두에서 쓴맛 수용체는 발견되지 않고 있다. 따라서 꿀벌은 농업용 살충제에 들어 있는 쓴 신경독neurotoxin인 네오니코티노이드neonicotinoid 같은 물질에 거부 반응을 보이지 않으며, 꿀벌이 먹은 이런 물질은 꽃꿀로 흘러 들기도 한다.[24]

벌은 더듬이로 어떻게 느끼고 듣는가?

벌의 더듬이 털 중 일부는 촉각 같은 기계적 감각을 수용하는 수용체mechanosensor(기계 감각 센서)다.[25] 이런 털 중 일부는 더듬이를 구성하는 다양한 부분들의 상대적 위치를 감지하며[즉 이 털들은 고유 수용성 감각proprioception(자신의 몸 위치, 자세, 평형 및 움직임 등에 대한 감각)을 가진다], 일부는 외부 자극을 감지한다. 이 털들은 속이 빈 큐티쿨라

cuticula(키틴질로 이뤄진 곤충의 외골격)로 만들어진 돌출부로, 압력을 받으면 특정한 방향으로 휘어진다.

벌은 관심 있는 물체(꿀벌의 경우는 꽃이나 건축 중인 벌집, 벌집 안에서 움직이는 다른 벌이나 외부에서 벌집에 침입한 벌 등)를 끊임없이 만지면서 더듬이의 움직임과 기계적 감각 정보를 통합해 물체의 모양과 정체에 대한 정보를 파악한다. 벌집 밖에서 꽃을 방문할 때도 벌은 더듬이를 이용해 꽃 표면의 미세한 구조를 감지함으로써 보상을 얻을 수 있는 경로를 탐색한다.

하지만 벌의 기계 감각 센서가 모두 털 형태인 것은 아니다. 더듬이 말단, 즉 가장 바깥쪽 부분(편절)과 중간 부분(병절)을 연결하는 부분에는 존스턴기관이 있는데, 이 존스턴기관에도 편절이 병절에 비해 어느 정도 구부러지는지 측정하는 기계 감각 수용체가 있으며, 이 수용체들은 벌의 청각을 담당하는 것으로 밝혀진 상태다([그림 3-5]).

사람들은 오랫동안 벌에게 청각이 없다고 생각했다. 존 러벅은 벌에게 바이올린 소리를 들려주었지만 전혀 반응이 없다는 것을 관찰한 뒤 이런 생각을 하게 됐고, 그 후 이 생각은 벌에게는 인간의 고막과 비슷한 형태의 고막은 없다는 관찰 결과에 의해 뒷받침됐다(먼 곳에서 나는 소리를 들어야 하는 귀뚜라미 같은 곤충에게도 대개 인간의 고막과 비슷한 것은 없다. 하지만 이런 곤충들은 앞다리에 고막 역할을 하는 막이 있다). 인간의 고막은 음파가 일으키는 압력 변화를 측정할 수 있도록 만들어져 있다. 하지만 벌을 비롯한 곤충의 더듬이에 있는 존스턴기관은 소리의 전혀 다른 측면을 측정한다.[26] 즉 존스턴기관은 압력 변화를 측정하지 않고, 편절을 진동하게 만드는 실제 공기 입자의 움직임을 측정한다.

꿀벌은 이런 독특한 메커니즘을 이용해 다른 꿀벌이 방출하는 청각적 통신 신호를 들을 수 있다.[27] 하지만 꿀벌은 주파수가 약 20~500Hz에 해당하는 소리만 들을 수 있으며, 자신으로부터 몇 mm 이상 떨어진 곳에서 나는 소리는 들을 수 없다. 인간의 어린이가 들을 수 있는 소리의 주파수가 20~2만 Hz인 것을 생각하면 꿀벌이 들을 수 있는 소리의 범위는 매우 좁다고 할 수 있다. 실제로 인간은 벌집에서 나는 다양한 소리의 대부분을 들을 수 있지만 벌은 다리를 통해 이런 소리들을 소리가 아닌 벌집의 진동으로 인식한다.[28] 예를 들어 어두운 벌집 안에서 먹이 위치에 대한 정보를 찾는 벌은 다른 벌들의 춤을 볼 수 없는데, 이 상황에서 벌은 벌집의 진동과 벌집 공간에서 나는 소리를 감지해 다른 벌들이 춤추고 있는 위치를 알아낸다.

벌의 전기장 감지

새의 깃털이 공기와의 마찰을 통해 전하를 축적할 수 있다는 사실은 카를 폰 프리슈의 삼촌이자 스승이기도 한 지그문트 엑스너 Sigmund Exner(1846-1926)에 의해 처음 발견됐다.[29] 하지만 벌에게서 이 현상이 생물학적으로 어떤 의미를 가지는지에 대해서는 1974년이 돼서야 연구되기 시작했다.

그해 러시아 과학자 예브게니 에스코프Evgeny Eskov와 알렉산드르 사포즈니코프Alexander Sapozhnikov는 꿀벌이 상당히 많은 양의 정전기를 띨 수 있다는 사실을 발견했다.[30] 사실 곤충이든 축구공이든 비행기든 날아다니는 모든 물체는 전자를 잃기 때문에 양전하를 띠게 된다. 또한 전하는 몸의 일부분을 다른 부분에 문질렀을 때 발생하기도 한다. 에스코프와 사포즈니코프는 벌이 전기장에 둘러싸여 있을 뿐만 아니라 벌의 더듬이가 전기장을 감지할 수 있다는 사실도 발견했다. 벌은 특별한 전기장 센서로 전기장을 감지하는 것이 아니라 더듬이의 기계 감각 수용체로 쿨롱력Coulomb force, 즉 반대의 전하나 같은 전하를 띤 2개의 물체 사이에서 발생하는 기계적 인력引力 또는 척력斥力을 감지한다. 실제로 전기장은 특별한 수용체가 없어도 감지할 수 있다. 예를 들어 정전기를 띤 풍선에 팔을 대면 팔의 잔털이 정전기에 반응해 일어난다.

에스코프와 사포즈니코프는 전기장이 벌집 내부에서 춤추는 벌들 간 의사소통에 중요한 역할을 할 수 있을 것으로 생각했고(제5장, 제8장 참조), 꿀벌이 전기장을 감지하는 데 가장 중요한 기계 감각 수용체가 꿀벌이 소리를 감지하는 더듬이에 있을 것으로 추측했다. 그 후 실제로 더듬이의 존스턴기관이 정전기에 반응하는 것으로 밝혀졌다.

영국의 한 연구팀은 호박벌도 전기장에 정교하게 반응한다는 사실을 발견했다. 날아다니는 꿀벌은 양전하를 띠는 반면 꽃은 말 그대로 접지되어 있어(땅에 닿아 있어) 음전하를 띤다. 벌이 꽃을 방문하면 전하 이동으로 인해 꽃이 일시적으로 더 양전하를 띠게 된다.

일시적으로 나타나는 이 '전기적 흔적electrical imprint'은 벌이 그 꽃을 최근에 방문했기 때문에 다시 방문할 가치가 없다는 것을 알려준다. 꽃의 꽃꿀은 한번 비워지고 나면 다시 채워지는 데 시간이 걸리기 때문이다.

또한 꽃에는 꿀벌이 꽃을 탐색할 때 감지할 수 있는 고유의 정전기 패턴이 나타나는데, 꿀벌은 이 패턴을 '보이지 않는 꽃꿀 가이드'로 이용해 효율적으로 꽃꿀의 위치를 찾아낼 수 있다. 연구팀은 호박벌의 몸을 덮고 있는 기계 감각 털들이 이런 정전기에 반응할 수 있다는 사실을 알아냈다. 양전하를 띤 호박벌이 음전하를 띤 꽃 위로 이동하면 이 털들이 예측 가능한 특정한 패턴으로 구부러질 수 있다는 것을 발견한 것이다.

따라서 꿀벌과 호박벌에서 기계 감각 자극을 감지하는 데 사용되는 기관은 정전기도 감지한다고 할 수 있다. 그렇다면 벌은 동일한 센서로 진동(접촉)과 전기장이라는 두 가지 감각 자극을 어떻게 구분할까? 어떤 유형의 자극이 더 두드러진 자극인지 알려주는 보조 센서가 없는 한, 벌은 이 두 자극을 구분하지 못할 가능성이 매우 높다. 또한 벌은 두 자극을 구분할 필요가 없을 수도 있다. 벌에게는 이 두 가지 유형의 자극이 동일한 감각 양상의 변이로 느껴질 가능성이 매우 높다.

인간이 갑자기 어둠 속에서 살게 돼 정전기를 띤 풍선에 팔이 닿았을 때 털이 곤두서는 경험이 생물학적으로 중요해진다고 상상해 보자. 이 상황에서 정전기를 느낀 직후 매번 장애물에 부딪치는 경험을 한다고 생각해 보자. 그렇다면 인간은 몸이 느끼는 이 감각을 사용하는 방법을 빠르게 배울 수 있을 것이고, 충돌을 피하기 위해 몸의 털을 이용해 주변환경을 탐색하는 방법을 학습할 수 있을 것이다. 이 상황에서도 인간은 전하로 인해 발생한 기계 감각 자극과 다른 자극, 예를 들어 누군가 자신의 머리를 쓰다듬는 것 같은 자극을 구분할 수 있을 것이다. 물리학 지식이 없다면, 이 상황에서 인간은 한 자극의 원인은 신체 접촉이고, 다른 자극의 원인은 정전기라는 사실을 인지하지 못할 것이다.

만약 이런 상황이 계속된다면 인간은 세대를 거치면서 정전기에 더 민감하게 진화할 수도 있을 것이다. 생물학적으로 중요한 환경 자극이 계속 존재하는 한 동물은 (어떤 방법으로 그 자극을 감지하든) 개체의 경험을 통하든, 수많은 세대에 걸쳐 진화를 하든 그 자극을 반드시 이용하게 된다.

우리 인간은 시각, 청각, 후각, 미각을 각각 다른 감각기관을 통해 느낀다(인간은 발로 맛을 느낄 수는 없다). 하지만 벌은 우리와 완전히 다르다. 벌의 더듬이는 스위스 군용 칼처럼 다양한 기능을 가지고 있다. 인간의 손끝도 물체의 질감과 모양을 느낄 수 있고, 온도와 습도를 측정할 수 있다는 점에서 어느 정도 다양한 기능을 한다고 할 수 있지만, 벌의 더듬이는 그 차원을 훨씬 넘어선다. 인간이 손끝으로 냄새를 맡고, 맛을 보고, 소리를 듣고, 전하의 세기를 측정할 수 있다고 상상해 본다면 곤충의 감각세계가 얼마나 이상하고 다채로운지 알 수 있을 것이다.

이 장에서 우리는 외부 세계에서 벌의 머릿속으로 들어오는 모든 정보가 진화 과정에서 습득한 감각 필터를 통해 어떻게 먼저 걸러지는지 살펴봤다. 하지만 벌의 마음속에 있는 정보에는 벌이 살면서 얻은 정보만 있는 것이 아니다. 수백만 년에 걸쳐 정교하게 다듬어진 본능은 어떤 상황이 위험한 상황인지 감지하고, 어떤 먹이가 맛있는 먹이인지 파악하고, 기본적인 형태의 이동 방식을 선택하고, 다른 사람에게 언제 적대적 반응 또는 우호적 반응을 보여야 할지 판단하게 만드는 등 다양한 역할을 한다.

다음 장에서는 벌의 다양한 본능적 행동을 살펴볼 것이다. 본능은 동물의 마음속에 있는 정보의 상당 부분을 결정할 뿐만 아니라 동물이 무엇을 학습할 수 있는지도 결정한다.

4

단순한 본능일까?
정말 그럴까?

"이런 관찰은 벌의 본능이 얼마나 유연한지, 환경에 얼마나 잘 적응하는지, 가족의 상황 및 요구사항에 얼마나 잘 부응하는지 보여준다. 그동안 우리는 동물의 습관과 관련된 모든 상황에서 그렇듯, 벌의 경우도 필요에 의해 반드시 해야 하는 일은 매우 적으며, 이런 소수의 일을 제외하면 다른 모든 일은 상황에 맞춰진다고 생각해 왔다. … 벌이 반드시 해야 하는 일은 우리의 이런 생각보다는 더 많은 것이 분명하다. 이런 관찰에 기초해 보면, 벌의 행동은 벌의 판단 능력일지도 모르는 어떤 것에 어느 정도 의존하지만, 그 어떤 것은 형식을 갖춘 추론 능력이 아니라 일종의 요령일 것이다. 그 요령은 벌의 의지와 상관없는 습관 또는 습관적 메커니즘이 아니라 정교한 선택 능력에 가깝다."

— 프랑수아 위베르(François Huber), 1814년

동물의 마음을 다루는 책에서 왜 동물의 본능에 관한 장이 필요한지 의아해할 수도 있을 것이다. 사람들은 마음에 대해 생각할 때는 자유와 복잡성을 떠올리지만, 본능에 대해서는 마음이 통제해야 하는 원시적이고 자동적이고 단순한 욕구라고 생각한다. 사람들은 인간과 인간이 아닌 동물의 가장 큰 차이점은 본능에 따라 행동하는지, 그렇지 않은지에 있다고 생각한다.

하지만 정작 우리 마음을 지배하는 것은 본능이다.[1] 짝짓기를 할 때, 자녀와 친척을 돌볼 때, 위협을 받아 생존을 위해 싸울 때 등 많은 경우 우리 마음을 지배하는 것은 본능이기 때문이다. 인간은 이빨이 큰 동물은 위협이 될 수 있다는 사실, 배설물은 맛있는 음식이 아니라는 사실(쇠똥구리라면 얘기가 달라진다)을 일일이 배울 필요가 없다. 그럼에도 불구하고 진화는 이런 도전들에 어떻게 대처해야 하는지에 대해 우리에게 확실한 지침을 거의 제공하지 않았다.

인간을 비롯한 많은 동물의 경우 가장 원초적인 행동조차도 학습을 통해 정교하게 다듬어야 한다. 본능은 대략적인 지침만 제공하기 때문이다. 예를 들어 젖을 빨고, 걷고, 싸우고, 포식자를 감지하고, 자신을 방어하고, 심지어 섹스하는 방법도 배워야 한다. 실제로 인간은 성적 만족을 얻거나, 자원을 획득하거나, 경쟁 집단에 대한 공격 또는 방어를 하는 등의 본능적인 행동을 하기 위해 다양하고 뛰어난 솔루션들을 만들어냈다. 하지만 인간이 하는 행동의 대부분 그리고 인간 마음의 상당히 많은 부분은 생물학적 생존과 관련된 원초적 욕구에 의해 결정된다는 점을 늘 생각해야 한다. 우리는 우리가 타고난 본능이 지배하는 욕구에 부응하기 위해 지능을 사용하고 있는 것이다.

이번 장에서는 우리 인간에서도 그렇듯, 벌에게도 본능은 동물이 자동적으로 사용하는 도구를 훨씬 크게 뛰어넘는 존재라는 사실에 대해 살펴볼 것이다. 본능은 다양한 수준에서 학습과 연결되며, 거의 항상 상당한 행동 유연성을 허용한다. 또한 본능은 동물이 학습할 수 있는 대상과 학습의 한계를 결정하기도 한다. 예를 들어 인간은 다른 모든 동물과 구별되는 '언어 본능'을 가지고 있으며, 언어를 통해 의사소통하는 방법을 배우도록 사전 프로그래밍돼 있지만 어휘나 문법 같은 세부사항을 익히려면 학습이 필요하다.

이 장에서는 먼저 벌의 본능적인 행동 루틴이 매우 정교할 수 있다는 것에 대해 다룰 것이다.[2] 벌집을 만드는 행동처럼 타고난 본능에 의해 지배되는 것처럼 보이는 행동도 완전하게 사전 프로그래밍돼 있는 경우는 거의 없다. 이런 행동도 부분적으로는 학습을 해야 하며, 이런 행동이 완벽하게 이뤄지려면 유연성 그리고 심지어 계획 능력이 필요한 것으로 보인다. 벌뿐만 아니라 말벌, 개미 등 나비목 곤충에서 발견되는 본능에 따른 행동의 다양성은 척추동물 세계에서도 유례를 찾아볼 수 없을 것이다. 이 곤충 중 일부는 본능적으로 신경외과 의사(흉부의 각 신경중추에 독을 정확히 세 번 주입하여 먹이를 마비시키는 말벌), 농부(소처럼 진딧물을 돌보거나 개미집 안에서 먹이를 위해 곰

팡이를 키우는 개미), 향수 수집가(암컷에게 잘 보이기 위해 휘발성 물질을 몸에 뿌리는 특정 꿀벌의 수컷), 태양에너지 수집자(식물의 광합성으로 생성된 당분을 수집하는 꽃 방문자), 수학적으로 완벽한 다층 구조물(벌집)을 건축하는 건축가(허니콤) 등 다양한 역할을 한다([그림 1-1], [그림 4-2]).

어떤 종의 곤충이 꽃을 방문하는 곤충이 될지, 사냥하는 곤충이 될지는 확실히 본능에 의해 결정된다. 이런 본능적 성향은 어떤 경험이 보상과 관련된 상황인지, 위협과 관련된 상황인지에 대한 판단의 기초가 되며, 곤충이 어떤 것에 대해 생각할지를 결정하기도 한다. 동물은 그 종 특유의 생활방식에 의해 발생하는 문제들에 대한 정형화된 해결책을 적용하는 데 그치지 않고, 때로는 자신의 마음 공간mind-space을 탐색해 완전히 새로운 해결책을 만들어내기도 한다.

이 장에서는 인간처럼 벌에게서도 본능이 기억 및 인지와 정교한 상호작용을 한다는 사실을 살펴볼 것이다. 본능적 성향은 학습 능력을 높이며, 지능적 행동은 본능적 행동이 진화한 결과일 수 있다.

파브르와
반사 기계로서의 곤충 개념

곤충학자이자 작가였던 장 앙리 파브르Jean-Henri Fabre(1823-1915)는 곤충은 본질적으로 미리 프로그래밍된 정교한 행동만 한다는 주장을 널리 퍼뜨린 사람이다. 파브르는 농부 집안에서 태어나 평생 가

난하게 살았지만 시골학교 교사로 일하면서도 독학으로 곤충에 대한 과학적 연구에 매진했다. 파브르는 대학교수가 아니었음에도 불구하고 평생 수십 권의 과학 서적을 썼으며, 특히 그가 쓴 10권의 『파브르 곤충기』는 과학사에서 보물 같은 위치를 차지하고 있다. 파브르는 곤충 행동에 대한 세밀하고 통찰력 있는 관찰과 기발한 실험으로 동물행동학의 창시자가 되었으며, 매력적인 저술로 노벨문학상 후보에 두 번이나 올랐다.

하지만 파브르는 다윈의 진화론이나 곤충의 지능을 믿지 않았으며, 그가 진행한 실험 중 일부는 곤충의 지능에 대한 부정적 결과를 보여주었다. 실제로 파브르는 다음과 같은 실험을 통해 곤충이 '기계 같은 고집machine-like obstinacy'을 보인다고 주장하기도 했다.

송충이 행렬은 '머리부터 꼬리까지' 길게 늘어서 줄 모양을 이룬다.[3] 송충이 하나가 실크silk와 페로몬 흔적을 남기고, 다른 송충이가 그 뒤를 따르면서 줄 모양이 형성된다. 파브르는 둘레가 135cm인 큰 화분의 위쪽 테두리에 이 송충이 무리를 올려놓았다. 송충이들은 테두리 위를 움직이면서 냄새 흔적을 남겼고, 선두 송충이는 맨 뒤쪽 송충이가 남긴 흔적을 곧바로 찾아냈다. 이 행렬은 7일 동안 총 335회나 원을 그리면서 계속 이어졌다. 이 실험을 진행한 뒤 파브르는 다음과 같은 결론을 내렸다.

"곤충이 얼마나 어리석은지는 이미 잘 알고 있었는데도 이 실험 결과는 놀랍게 느껴졌다. 이 송충이들은 행렬을 거의 벗어나지 않았기 때문이다. 나는 이 송충이 행렬이 이렇게 오랫동안 유지된 것은 이 송충이들에게 원시적 형태라도 지능이 있어서가 아니라, 이 송충이들이 밑으로 떨어지는 것이 어렵고 위험한 일이라는 것을 알았기 때문이 아닐까 하는 생각이 든다."

사실 이 송충이들은 실험 8일째 되던 날, 파브르가 화분이 놓인 바닥에 놓아둔 솔잎을 향해 실험 6일째에 하강한 한 송충이를 따라 모두 하강했다. 하지만 파브르는 이 송충이들의 하강이 곤충이 문제를 빠르게 해결하는 방식을 전형적으로 보여줬다고 생각하지는 않았다.

파브르는 벌목 곤충hymenoptera(꿀벌, 말벌, 개미, 땅벌 등)에게도 지능이 있다고 믿지는 않았지만 적어도 지능의 존재 가능성에 대해서는 생각했던 것 같다. 파브르는 이렇게 말했다.

"이보다 더 재능이 풍부한 동물이 있을까? 정교하게 둥지를 짓는 새도 기하학적으로 뛰어난 구조를 가진 벌집을 짓는 벌에 비할 수는 없을 것이다. 이 점에서 벌의 능력은 인간의 능력과 비교할 수 있을 정도다. 인간이 도시를 건설하듯 벌도 도시를 건설한다. 인간이 노예를 부리듯 벌도 노예를 부린다. 인간이 젖소를 기르듯 벌도 진딧물을 기른다. 동물에 대해 생각하는 것은 '우리는 누구인가? 우리는 어디에서 왔는가?'라는 질문을 던지는 것과 같다. 이 작은 벌의 뇌에서 어떤 일이 일어나고 있을까? 벌의 능력은 인간의 능력과 정말로 비슷할까? 벌도 특정한 형태의 생각을 할까? 이런 의문들만 다루어도 심리학 서적의 한 챕터를 채울 수 있을 것이다."

(실제로 파브르는 『파브르 곤충기』에서 '곤충 심리에 대한 단편적 생각들 Fragments of the Psychology of Insects'이라는 제목으로 이 의문들에 대해 다뤘다.)

이런 생각에 기초해 파브르는 벌의 이런 놀라운 능력이 어느 정도는 지능에 의한 것일 가능성에 대해 탐구했고, 그 탐구의 결론은 매우 놀라운 것이었다. 파브르는 뿔가위벌mason bee[(나중에 애벌레가 되는) 알 하나하나가 들어갈 각각의 진흙 집을 짓는 고독성 벌. 이 진흙 집은 제비 집과 비슷한 모양으로, 뿔가위벌은 먹이 공급이 완료되면 이 진흙 집 입구를 봉쇄한다]의 집 짓기 과정에 다양한 방식으로 개입했는데, 이 실험 중 하나에서 뿔가위벌이 짓고 있는 벌집 바닥에 구멍을 뚫어 꿀이 그 구멍으로 새어나가고 있는데도 그 벌이 계속 꽃꿀을 벌집 안으로 부으면서 벌집 맨 윗부분을 구축하는지 관찰했다. 벌은 미리 정해진 벌집 구축 경로에서 벗어나지 못하는 것으로 보였고, 선천적인 벌집 구축 기술이 뛰어남에도 불구하고 자신의 유충을 확실하게 죽게 만들 벌집 손상 부분을 고칠 수 없었다.

이 관찰을 통해 파브르는 이렇게 결론을 내렸다.

"사람들은 동물에게 이성이 조금이라도 있을 것이라고 말하지만 결국 동물에게 이성은 존재하지 않는다는 것이 드러났다."

파브르가 이 입장에서 벗어난 것은 단 한 번뿐이었는데 구멍벌digger wasp(말벌류)의 사냥 습관을 관찰한 직후였다. 이 말벌들 대부분은 굴을 판 뒤 그 안에서 애벌레를 키운다. (진화론적으로 볼 때 이 말벌들의 후손인) 다른 벌들의 애벌레와 달리 이 말벌들의 애벌레는 완전히 육식성이다. 또한 이 애벌레의 경우 어미 벌도 이 애벌레에게 먹이를 공급한다. 이 말벌들은 종에 따라 조금씩 다르기는 하지만 새끼에게 거미 같은 곤충 또는 그 곤충의 애벌레를 먹이로 주기도 한다. 자신의 애벌레에게 직접 먹이를 주는 사회성 벌들과 달리 이런 말벌들은 자신이 오랫동안 애벌레와 떨어져 있거나 죽었을 때 애벌레가 알에서 부화해 위험에 노출될 수 있다는 것을 알고 있다. 따라서 이 어미 벌들은 자신이 벌집을 떠난 뒤 몇 주가 지나도 작고 무기력한 애벌레가 먹을 수 있는 먹이를 확보해 놓아야 한다는 것을 알고 있다.

여름철 더위에 곤충이 죽으면 며칠 안에 썩는데도 어떻게 말벌의 먹이가 몇 주 동안 썩지 않는 상태를 유지하는지 의문을 가지게 된 파브르는 말벌이 굴에 넣어둔 곤충을 해부했고, 그 결과 그 곤충이 단순히 썩지 않았을 뿐만 아니라 살아 있는 상태라는 것을 알게 됐다. 말벌의 애벌레는 곤충을 산 채로 천천히 먹고 있었다. 파브르는 말벌이 먹이의 중요한 생체 기능을 손상시키지 않으면서 먹이를 움직이지 못하게 하는 데 고도로 숙련돼 있다는 사실을 관찰한 것이다. 곤충이 가진 세 쌍의 다리와 한두 쌍의 날개는 모두 흉부에 있는 서로 다른 신경중추들(신경절들ganglion)에 의해 각각 제어된다.[4] 말벌은 곤충의 이 신경중추들을 손상시켜 움직이지 못하게 만들면서도 곤충의 숨이 끊어지지 않게 만드는 방법을 알고 있다.

파브르는 조롱박벌속Sphex에 속한 구멍벌(말벌류)들이 곤충의 이런 신경계 구조(흉부에 3개의 신경절이 존재하는 구조)를 이용해 사냥한다는 사실, 즉 이 구멍벌들은 먹잇감 곤충의 흉부에 있는 3개의 신경절에 정확하게 한 번씩 독침을 쏜다는 사실을 알아냈다.[5] 하지만 딱정벌레 같은 일부 먹잇감 곤충은 3개의 신경절이 하나의 신경중추로 합쳐져 있다. 따라서 딱정벌레를 사냥하는 말벌 종은 신경중추에 한 번만 독침을 쏘는 반면, 큰 애벌레를 사냥하는 말벌은 먹잇감의 모든 신경절에 독침을 쏴 먹잇감이 머리부터 꼬리까지 움직이지 못하도록 만든다. 여러 세대에 걸친 진화적 시행착오(돌연변이와 그에 따른 가장 효율적인 방법 선택)를 통해 말벌 종은 특정 먹잇감이 가진 신경계의 해부학적 구조를 확실히 알게 된 것이다.

파브르가 노란날개조롱박벌(노란날개구멍벌 Sphex flavipennis로 추정됨)이라고 부른 말벌 종은 귀뚜라미를 사냥하는 구멍벌이다. 다른 구멍벌 종처럼 이 종도 사냥을 시작하기 전에 새끼들을 위한 굴을 먼저 판다. 이 구멍벌들은 사냥에 성공하면 마비된 먹잇감을 집으로 가져오는데, 집까지의 이동 거리가 상당히 길다. 이 구멍벌들은 사냥한 먹잇감을 굴 안으로 끌고 들어가기 전에 항상 먹잇감을 굴 입구에 잠시 놔둔 다음 굴 안으로 들어간다. 이는 굴 안에 기생동물이 숨어 있는지, 굴이 부분적으로 붕괴하지 않았는지 확인하기 위한 행동으로 추정된다. 굴 안에서 모든 것이 정상으로 확인되는 경우 구멍벌은 굴 밖으로 나와 먹잇감을 끌고 들어간다([그림 4-1]).

이 일련의 행동이 어느 정도로 정착된 행동인지 알고 싶었던 파브르는 구멍벌이 굴과 새끼의 상태를 살피는 동안 귀뚜라미(먹잇감)를 굴 입구에서 몇 m 떨어진 위치로 옮겼다. 굴에서 나온 구멍벌은 귀뚜라미가 굴 입구에서 너무 멀리 떨어져 있는 것을 보고 놀란 것 같았지만, 결국 귀뚜라미를 다시 굴 입구로 끌고 간 다음 다시 굴 안의 상태를 탐색했다. 파브르는 이 실험을 40회 정도 반복했는데 구멍벌은 그때마다 같은 행동을 했다. 철학자 대니얼 데닛Daniel Dennet은 파브르의 이 실험을 곤충 행동의 '무의식적 기계성mindless mechanicity'을 보여주는 전형적인 사례로 들면서, 곤충 행동의 이런 특성을 인간 행동의 유연성과 그 유연성을 가능하게 하는 자유의

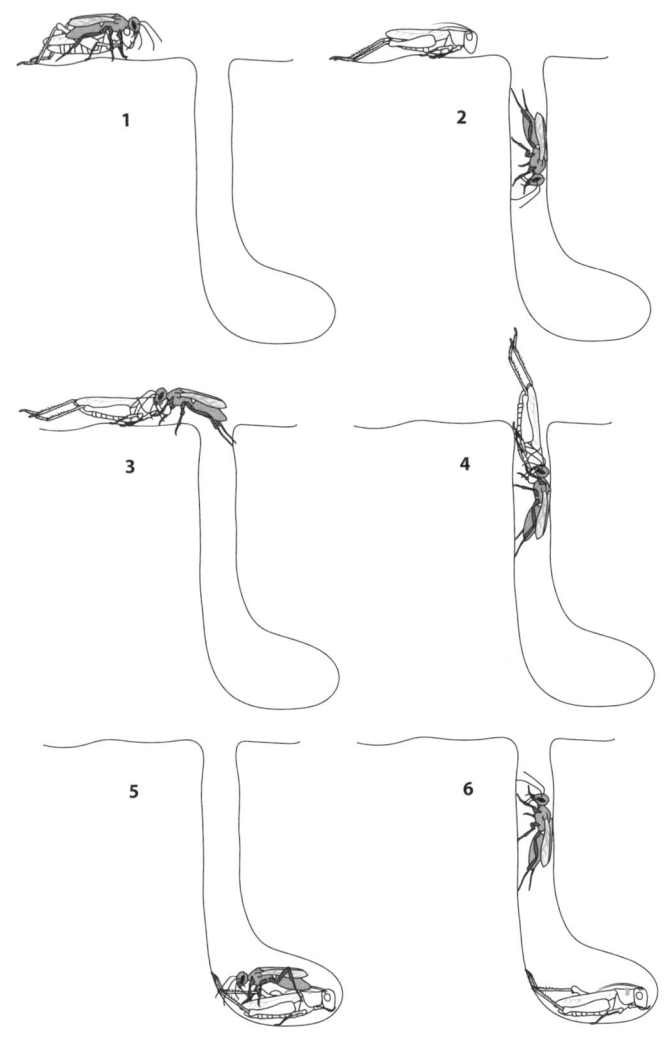

[그림 4-1] 구멍벌이 마비된 먹잇감을 굴 안으로 집어넣는 과정.
1. 굴에 도착해 먹잇감을 굴 입구에 잠시 놓아둔다. 2. 굴 내부를 탐색한다. 3-4. 먹잇감을 굴 안으로 끌고 들어간다. 5. 먹잇감 위에 알을 놓는다. 6. 굴을 떠난다.

지와 대조시키기 위해 '구멍벌스러움sphexishness'이라는 용어를 만들어내기도 했다.⁶

아마 데닛은 정형화된 것처럼 보이는 이 구멍벌의 행동에 대한 파브르의 설명 뒤에 나오는 단락을 읽지 않았을 것이다. 이 단락에서 파브르는 이 구멍벌과 같은 종이지만 다른 군집에 속하는 구멍벌들을 대상으로 동일한 실험을 진행한 결과에 대해 이렇게 썼다.

"내가 먹잇감을 두세 번 다른 곳으로 옮겨놓자 이 구멍벌은 먹잇감을 더듬이로 만진 다음 굴 안으로 끌고 내려갔다. 그렇다면 여기서 누가 바보였을까? 바로 실험자, 즉 나였다. 영리한 벌은 더 이상 나에게 속지 않았던 것이다. 지능은 유전된다. 똑똑한 벌도 있고, 그렇지 않은 벌도 있는 것이다. 또한 이런 지능은 조상의 능력에 의존하는 것으로 보인다."

파브르가 이런 견해를 표현한 것은 매우 놀라운 일이었다. 『파브르 곤충기』는 이런 곤충의 정교한 본능적 행동에 대한 찬사로 가득 찬 책이지만, 동시에 다윈의 진화론과 곤충의 지능을 인정하는 사람들에 대한 경멸을 담고 있는 책이기도 하다. 10권으로 이뤄진 이 책 전체에서 이 에피소드는 곤충의 '영리함'에 대한 파브르의 생각이 잠깐 바뀐 것처럼 느끼게 만들고 있으며, 다윈 진화론의 두 가지 핵심 개념, 즉 개체변이 및 개체변이가 유전된다는 사실을 확인시켰다.

벌은 벌집을 지을 때 본능과 지능을 어떻게 결합하는가?

사회성 곤충이 하는 모든 행동이 미리 프로그래밍된 것이라는 견해는 지금도 널리 퍼져 있다. 하지만 자세히 들여다보면 오랫동안 유전적으로 미리 프로그래밍돼 있다고 믿었던 행동도 부분적으로 학습될 필요가 있으며, 실제로는 놀라울 정도로 유연성이 있다는 것을 확실히 알 수 있다. 그 예 중 하나로 꿀벌이 벌집을 짓는 과정을 살펴보자. 꿀벌속Apis에 속하는 꿀벌들은 애벌레를 기르고 먹이를 저장하는 두 가지 용도로 벌집을 짓는다([그림 1-1], [그림 4-2]).

다윈은 "벌집을 만드는 꿀벌의 능력은 과학자들이 현재 알고 있는 모든 본능 중 가장 경이로운 능력"이라고 말한 바 있다.[7] 실제로 이 능력은 동물이 가진 기적적인 구축 능력 중 하나로 보인다. 다리가 6개인 동물이 이렇게 규칙적이고, 반복적이고, 정밀한 구조를 만들려면 엄청나게 재주가 좋아야 한다. 또한 이렇게 만들어진 결과물은 최적화된 공학적 구조를 가진다. 꿀벌이 만드는 육각형 셀은 호박벌이 만드는 원형 셀보다 더 나은 구조물을 이루는데, 이는 원형 셀로 만들어진 구조가 육각형 셀로 만들어진 구조에 비해 훨씬 많은 공간을 낭비하기 때문이다. 사각형이나 삼각형 셀로 벌집을 만들면 이런 공간의 낭비가 없겠지만, 사각형이나 삼각형 셀에서 애벌레가 자란다면 셀 내부 공간이 낭비될 것이다. 따라서 육각형 셀이 가장 이상적인 형태이며, 실제로 일부 말벌 종들도 밀랍은 아니지만 종이로 육각형 셀을 만든다(말벌 종 중 쌍살벌paper wasp은 식물에서 섬유질을 모아 타액과 섞어 종이를 만들고, 그 종이로 벌집을 짓는다; 역주).

꿀벌은 벌들 중 유일하게 육각형 셀(정확히는 육각형 기둥) 2개를 앞뒤로 붙여 벌집 구조를 만든다. 이 또한 공간을 절약하는 꿀벌의 절묘한 능력을 보여준다. 이렇게 붙은 2개의 육각형 셀 바닥은 피라미드 모양이며(이 또한 평평한 바닥 구조보다 효율적인 구조다), 이 피라미드 구조를 통해 2개의 셀은 완벽한 결합을 한다. 또한 이렇게 셀이 앞뒤로 붙은 꿀벌의 벌집 구조는 독침을 쏘지 않는 벌들의 벌집 구조처럼 수평적일 수 없다. 중력은 아래로 작용하므로 붙어 있는 두 셀 중 한 셀의 입구가 아래로 향하면 꿀을 저장할 수 없기 때문이다. 따라서 꿀벌은 모든 셀의 입구가 수평 방향으로 향하도록 벌집 구조 전체를 수직 방향으로 구축한다.[8]

하지만 셀들이 완전히 수직 방향이면 꿀을 저장하기 힘들다(꿀이 담긴 병을 옆으로 눕혔을 때 어떤 일이 일어날지 상상해 보면 된다). 따라서 꿀이 셀 밖으로 흘러내리지 않게 하기 위해 꿀벌은 모든 셀의 입구가 셀 바닥보다 조금 위에 위치하도록 셀 방향을 조정한다(앞뒤로 붙은 2개의 셀이 직선으로 붙어 있지 않고 연결부분의 높이가 약간 낮은 상태로 'V'자 형태로 붙어 있는 이유가 여기 있다; 역주). 꿀벌의 벌집은 수많은 셀이 평행으로 정렬된 구조이며, 일벌들은 이런 셀들 사이의 좁은 틈을 오가며 일한다. 꿀벌은 (양봉하는 사람들이 사용하는 상자 안에 지은 벌집 안에서 자유롭게 움직이듯이) 속이 빈 나무 안에 만든 매우 불규칙적인 모양의 벌집 안에서도 어느 정도 자유롭게 움직인다.

지금까지 살펴본 꿀벌의 행동을 보면 꿀벌이 매우 똑똑하다는 것을 알 수 있다. 하지만 이런 행동이 전적으로 본능에 의한 것일까?

언뜻 보기에 벌집의 반복적인 구조는 선천적으로 타고난 꿀벌의 본능에 의한 자동적인 행동의 결과로 보인다. 동일한 구조를 끊임없이 반복해서 만들어내는 행동이기 때문이다. 하지만 꿀벌의 이런 행동이 우리가 보는 것처럼 정말 단순한 행동일까?

밀랍 벌집 구조에 대한 통찰에 기초해 가장 구체적인 관찰을 한 사람은 스위스 과학자 프랑수아 위베르(1750-1831)다. 어릴 때부터 시각장애인이었던 위베르는 아내인 마리에메 륄랑Marie-Aimée Lullin(1751 – 1822: 연구 결과를 기록하는 일을 했을 것이다)과 자신의 조수 프랑수아 뷔르넹François Burnens(1760-1837)의 도움을 받아 연구를 진행했다. 세 사람은 유리상자 안에 벌집을 집어넣고 관찰을 진행했고, 이 관찰의 결과는 꿀벌의 생물학적 특성에 대한 과학연구의 기초가 됐다. 꿀벌 군집의 벌집 구축에 대한 이들의 실험과 구체적인 기록은 전례가 없었을 뿐만 아니라 그 후에도 이 정도 수준의 연구는 이뤄진 적이 없다.

이들은 벌집 구조가 얼마나 다양한지에 대해서도 책을 통해 자세히 설명했다. 이 설명에 따르면, 벌집 첫째 줄에 있는 셀들은 그 위쪽 줄에 있는 셀들과 다르다. 첫째 줄에 있는 세포들은 토대 역할을 하기 때문이다. 예를 들어 일벌은 자신의 몸을 일종의 템플릿으로 이용해 셀 크기를 결정한다고 생각할 수도 있지만, 실제로 셀 크기는 이 외에도 다른 다양한 요소들에 의해 결정된다. 수벌drone(수컷 꿀벌)이 되는 애벌레가 자라는 셀은 다른 셀보다 폭이 30% 넓다(이 셀도 일벌이 만든다. 역주: 모든 일벌은 암컷이다). 실제로 꿀벌이 만드는 셀은 밀랍 구조가 매우 다양하다. 예를 들어 여왕벌이 될 애벌레가 자라는 셀은 가로 방향과 세로 방향에서 셀을 지탱하는 구조가 있다는 점에서 다른 셀들과 완전히 다르다.

위베르 연구팀은 벌집 구축이 맨 위쪽부터 한 마리의 일벌에 의해 시작되며, 그 후 다른 일벌들이 각각의 셀 구축에 참여하는 과정을 자세히 관찰했다. 일벌들은 다른 일벌들이 만들다 만 셀을 그대로 이어서 만들었고, 필요에 따라 다른 일벌들이 만든 구조를 수정하기도 했다. 일벌 하나가 밀랍을 잘못 놓은 경우 다른 일벌이 그 일벌의 실수를 빠르게 바로잡는 경우도 있었다.

위베르 연구팀은 꿀벌이 벌집 구축 과정에서 어느 정도 유연성을 보이는지 관찰하기 위한 실험도 진행했다. 이들은 꿀벌이 평소와 달리 벌통 천장에 셀을 붙일 수 없도록 만든 뒤 벌이 어떻게 셀을 만드는지 테스트했다. 이 경우 벌들은 아래에서 위 방향으로 셀을 구축했다. 벌들은 셀이 위에 매달려 있는 형태가 아니라 탑 형태로 밑에서부터 쌓이는 방식으로 셀을 구축했다. 이 경우 벌들의 행동은 위에서 아래 방향으로 셀을 구축하는 경우와 정반대로 이뤄졌다. 다음으로 위베르 연구팀은 벌들이 위쪽과 아래쪽 방향 모두로 셀을 구축할 수 없도록 조건을 만들었다. 이 경우 벌들은 벌집의 양쪽 방향 중 한쪽 방향으로 셀을 구축했다.

하지만 정말 놀라운 사실은 따로 있었다. 벌들이 이렇게 옆 방향으로 셀을 구축할 때 실험자들은 셀이 확장되는 방향에 있는 바로 옆 벽을 유리로 덮었다(유리에서는 벌들이 셀을 확장하기가 매우 힘들다). 위베르는 벌들이 유리에 도달하면 미끄러운 표면에 셀을 구축하기 위해 특별한 노력을 할 것으로 예상했다. 하지만 벌들은 마치 유리 표면이 셀을 구축하기에 좋지 않다는 것을 알고 있다는 듯 유리 표면에 닿기 전 셀 구축 방향을 90도 선회했다([그림 4-2]).

위베르는 약간씩 조건을 변화시켜 여러 번 이 실험을 반복했다. 한 실험에서는 벌들이 셀을 구축하는 방향으로 유리를 계속 이동시켰는데 벌들은 계속 방향을 바꿔 그 유리를 피해 갔다. 위베르는 벌들이 벌집이 휘어지는 부분에서 육각형 밀랍 셀의 크기를 바꾼다는 사실도 관찰했다. 이 부분에서 벌들이 만드는 셀은 바깥쪽 표면이 안쪽 표면보다 2~3배 넓었다. 위베르는 많은 수의 벌들이 셀 구축

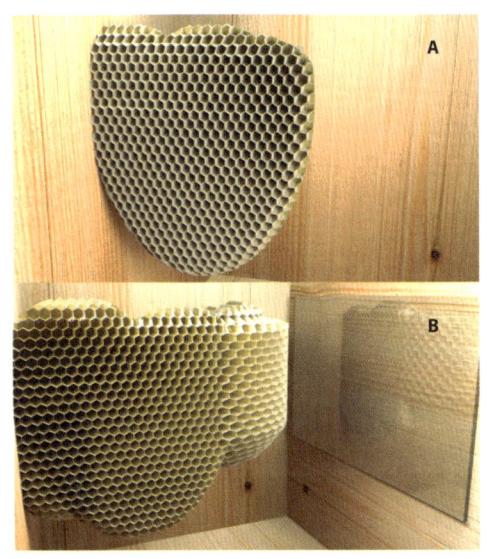

[그림 4-2] 비정상적인 도전에 직면했을 때 꿀벌이 보이는 유연성을 탐구하기 위한 실험. 스위스 곤충학자 프랑수아 위베르(1814년)는 꿀벌이 유리 표면에 셀을 구축하지 않기 위해 유리 표면을 피해 가려 한다는 것을 발견했다. A. 천장과 바닥이 유리로 된 상자 안에서 벌들은 옆쪽으로 셀을 확장한다. B. 벌들이 목표로 하는 벽에 도착하기 전 유리로 벽을 가리자 벌들은 유리를 피해서 셀 구축과 부착이 더 쉬운 쪽으로 진행 방향을 바꿨다.

방향을 바꾸는 데 어떻게 '동의'하는지에 대해 의문을 가졌고, 이 의문은 지금도 풀리지 않고 있다.

위베르는 벌집 구축에서 벌들이 나타내는 유연성에 대해 더 깊이 연구하기 위해 벌들이 재난 요소에 직면했을 때 어떻게 대처하는지 관찰했다. 장기간에 걸쳐 꿀벌 군집 내부를 관찰하기 위해 위베르는 유리로 벌통을 만들어 실험을 진행했다. 위베르는 다른 방법이 없는 경우 꿀벌은 유리 표면에 셀을 구축할 것으로 예상했지만 실제 결과는 달랐다. 꿀벌은 겨울에는 꽃꿀을 채취하고 새끼 기르는 활동을 중단하며, 저장해 놓은 먹이를 아끼기 위해 봄까지 활동을 최소화한다.

겨울을 지나는 동안 위베르의 유리 벌통 천장에 붙어 있던 셀 몇 개가 바닥으로 떨어진 적이 있다. 그러자 꿀벌들은 셀이 떨어져 나간 부분에 가로와 세로 방향으로 밀랍 구조를 보강했고, 그 뒤를 이어 다른 셀들이 유리 천장에 더 잘 붙어 있게 하기 위해 다른 부착 부분들도 강화해 셀이 떨어져 나가는 재앙이 발생하지 않도록 만들었다. 이 관찰을 한 위베르는 이렇게 말했다.

"내 생각과 의견을 표현하는 것은 자제해야겠지만 벌들이 보인 행동에서 관찰되는 뛰어난 예측 능력에 감탄할 수밖에 없다는 것은 인정한다."

벌집 파손에 따른 벌들의 예방적 수리 행동이 반드시 예측 능력에 기초하는 것은 아니라고 생각할 수도 있을 것이다. 특정한 자극에 의해 선천적 본능이 촉발된 예로 볼 수도 있기 때문이다. 하지만 이런 예방적 행동이 본능에 의한 것이라는 설명이 계획에 의한 것이라는 설명보다 더 간단한 설명이 될 수 있는지는 정밀하게 생각해 보아야 한다.

어떤 행동이 인지cognition에 의한 것인지, 타고난 '본능'에 의한 것인지에 대한 논의에서 주의할 점은 동일한 행동에 이르는 경로 중 어떤 것이 더 간단하고 어떤 것이 더 복잡해 '보이는지에' 기초한 직관적 느낌에 의존해서는 안 된다는 것이다. 위베르가 관찰한 벌들의 다양한 벌집 구축 행동이 모두 본능에 의한 것이라고 가정한다면 그 모든 행동을 하기 위해서는 벌들의 뇌에 미리 만들어진 신경 회로가 엄청나게 많아야 할 것이다. 또한 셀을 만드는 과정에서 갑자기 유리가 나타나는 것처럼, 진화 역사상 한 번도 겪어보지 못한 도전 과제에 직면하는 상황에서 벌이 본능에만 의존해 어떻게 앞서 묘사한 행동을 보이도록 진화할 수 있었는지도 설명해야 한다. 그렇다면 벌이 자신의 행동의 결과를 이해하기 위한 다목적 메커니즘을 가지고 있다는 인지 시나리오가 훨씬 더 간단한 시나리오가 아닐까? 위베르가 제안했듯이 꿀벌은 벌집을 짓는 행동을 함으로써 자신이 원하는 결과를 이룬다는 '마스터플랜'을 가지고 있을지도 모른다.

어떻게 보든 꿀벌의 벌집 구축 행동은 본능에만 전적으로 의존하는 행동이라고 보기는 힘들다. 자연에서 꿀벌이 만드는 벌집 구조는 매우 다양하다. 또한 어린 일벌이 벌집을 짓는 방식은 자신이 자란 벌집이 만들어진 방식의 영향을 받으며, 실제로 태어난 후 일정 기간 동안 어린 꿀벌은 자신이 자란 벌집 구조와 거의 같은 구조로 벌집을 만든다.[9] 플라스틱으로 만든 원형 셀에서 자란 꿀벌도 일벌의 도움 없이 육각형 셀을 만들 수 있다. 하지만 이 꿀벌이 만든 셀은 모양이 규칙적이지 않으며, 지름도 모두 다르다. 거미줄을 짜는 행동처럼 전적으로 본능에 의한 행동으로 여겨지는 많은 행동에서 그렇듯, 타고난 본능도 기본적인 행동을 위한 대략적인 틀밖에는 제공하지 못한다.[10] 세부적인 행동은 대부분 학습을 통해 습득되고, 환경 조건에 따라 유연하게 조정되며, 계획에 따라 달라진다.

1986년 비극적으로 폭발하기 2년 전 우주왕복선 챌린저호에 꿀벌이 탑승한 적이 있다. 이 꿀벌들은 일주일 내내 무중력 상태에서 지내면서 그 상태에서 나는 법을 학습했을 뿐만 아니라 정상적인 크기로 벌집을 만들기도 했다.[11] 지구에서 만들어진 벌집과의 유일한 차이점은 무중력 상태에서는 벌집 셀이 아래쪽으로 기울어지지 않았다는 것이다. 무중력 상태에서는 '아래'가 없기 때문에 이는 놀라운 일은 아니었다. 하지만 우주에서 만든 벌집의 기하학적 구조는 지구에서 만든 벌집과 동일했다. 벌집 셀은 중력이 전혀 작용하지 않는데도 지구에서와 마찬가지로 모두 직선으로 평평하고 평행하게 정렬돼 있었다.

'귀소 감각'에 대한 단순해 보이지만 잘못된 초기 이론들

어떤 동물의 행동을 분석하여 그 동물에게 지능이 있는지 판단하기 위해서는 지능적인 문제해결 능력이 필요 없는 행동을 그 동물이 어떻게 하는지 설명할 수 있어야 한다.[12] 하지만 때때로 과학자들은 '단순한' 설명을 찾는 데 너무 집착하기 때문에 학습 행동의 명확한 징후를 보지 못한다. 독일 생리학자 알브레히트 베테Albrecht Bethe(1872-1954)가 대표적인 예다.

핵물리학자이자 노벨상 수상자인 한스 베테Hans Bethe(원자폭탄 개발자 중 한 명)의 아버지 알브레히트 베테는 벌과 개미가 먼 곳에서도 집을 정확히 찾아 돌아온다는 것을 다른 학자들의 연구를 통해 잘 알고 있었고, 벌과 개미의 이런 행동을 학습으로 설명하기는 너무 복잡하다고 생각했다.[13] 따라서 그는 벌이 벌집으로 돌아오게 만드는 본능적인 힘이 어떤 것인지 밝혀내기 위해 매우 열심히 노력했다. 그는 이 힘의 작용을 교란시키기 위해 벌들을 수백 번 회전시키기도 하고, 벌 등에 자석을 붙이기도 하는 등 다양한 시도를 했다. 하지만 어떤 방법을 사용해도 이 힘의 작용이 교란되지는 않았다. 벌을 집에 돌아오지 못하게 만드는 방법은 아주 먼 곳으로 벌을 옮기는 방법밖에 없었다.

베테는 다음과 같은 결론을 내렸다.

"벌은 기억된 이미지, 소리, 자기적 또는 화학적 자극을 이용해 집으로 돌아가는 것이 아니다. 벌은 우리가 전혀 알 수 없는 어떤 힘에 의해 집으로 돌아간다고 생각할 수밖에 없다."

그는 곤충이 집의 위치를 실제로 기억하는 것이 아니라 '알 수 없는 어떤 힘'에 의해 이끌려 집으로 돌아간다고 생각했다. 베테가 이런 결론을 내리게 된 과정은 매우 흥미롭다. 그는 벌집을 원래 위치에서 몇 m 떨어진 곳으로 옮겼을 때, 집을 떠났던 벌들이 눈으로 쉽게 볼 수 있는 옮겨진 벌집으로 바로 들어가지 않고 원래 벌집이 있던 위치에서 벌집 입구를 탐색한다는 사실을 발견한 뒤 벌들이 기억을 이용하지 못한다는 결론을 내렸다. 그는 벌들이 이 문제를 해결할 수 있는 유일한 방법은 벌집 주변의 지형지물이 아니라 벌집의 위치 자체를 기억하는 것밖에는 없다고 생각했기 때문에 이런 결론을 내린 것이다.

독일 동물학자 후고 폰 부텔레펜Hugo von Buttel-Reepen(1860-1933)은 베테의 이런 연구 결과에 대해 "벌은 반사 기계인가?Are bees reflex machines?"라는 제목의 논문을 통해 질문을 던졌다(1900년).[14] '베터리지Betteridge의 헤드라인 법칙'에 따르면 물음표로 끝나는 모든 제목에 대한 답은 '아니다'가 될 수 있으며, 부텔레펜의 논문도 이 법칙에서 예외가 아니었다.

부텔레펜은 벌집 이동 실험에 대한 베테의 해석이 인간중심주의적anthropocentric이라고 비판했다. 그는 베테가 벌들이 벌집 이동 문제를 해결할 수 있는 방법이 두 가지 이상 존재할 수 있다는 가능성을 간과했다고 본 것이다. 벌 입장에서 보면 베테가 예상한 반응, 즉 몇 m 옮겨진 집을 인식하고 진입하는 것은 기껏해야 차선책이고 최악의 경우 치명적일 수도 있다. 고독성 벌이든, 사회성 벌이든 대부분의 벌집은 서로 가까운 곳에 위치할 수 있기 때문에 벌들 입장에서는 정확하게 집을 찾는 것이 매우 중요한 일이다. 자칫 잘못해 다른 집에 들어가면 자신의 새끼가 아닌 다른 새끼들에게 먹이를 줄 수도 있고, 문지기 벌guard bee에게 죽임을 당할 수도 있기 때문이다.

또한 부텔레펜은 벌들이 벌집 주변의 지형지물을 기억함으로써 정확하게 위치를 파악한다는 확실한 증거도 제시했다(이 증거 중에는 베테의 실험 내용에서 추출한 증거도 있었다). 여기서 우리는 지능적으로 보이는 행동에 대한 더 간단한 설명이 무엇인지 판단할 때 단순해 보이지만 틀린 설명의 함정을 피해야 한다는 교훈을 얻을 수 있다. 지구가 평평하다는 생각은 단순한 생각으로 보인다. 하지만 지구 평면설을 주장하는 사람들은 자신의 단순한 생각을 설득시키기 위해 매우 복잡한 이야기들을 만들어낸다.

벌은 '본능'에 의해 꽃에 끌릴까?

부텔레펜은 꿀벌의 꽃 방문 행동을 분석해 꿀벌이 '반사 기계'로 생각될 수 있는지에 대해 더 깊게 연구했다. '꽃의 매력flower attractiveness'이라는 개념은 현재도 수많은 수분 생태학 연구와 꽃의 진화에 관한 연구에서 다뤄지는 개념이다. '꽃의 매력'이라는 용어에는 꽃이 벌에게 제공하는 보상의 수준 또는 벌이 이전의 꽃 방문 경험으로부터 얻은 정보와 상관없이 화려한 색깔과 향기를 지닌 꽃이 하늘을 나는 '반사 기계'에게 매력적인 존재이며, 꽃이 이 반사 기계를 자신에게 앉게 만드는 자극이라는 생각이 포함돼 있다.

하지만 부텔레펜은 먹이통을 치워도 꿀벌이 원래 먹이통이 있던 위치로 돌아가기 때문에 반사를 유발하는 자극은 존재하지 않는다는 자신의 연구 결과를 들면서 이 개념을 반박했다. 1900년 당시 이미 이 개념은 시대에 뒤떨어진 개념이라는 것이 확실하게 증명된 것이었다. 부텔레펜은 원래 먹이통이 있던 위치로 벌을 움직이게 만드는 유일한 정보는 꿀벌의 기억에서 나오는 것이라고 주장했다.

또한 부텔레펜은 꿀벌이 꽃의 신호를 발견했을 때 '자동적으로' 꽃에 앉는 것이 아니라는 점을 지적했다. 그는 어떤 꽃들은 아침에만 꽃꿀을 제공하는데, 꿀벌은 그 꽃들이 보상을 제공하지 않는 시간대를 알고 그 시간대에 그 꽃들의 신호를 무시한다는 것을 발견했기 때문이다. 그럼에도 불구하고 오늘날에도 꽃가루 매개자(벌)가 꽃의 신호에 반사와 비슷한 '자동적' 반응을 보인다는 생각은 '수분 양식 pollination syndrome'이라는 용어로 아직도 남아 있다.[15]

수분 양식이라는 개념에는 꽃가루 매개자들(벌, 딱정벌레, 파리 등)이 각각 특정한 꽃의 특징에 반응을 보인다는 생각이 담겨 있다(벌새는 빨간색 꽃만 방문하고, 야행성 나방은 흰색 꽃만 방문한다는 생각을 예로 들 수 있다. [그림 4-3]). 물리학의 보어 모델 Bohr model(원자의 구조를 마치 태양계처럼 양전하를 띤 조그만 원자핵 주위를 전자들이 원형 궤도를 따라 돌고 있는 것으로 묘사하는 원자 모델; 역주)이 원자의 구조를 학생들에게 설명하는 데 유용한 단순화된 모델인 것처럼, 수분 양식이라는 개념은 생태학을 공부하는 학생들에게 일종의 교리처럼 받아들여지고 있다. 다시 말하지만, 단순한 설명은 경계해야 한다.

베를린장벽이 붕괴된 직후인 1990년대 초, 나는 베를린 동부의 아름다운 자연보호구역에서 꽃과 꽃가루 매개자 간의 상호작용을 관찰하곤 했다. 당시 박사과정에 있던 나는 학부 학생들을 데리고 몇 달 동안 그곳으로 가 꽃밭을 관찰하면서 꽃을 찾는 모든 곤충을 관찰했다. 학생들은 어떤 것을 관찰해야 한다고 구체적으로 지시받지 않았기 때문에 편견 없이 관찰했지만 사실 이 관찰은 꽃가루 매개자와 식물의 상호작용 네트워크를 정량화하기 위한 최초의 시도였다.

이 관찰 결과를 기초로 나는 수분 생물학자 닉 웨이저Nick Waser, 메리 프라이스Mary Price, 닐 윌리엄스Neal Williams, 제프 올러튼Jeff Ollerton 과 함께 논문을 발표했다. 이 논문에 따르면 꿀벌, 파리, 나비, 딱정벌레의 꽃 색깔 선호도에는 통계적으로 유의미한 차이가 없는 것으로 나타났다. 이는 꽃가루 매개자의 선택이 선천적인 선호도보다는 개인의 학습에 의해 결정될 때 예상할 수 있는 결과였다.

[그림 4-3] 수분 양식 개념에 따르면 꽃가루 매개자의 유형에 따라 특정 유형의 꽃에 대한 선호도가 다르다. 이 개념에 따르면 벌새는 붉은색 꽃, 호박벌은 푸른색 꽃, 야행성 나방은 흰색 꽃(직선 화살표)과 밀접하게 연관된다. 하지만 실제로 대부분의 꽃가루 매개자는 단순히 특정 꽃의 특징에 끌리기보다는 보상에 대해 학습하기 때문에 고정관념을 거스르는 상호작용(점선 화살표)이 많이 존재한다.

학습과 본능의 상호작용

꿀벌의 진화 역사에서 핵심적인 사건 중 하나는 특별하게 만들어진 집에서 새끼를 기르기 위한 혁신적인 방법을 개발한 것이다. 이 방법은 (본능적인) 벌집 구축 기술뿐만 아니라 정교한 공간 기억력을 요구하는 방법이었고, 꽃의 꽃꿀과 꽃가루를 채취하는 (본능적인) 생활방식을 기초로 한 것이기도 하다. 또한 이 방법은 보상의 질과 양 측면에서 다양한 보상을 제공하는 꽃들과 꽃들이 보내는 신호에 대해 학습해 그 꽃들 사이에서 경제적인 선택을 할 수 있는 방법이기도 하다. 다시 말하지만 이런 생활방식은 본능에 의해 결정되며, 학습을 가능하게 만드는 동시에 필수적으로 만드는 것도 본능이다. 또한 일부 개체는 타고난 본능에 의해 더 빠르게 학습할 수 있으며, 적응성이 점점 높아지기도 한다.[16]

새로운 환경에서 발생하는 우발적인 상황에 대해 학습하는 능력은 타고난 선호도의 진화를 촉진하기도 한다. 예를 들어 테레빈유(송진을 수증기로 증류하여 얻는 정유: 역주) 냄새가 나는 꽃꿀이 풍부한 새로운 종의 꽃이 있다고 가정해 보자(벌은 자신이 분비한 경보 페로몬과 보상을 연결시킬 수 있을 정도로 유연성이 강하기 때문에 '이상한' 냄새를 학습하는 것이 불가능하지 않다). 이 상황에서 꽃가루 매개자 중 '전통적인' 꽃향기에서 벗어나 테레빈유 냄새와 보상 간의 연관성을 빠르게 학습할 수 있는 개체가 있다면 그 개체는 이 새로운 자원을 활용할 수 있을 것이고, 이 새로운 꽃이 아닌 다른 꽃들만 방문하는 개체보다 유리한 위치를 차지할 수 있을 것이다. 그렇다면 이렇게 빠르게 학습할 수 있는 개체들의 집단에서는 여러 세대가 지나면서 테레빈유에 대한 선천적 선호도가 진화할 가능성이 있다.

일부 연구에 따르면 향기 선호도 변화는 진화의 시간 또는 개인의 경험에 따라 신경계의 동일한 시냅스가 조정됨으로써 발생할 수 있다. 어떤 능력이 곤충의 뇌처럼 작은 뇌에서 '진화'할 수 있다면 그 능력은 그 뇌 안에서 신경 회로 조정에 의해 '혁신'될 수도 있을 것이다.

일부 꿀벌 종을 포함한 꽃가루 매개자 종들은 특정 종의 꽃이나 먹이에 대해 상대적으로 '선천적' 친화력이 높은 것으로 보인다. 이 경우 장점과 단점은 분명하다. 개별적인 탐사를 통해 먹이를 구하는 대신 유전 정보를 이용해 먹이를 식별할 수 있다면 먹이를 채취하는 데 필요한 시간과 노력을 줄일 수 있다. 하지만 이런 개체들은 선호의 범위가 좁기 때문에 좋아하는 먹이를 구할 수 없다면 곤란한 상황에 처할 수 있다. 따라서 자세히 살펴보면 특정한 먹이에 대한 선호도가 생각보다 강하거나 배타적이지 않은 경우가 많다. 실제로, 한때 '본능적으로' 특정 종의 꽃만 찾는 것으로 보고되었던 많은 꽃 방문 개체들이 해당 종의 꽃이 제공하는 먹이가 부족할 때 다른 종의 꽃을 찾는다는 사실이 관찰됐다.

사회성 벌의 대부분은 (다양한 꽃에서 먹이를 찾는) 제너럴리스트이지만 황토색뒤영벌Bombus consobrinus이라는 학명을 가진 호박벌의 일종은 꽃꿀을 채취하기가 어렵지만 보상이 큰 투구꽃devil's helmet만 방문한다. 이 호박벌은 같은 종류의 꽃만 방문하는 제너럴리스트 벌보다 먹이 채취 효율성이 높은 일종의 스페셜리스트다. 하지만 이렇게 선천적인 능력을 타고난 호박벌도 꽃을 다루는 법을 학습해야 한다.[17] 따라서 타고난 본능과 학습이 상호작용한다는 사실은 여기서도 확실히 드러난다. 제너럴리스트 벌은 보상이 많은 꽃이 어떤 꽃인지에 대해 일반적인 개념만 가지고 태어난 상태에서 처음부터 시행착오를 통한 학습을 통해 나머지 요령을 터득해야 한다. 반면 스페셜리스트 벌은 그 벌이 속한 집단이 여러 세대에 걸쳐 습득한, 먹이원 선호에 대한 '매뉴얼'을 가지고 태어난 상태에서 세부적인 부분들은 개별학습을 통해 습득하기만 하면 된다.

따라서 타고난 행동과 인지 간에는 다양한 수준의 상호작용이 존재한다고 할 수 있다. 예를 들어 꿀벌은 대부분의 다른 동물보다 색깔과 보상을 연관시키는 학습 속도가 빠른데, 이는 꿀벌이 고양이보다 지능이 높기 때문이 아니라 꽃에서 모든 영양분을 얻는 벌에 비해 고양이에게는 색깔의 의미가 훨씬 작기 때문이다. 인지를 낳는 것은 본능이다. 또한 본능의 지배를 받는다고 널리 생각되던 행동, 예를 들어 밀랍으로 벌집을 만드는 행동도 학습과 인지 측면을 고려하지 않고는 설명이 불가능하다.

왜 다른 곤충에 비해 벌에서만 특이한 본능적 행동이 유독 많이 나타나는지는 지금도 의문이지만 벌이 반사 기계가 아니라는 것만은 확실하다. 진화 역사에서 꿀벌의 놀라운 학습 능력을 촉진한 핵심 본능 중 하나는 공간 환경을 기억하려는 욕구다. 다음 두 장에서는 벌집이 있는 곳으로 반드시 돌아가는 벌, 즉 중심지 회귀 채집자로서의 벌의 공간 기억력이 매우 정확하다는 사실에 대해 살펴볼 것이다.

5

벌의 지능과
의사소통의 기원

"꿀벌은 어떻게 정신적 능력을 가지게 됐을까? 동물의 정신적 능력이 자연스럽게 진화하는 과정을 이해하는 것은 매우 흥미로운 일이며, 아무리 어려워도 그 일을 멈추면 안 된다. 호박벌과 꿀벌의 정신적 능력은 군집 형성과 동시에 노동의 분화가 일어나면서 완성된 것이다."

― 헤르만 뮐러(Hermann Müller), 1876년

오스트리아의 유명한 동물 생태학자이자 노벨상 수상자인 콘라트 로렌츠 Konrad Lorenz는 숲에서 살던 영장류 조상들이 복잡한 3차원 환경에서 활동하면서 겪었던 어려움이 인간 지능의 진화에 결정적이었다고 생각했다.[1] 예를 들어 로렌츠는 근처 나무로 올라가는 것이 가능할지 또는 치명적일 수 있는지 판단할 때처럼 공간적 가능성에 대한 정신적 탐색이 언어 같은 인간의 가장 고등한 능력을 포함한 모든 사고 과정의 핵심요소라고 봤다.

이 이론은 매우 그럴듯하다. 하지만 3차원 공간에서 복잡한 작업을 수행해야 하는 동물은 인간의 조상만이 아니었다. 실제로 우리

는 지난 장에서 벌이 자연 서식지에서 살 때뿐만 아니라 정교한 3차원 벌집 구조를 구축할 때도 상당한 공간적 문제에 직면하며, 여기에는 특정 형태의 계획이 필요할 수 있다는 것을 살펴봤다. 5장에서는 공간 학습이 벌의 인지능력 진화의 근원일 가능성과 벌에게만 있는 공간 정보에 대한 상징적 의사소통 시스템, 즉 벌의 춤 '언어'에 대해 살펴볼 것이다.[2]

트라이아스기의 벌, 가장 잔인한 육식동물

벌의 마음이 처음에 어떻게 진화를 시작했는지 탐구하기 위해 시간을 거슬러 올라가 보자. 벌목(벌, 개미, 말벌 등의 곤충. 역주: 개미는 분류학상 곤충강 벌목 개미과에 속하는 곤충이다)이 처음 출현한 것은 약 2억 2,000만 년 전인 트라이아스기다([그림 2-5]). 공룡이 지구를 돌아다녔던 이 시기에는 아직 꽃이 없었을 가능성이 높다. 파리나 나비 같은 곤충처럼 벌목 조상은 혼자서 돌아다니면서 사는 곤충이었고, 새끼에게 먹이를 제공하지도 않았으며, 새끼를 키울 집도 없었다. 암컷이 식물 위에 알을 낳으면 알에서 나온 애벌레는 식물을 먹고 자랐다. 지금도 이런 생활방식을 유지하고 있는 곤충이 수없이 많다.

하지만 쥐라기 초기에 중요한 생활방식 변화가 일어났다. 벌목에 속하는 일부 곤충이 채식에서 특별한 형태의 육식으로 전환하기 시작한 일이다. 이 곤충들은 식물 위에 알을 낳지 않고 살아 있는 동물 표면에 알을 낳기 시작했다. 이 동물들은 대부분 식물 위에 앉아 있거나 식물 표면을 파고들어 사는 동물이었다. 이 곤충들이 낳은 알은 부화해 숙주가 살아 있는 상태에서 숙주를 잡아먹었다. 이런 생활방식을 '포식기생parasitoid'이라고 부른다. 포식기생은 숙주가 꼭 죽지 않아도 되는 '기생parasitism'과는 구별되는 개념이다. 포식기생 말벌이 숙주에 알을 낳는 순간 숙주의 운명은 이미 결정된 것이라고 할 수 있다.

동물 숙주는 일반적으로 식물 숙주에 비해 단백질이 많기 때문에 이런 생활방식 변화는 새로 태어난 육식동물에게 유리했을 것이다. 하지만 여기에는 육식동물이 움직이는(그리고 대부분의 경우 숨어 있는) 동물 숙주를 찾아낼 수 있는 감각 능력과 신경계를 가지고 있어야 한다는 전제가 필요하다. 동물 숙주는 자신을 방어하고 숨을 수 있기 때문에 육식동물 입장에서는 단순히 나뭇잎에 알을 떨어뜨리는 것보다 동물에 알을 낳는 것이 훨씬 힘들다. 현존하는 기생동물 대부분은 나무껍질 아래 숨어 있거나 과일 속 깊이 파묻혀 있는 곤충 애벌레 같은 숙주를 찾아낸 다음 정확한 위치에 산란관을 삽입해 숙주가 될 애벌레에 알을 낳는 데 매우 능숙하다.

이 육식동물들은 화학감각과 시각적 단서를 이용해 적당한 숙주의 존재를 찾아내는 방법을 학습하는 데 매우 능하다. 이 육식동물 중 일부는 공간 학습을 통해 같은 숙주에 다시 알을 낳지 않고 다른 숙주가 많이 있을 가능성이 높은 곳으로 이동하기도 한다. 실제로 포식기생 말벌 중 일부는 이런 공간 학습 능력이 매우 뛰어나다. 예를 들어 전갈말벌Hyposoter horticola 암컷은 주변 환경에서 숙주로 가장 적합한 나비 알이 있는 위치를 탐색한다. 숙주의 알에 자신의 알을 낳을 수 있는 유일한 시기는 숙주 유충이 부화하기 직전이기 때문에 전갈말벌은 대상을 발견하면 바로 자신의 알을 낳지 않고 숙주 알의 위치를 기억한 뒤 몇 주에 걸쳐 간헐적으로 알을 방문해 진행 상황을 관찰한 다음 적절한 시점에 산란을 위해 돌아온다. 이것은 간단한 행동이지만 본능에 의한 미래의 기회 예측을 바탕으로 세운 계획의 일부일 것이다.[3]

제2장에서 색각의 진화 과정에 대해 설명할 때 사용한 논리와 동일한 원리를 적용하면 쥐라기에 살았던 벌목 곤충들의 뇌 구조를 재구성할 수 있다. 즉 일반적으로 생물학적 특성은 변화하지 않고 그대로 유지될 가능성이 높다는 논리를 적용해 현존하는 동물의 뇌를 분석하면 쥐라기에 살았던 동물 뇌에 대한 추측이 가능하다. 이 분석방법을 이용해 웨스트버지니아대학교 사라 패리스Sarah Farris와 수잔 슐마이스터Susanne Schulmeister는 쥐라기 때 생활방식이 초식성에서 포식기생성 생활방식으로 전환되는 시기와 맞물려 벌목의 일부 종에서 뇌 구조가 크게 변화한 것을 발견했다. 두 연구자는 쥐라기 때 포식기생 벌목 곤충들(그 곤충들의 후손 포함)의 '버섯체mushroom body(곤충의 다감각 통합, 학습, 기억을 담당하는 뇌 중추 구조; 역주, 제9장 참조)'가 같은 시기의 초식 벌목 곤충들에 비해 엄청나게 커졌고, 포유류의 피질처럼 '주름'이 많아진 것을 발견했다. 포식기생이라는 새로운 생활방식을 유지하기 위해서는 추가적인 계산능력이 필요했던 것이 분명하다.[4]

물론 딱정벌레 유충처럼 움직이는 숙주에 알을 남겨두면 알이 숙주에서 이탈할 수도 있고, 숙주가 (포식기생자의 알 또는 애벌레와 함께) 딱따구리(당시에는 작은 공룡이 포식자였을 수도 있다) 같은 포식자의 먹이가 될 가능성도 매우 높다. 따라서 백악기 초(약 1억 4,000만 년 전)에는 나중에 벌이 되는 이런 포식기생 동물에게서 또 다른 중요한 변화가 일어났다. 포식기생 말벌이 알과 유충을 기르기 위한 은신처가 될 집을 파기 시작했고, 자신이 판 집으로 살아 있는 먹이를 가져오기 시작한 것이다. 이 말벌들은 먹이를 마비시켜 자신의 알이 먹이에서 이탈하지 않도록 만드는 동시에 먹이가 몇 주 동안 신선한 상태를 유지하도록 만들었다(장 앙리 파브르가 발견한 현상이 바로 이것이었다. 제4장 참조).

　포식기생 동물의 이런 중심지 회귀 채집이라는 혁신적 활동이 가능하기 위해서는 공간 기억력이 필요했으며, 중심지 회귀 채집이 계속되면서 공간 기억력은 더 정교해졌다. 전갈말벌의 경우 적절한 나비 알이 있는 위치를 기억하지 못할 때는 나비 알이 있는 다른 위치를 탐색할 수 있다. 하지만 진화 과정에서 새끼가 있는 집의 위치를 기억하지 못하는 암컷 전갈말벌은 도태됐다. 전갈말벌의 이런 생활방식은 실수가 용납되지 않는 방식이다.

　곤충의 공간 학습을 최초로 연구한 장 앙리 파브르는 구멍벌과 나나니속Ammophila에 속하는 벌들이 해결하는 과제들을 집중적으로 탐구했다(이 벌들은 일반적으로 동시에 최대 3개의 벌집을 관리하며, 여름에는 최대 10개의 벌집을 관리한다).[5] 파브르는 꿀벌이 자신의 집을 찾아내는 것에 대해서는 당연하게 생각했다. 꿀벌의 집은 크고 꿀벌 냄새가 나며, 벌집 입구에서 꿀벌들이 끊임없이 날아다니기 때문이다.

하지만 구멍벌은 자신이 판 집 입구를 미세한 돌과 모래로 막아 집의 흔적을 없앤다([그림 5-1]). 따라서 구멍벌은 기억을 통해서만 집의 위치를 찾을 수 있는데, 자신의 집 근처에 다른 구멍벌 집이 여러 개 있는 경우가 많기 때문에 위치를 찾기가 쉽지 않다. 파브르는 구멍벌의 학습이 일회성 학습one-trial learning이 분명하다고 확신했는데, 이는 구멍벌이 저녁에 굴을 파고 다른 곳에서 하룻밤을 보낸 후 다음 날 아침 어김없이 돌아오는 경우가 많기 때문이었다(구멍벌의 집은 구멍벌 자신이 아니라 새끼를 위한 집이다).

[그림 5-1] **미세한 돌로 집 입구를 막고 있는 구멍벌.** 벌은 포식기생 말벌에서 진화했으며, 이 포식기생 말벌의 일종이 구멍벌이다. 나나니속에 속하는 구멍벌은 동시에 여러 개의 집을 유지하며, 돌과 모래로 입구를 막아 새끼와 먹이를 보호한다. 구멍벌은 돌로 모래를 두드리고 다져 입구를 봉쇄하기도 한다. 구멍벌이 다른 구멍벌이 만든 집과 자신이 만든 집을 구별하기 위해서는 상당한 공간 기억력이 필요하다.

채식에서 육식으로의 초기 생활방식 전환과 동시에 일어난 뇌의 변화는 중심지 회귀 채집을 위해 훨씬 더 정확한 공간 기억력이 필요했을 때 매우 적절하게 일어난 것으로 보인다(또한 집을 가지게 된 것은 그 후로 오랜 시간이 지나 구멍벌의 사회성 진화를 촉진하는 역할을 하기도 했다). 재미있는 사실은 포식기생 말벌의 일부가 나중에 다시 채식 생활방식으로 돌아가 꽃을 찾아다니게 됐다는 것이다(이 일은 1억 2,000만 년 전쯤 일어난 것으로 보인다. [그림 2-5]).[6] 여기서 주목할 것은 대부분의 다 자란 포식기생 말벌도 꽃꿀을 찾아 꽃을 방문했으며, 그 과정에서 우연히 꽃가루를 묻혀 집으로 돌아왔을 수 있다는 사실이다. 이 말벌 중 일부는 자신의 애벌레가 육식을 하게 만들다 나중에는 애벌레에게 꽃가루를 먹이로 제공했을 것이고, 결국 지금까지 그 채식 패턴을 유지하고 있는 것으로 보인다(꽃가루에도 단백질이 상당히 많이 포함돼 있다).

　헤르만 뮐러(1829-1883, 5장 시작 부분 인용문 참조)는 식물과 꽃가루 매개자의 상호작용 진화를 이해하기 위해 다윈의 진화법칙을 적용한 독일 생물학자였다. 뮐러는 벌의 지능 진화가 애벌레에게 먹이를 제공하고 벌집을 지어야 하는 필요성에 의해 촉진됐지만, 복잡한 형태의 꽃을 처리해야 할 필요성에 의해서도 촉진됐다고 생각했다.

프리슈와 벌의 춤 언어

앞서 우리는 벌목 곤충에서 사회성이 진화하기 이전에 상당한 수준의 뇌 진화가 일어났다는 것을 살펴봤다. 버섯체의 정교화와 함께 일어난 중요한 행동적 혁신은 벌집 구축 기술(그리고 공간 기억력)의 진화와 다양한 먹이원을 탐색하고 구별하는 능력의 진화였다. 현재 존재하는 수천 종의 고독성 벌과 수백 종의 사회성 벌도 모두 이런 능력을 가지고 있다. 하지만 사회성의 출현은 이 능력과는 다른 행동 능력, 특히 의사소통 능력의 진화를 촉진했다. 사회성 벌은 매우 다양한 형태의 정보 공유 방식을 진화시켰지만 여기서는 특히 꿀벌의 '춤 언어 dance language'에 초점을 맞출 것이다. 우리가 꿀벌의 이 상징적 의사소통 시스템에 집중하는 이유는 이 시스템을 통해 곤충의 마음을 들여다볼 수 있고, 꿀벌이 의사소통을 하는 공간적 환경을 어떻게 인지하는지 탐구할 수 있으며, 꿀벌의 진화와 환경 적응에 대해 많은 것을 알아낼 수 있기 때문이다.

제2차 세계대전 말기에 카를 폰 프리슈는 전쟁이라는 특수 상황 때문에 꿀벌과 관련된 실용적 연구에 매진해야 했지만, 전쟁이 끝난 후에는 20년 전 관찰했던 꿀벌의 특이한 행동을 다시 연구하기 시작했다. 프리슈는 꽃꿀과 꽃가루가 풍부한 꽃의 위치를 찾아낸 꿀벌이 벌집의 수직 벽 앞에서 매우 이상한 행동을 보인다는 것을 알고 있었다. 마치 '춤'을 추는 것처럼 보이는 꿀벌들의 이런 움직임은 때로는 몇 분 동안 고도로 정형화되고 반복적인 패턴을 나타냈고, 벌집 안의 다른 벌들은 이렇게 움직이는 '춤꾼들'을 열심히 따라

다니곤 했다. 1920년대에 이미 프리슈는 꿀벌의 이런 춤이 꽃의 먹이원에 대한 정보를 알리는 의사소통 기능을 가지고 있다고 추측하였다. 그는 이 춤의 패턴이 매우 다양하다는 것을 관찰했는데 어떤 춤은 정찰 나갔던 꿀벌이 꽃가루가 많은 꽃을 발견했다는 것을 나타내는 반면, 어떤 춤은 꽃꿀이 많은 꽃을 발견했다는 것을 나타낸다는 (잘못된) 추론을 했다.

하지만 1945년 프리슈는 폭격으로 폐허가 된 뮌헨의 대학 건물에서 오스트리아 시골로 연구실을 옮긴 후 몇 차례 유레카의 순간을 맞이했다. 전쟁이 끝나고 몇 달 지났을 때 그는 꿀벌의 춤에 정찰 꿀벌이 찾아낸 먹이원의 방향과 거리에 대한 암호가 들어 있다는 사실을 발견한 것이다. 그는 꿀벌이 공간좌표를 나타내는 상징적 의사소통 시스템을 가지고 있다는 사실을 발견했는데 당시 60세에 가까웠던 프리슈는 이 발견으로 후에 노벨상을 타게 된다.

꿀벌의 춤 언어는 다음과 같이 간단하게 설명할 수 있다. 먹이찾기에 성공한 꿀벌은 몸을 좌우로 흔들면서 일직선으로 전진한다(8자춤, waggle dance). 그러고 나서 왼쪽으로 반원을 그리면서 움직이고, 다시 출발점으로 돌아와 처음에 움직였던 경로를 따라 8자춤을 추면서 움직인 후 다시 오른쪽으로 반원을 그리면서 움직인다([그림 5-2]). 이 패턴은 여러 번 반복되며, 벌집에 있던 다른 꿀벌들은 이 춤에 집중한다. 이 춤이 시작된 지 얼마 되지 않아 다른 꿀벌 수십 마리가 이 꿀벌이 알려준 먹이 위치에 도착한다.

프리슈는 수직 방향의 벌집에서 꿀벌이 8자춤을 추면서 전진하는 각도가 태양의 방위각(태양광이 오는 방향)과 벌집에서 먹이원(밀

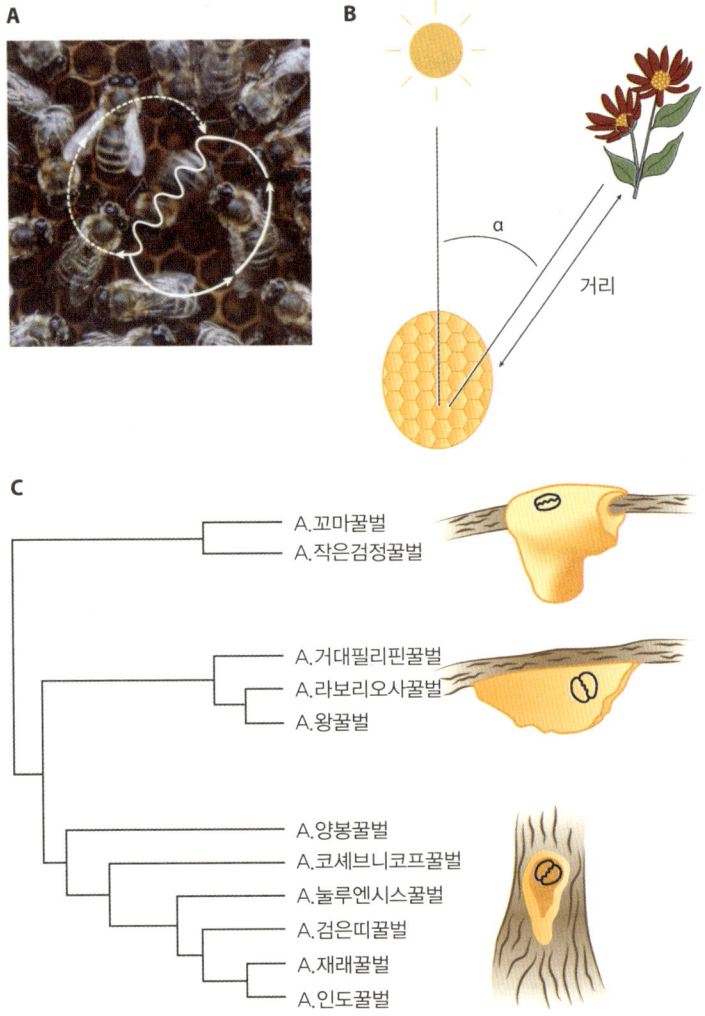

[그림 5-2] 양봉꿀벌(Apis mellifera)과 아시아계 꿀벌의 8자춤 패턴. 꿀벌이 수직 방향의 벌집에서 오른쪽 위로 45도 각도로 전진하면서 추는 8자춤은(A) 벌집에서 먹이원으로의 방향이 태양광이 벌집으로 오는 방향에서 오른쪽으로 45도 각도를 이루고 있다는 것을 뜻한다(B). 춤추는 꿀벌의 복부는 좌우로 빠르게 움직이기 때문에 흐릿하게 보인다. C. 이 춤은 벌집을 나뭇가지에 짓는 종(그림의 계통수에서 맨 위 두 종은 지금도 나뭇가지에 벌집을 짓는다)에서 진화했을 가능성이 있다. 이 종들은 수평으로 지어진 벌집 표면에서 거의 수평 방향으로 춤춘다. 이 종들은 8자춤을 출 때 중력을 기준으로 이용하지 않으며, 춤추면서 전진하는 방향이 먹이원의 방향을 직접적으로 가리킨다. 계통수에서 가운데 3개 종은 두꺼운 나뭇가지나 절벽에서 돌출된 바위 밑에 벌집을 지으며, 수직 방향의 벌집에서 8자춤을 주면서 중력을 기준으로 이용한다. 계통수 아래쪽의 6개 종은 나무 구멍 안에 집을 짓기 때문에 벌집 내부가 어둡다. 따라서 이 종들은 천체로 방향을 가늠할 수 없기 때문에 항상 중력을 기준으로 이용하도록 사전 적응이 일어난 것으로 보인다.

원)으로의 비행 방향이 이루는 각도와 같다는 사실을 발견했다. 예를 들어 태양광이 오는 방향에서 먹이를 발견했다면 꿀벌은 벌집으로 돌아와 태양광이 오는 방향으로 전진하면서 8자춤을 춘다. 먹이가 태양광이 오는 방향에서 오른쪽으로 45도 각도 방향에 있다면, 꿀벌은 벌집으로 돌아와 태양광이 오는 방향에서 오른쪽으로 45도 각도로 전진하면서 8자춤을 춘다([그림 5-2]). 먹이원, 즉 꽃꿀이나 꽃가루가 풍부한 꽃이 있는 위치까지의 거리는 8자춤의 지속 시간으로 표현된다. 즉 벌이 8자춤을 추는 시간이 길수록 먹이원까지의 거리가 멀다는 뜻이다.

일반적으로 벌집 내부는 어둡기 때문에 꿀벌들은 다른 꿀벌이 추는 춤을 눈으로 보는 것이 불가능하다. 따라서 꿀벌들은 춤추는 꿀벌을 따라다니며 춤 동작을 감지해 의미를 해독해야 한다. 춤추는 꿀벌을 따라다니는 다른 꿀벌들은 춤추는 꿀벌의 춤에 주의를 기울여 위치 정보를 습득하고, 그 정보의 의미를 해독해 나중에 그 정보를 얻은 곳과는 전혀 다른 곳에서 그 정보를 활용한다. 인간을 제외한 다른 종은 현실 세계의 공간적 위치에 대해 의사소통할 때 이와 유사한 상징적 표현을 사용하지 않는다.

춤 언어의 진화

어떻게 이런 놀라운 의사소통 시스템이 진화할 수 있었을까? 카를 폰 프리슈의 조교였던 마르틴 린다우어 Martin Lindauer는 1954년부터

1955년에 걸쳐 반년 동안 실론섬(현 스리랑카)에서 양봉꿀벌의 가장 가까운 친척인 다른 여러 종을 연구했다. 린다우어는 현존하는 양봉꿀벌의 친척 종들 간 비교를 통해 꿀벌의 독특한 의사소통 체계의 초기 진화적 뿌리인 원시 춤 언어를 해독하고자 했다. 이 기간 동안 린다우어는 말벌과 비슷한 크기의 매우 사나운 왕꿀벌Apis dorsata(절벽의 돌출된 바위나 나뭇가지 밑에 거대한 벌집을 짓는다)에서부터 꼬마꿀벌Apis florea(노출된 곳과 나무 안에 모두 벌집을 짓는 작은 꿀벌)까지 다양한 종을 연구했다.[7]

린다우어는 모든 꿀벌 종이 방향과 거리 코드가 약간씩 다르긴 하지만 8자형 달리기라는 특징적 행동을 보인다는 사실을 발견했다. 린다우어는 모든 꿀벌 종에서 먹이원까지의 방향은 태양의 현재 방위각 위치를 기준으로 평가된다는 것을 알아낸 것이다. 현존하는 모든 꿀벌 종의 공통 조상과 가장 가깝다고 생각되는 종들(꼬마꿀벌과 작은검정꿀벌)을 제외한 모든 꿀벌 종에서 이 각도는 수직 표면에서 추는 춤 방향과 중력 방향이 이루는 각도로 표현된다. 노출된 장소에서 집을 짓고 수평 표면에서 춤을 추는 꼬마꿀벌과 작은검정꿀벌은 중력을 기준으로 이용하지 않으며, 태양광이 오는 방향만을 기준으로 꽃이 있는 방향을 나타낸다. 린다우어는 이 종들의 춤이 꿀벌의 원래 춤 형태라고 생각했다.

이 생각은 중력을 고려할 필요가 없었던 개방형 집을 짓는 꿀벌에서 춤이 진화했다는 것을 암시하기 때문에 그럴듯해 보인다. 하지만 벌집에서 춤추는 벌과 그 춤을 해독해 채집을 나가는 다른 벌들 간 밀접한 상호작용의 기원은 여전히 수수께끼로 남는다. 춤추는 벌과 다른 벌 간 최초의 접촉은 어떻게 시작되었을까? 최초의 접촉은 아마 노출된 곳에 집을 짓는 꿀벌이 춤추는 꿀벌을 눈으로 보는 것에서 시작됐을 것이다.[8]

하지만 여기서 다시 의문이 생긴다. 먹이가 있는 곳을 발견한 꿀벌의 이렇게 고도로 정형화된 특이한 움직임 패턴이 먼저 진화했을까, 아니면 다른 꿀벌이 먹이를 발견한 꿀벌을 따라 하기 위한 준비가 먼저 시작됐을까? 다른 꿀벌이 춤추는 꿀벌의 신호를 해독해 채집을 나가기 위해서는 이 두 가지가 모두 필요한 것은 분명하다.[9] 하지만 어떤 꿀벌이 먹이를 찾았다는 것을 나타낼 수 있는 메시지를 '발명하지' 않았다면 다른 벌들은 그 꿀벌을 따라 하지 못했을 것이다. 또한 다른 벌들이 춤추는 꿀벌에 주의를 기울이고 따라 하는 성향을 진화시키지 못했다면 먹이를 발견한 꿀벌도 집으로 돌아와 굳이 특이한 행동을 할 필요가 없었을 것이다.[10]

마르틴 린다우어는 열대지역으로 옮겨 연구를 시작했고, 이번에는 브라질 생물학자 워릭 커Warwick Kerr(1922-2018)와 팀을 이뤄 당시에는 꿀벌과 가깝다고 생각되던 안쏘는벌stingless bee(침은 있지만 너무 작아서 쏠 수 없는 벌을 가리키며, 500여 종의 벌이 이 범주에 포함된다; 역주)이 꿀벌 춤 언어의 초기 기원에 대한 정보를 제공할 수 있는지 연구했다.[11] 하지만 아쉽게도 이들은 원하는 답을 얻지 못했다. 이들이 관찰한 수많은 종 중 꿀벌의 춤처럼 고도로 반복적인 운동 패턴이 나타나는 종은 발견되지 않았기 때문이다.

하지만 이들이 연구한 벌들의 대부분은 먹이를 발견하면 집으로 돌아와 흥분된 움직임을 보였는데, 이는 집에 있던 다른 벌들을 깨워 먹이 사냥에 참여하도록 만들기 위한 움직임일 수도 있다. 또한 몇몇 종은 이렇게 움직이는 동안 흉부 비행 근육을 사용해 소규모 진동 펄스를 방출했다.[12] 실제로 일부 종의 경우 이런 진동의 길이는 꿀벌의 8자춤에서처럼 먹이원과 상관관계가 있다.

벌들은 이런 공통적인 특성을 가지고 있기는 하지만 안쏘는벌의 경우 종에 따라 다른 벌들의 채집을 유도하는 방식이 크게 차이 난다. 어떤 벌은 냄새 흔적을 이용하고, 어떤 벌은 벌집 동료들을 먹이원으로 직접 안내하는 것으로 보인다. 안쏘는벌 중 일부는 집에서 먹이가 있는 방향으로 짧은 비행('거짓 출발false start'을 반복하는 '의도적 움직임intention movement')을 수행하는 것으로 보인다. 이는 다른 벌들에게 먹이원이 있는 방향을 알려주려는 의도로 해석할 수 있다.[13] 초기에 노출된 곳에 벌집을 짓던 꿀벌 조상들도 이와 비슷한 의도적 움직임을 수행했을 가능성이 있으며, 이런 움직임은 꿀벌의 8자춤에서 방향을 나타내는 코드의 기원이 됐을 가능성이 있다.[14]

호박벌의 춤은 8자춤의 기원을 나타낼까?

1990년대 후반 당시 석사과정 학생이던 안나 도른하우스Anna Dornhaus(현 애리조나대학교 교수)는 현재는 안쏘는벌의 실제 자매 종으로 밝혀진 호박벌의 의사소통에 대해 연구를 진행했다(당시는 호박벌이 먹이원에 대한 의사소통을 한다는 증거가 발견되지 않은 상태였다).[15] 도른하우스는 실제로 호박벌들이 불규칙한 패턴으로 집 주변을 돌아다니고 경보 페로몬을 퍼뜨림으로써 전체 군집의 먹이 사냥꾼들에게 경고를 보내는 매우 효율적인 채집 유도 시스템을 갖추고 있다는 사실을 발견했다. 하지만 도른하우스는 호박벌들의 이 시스템에는 공간 정보가 전혀 포함돼 있지 않다는 사실도 발견했다. 호박벌들은 먹이를 찾는 데 성공한 다른 호박벌에게서 나는 꽃 냄새를 감지하지만 결국 스스로 꽃을 찾아내야만 했기 때문이다.

결론적으로 말하면 사회성 벌들(꿀벌, 안쏘는벌, 호박벌)의 공통 조상들은 먹이를 찾은 뒤 집으로 돌아와 흥분된 움직임을 보였을 가능성이 높다. 하지만 이 공통 조상들은 각각 다른 진화 경로를 거치면서 세 집단으로 나뉘어 각각 다른 의사소통 시스템을 진화시켰을 것이다. 하지만 이 공통 조상들이 어떤 춤을 추었는지 보여주는 '행동 화석behavioral fossil'은 전혀 남아 있지 않다. 따라서 꿀벌의 조상이 춤 언어라는 추상적이고 상징적인 의사소통 시스템을 어떻게 단계적으로 진화시켰는지는 아마 영원히 알 수 없을 것이다. 꿀벌의 행동과 꿀벌의 가장 가까운 친척의 행동 간에는 너무나 큰 차이가 있기 때문이다.

벌은 왜 춤을 추는 것일까?

춤 언어가 어떻게 진화했는지에 대한 질문을 던지는 또 다른 방법은 자연의 먹이 조건에서 춤 언어가 벌의 적응을 위해 어떤 이점을 제공했는지 묻는 것이다. 하지만 춤추지 않는 돌연변이 꿀벌은 존재하지 않기 때문에 우리는 춤 언어의 정보 내용을 뒤섞는 방법을 사용해야 했다.[16] 당시 박사과정 학생이던 안나 도른하우스는 벌통을 수평으로 기울여 꿀벌들이 중력을 기준으로 이용하지 못하도록 만들었다. 이 조건에서 양봉꿀벌은 노출된 위치에 집을 지었던 열대지역의 조상 벌처럼 태양(또는 인공 광원)만을 기준으로 삼았고, 산란광만 이용했기 때문에 꿀벌의 춤은 방향이 흐려져 한 번의 8자춤에서도 무작위로 방향을 가리켰다. 이 상황에서도 다른 꿀벌들은 춤추는 꿀벌을 따라 했지만 방향에 대한 유용한 정보를 얻지는 못했다. 이 꿀벌들은 방향에 대한 정보는 얻지만 그 정보는 모두 쓸모없는 정보이기 때문에 어떤 방향으로 날아가야 하는지 전혀 알지 못했다.

그 후 도른하우스는 뷔르츠부르크대학교 근처 야외 실험장에서 두 집단의 꿀벌이 먹이 채집에 성공한 확률을 비교 관찰했다. 한 집단은 방향감각을 방해받지 않은 집단, 다른 집단은 방해받은 집단이었다. 실험 결과 두 집단의 채집 성공률은 차이가 없다는 것이 밝혀졌다. 놀라운 일이었다. 꿀벌의 춤은 동물 의사소통의 가장 놀라운 예 중 하나로 널리 알려져 있으며, 실제로 노벨상 수상에 빛나는 발견이기도 하다. 하지만 꿀벌은 춤을 제대로 추지 못하게 방해해도 먹이 사냥에 전혀 영향을 받지 않았다.

이 실험을 수행한 바이에른 지역은 농업지역이라 꿀벌의 춤이 진화한 자연조건과 공간적으로 달랐을 것이고, 그 자연적 공간 조건에서처럼 꽃들이 분포하지는 않았을 것이다. 따라서 도른하우스는

300㎢가 넘는 자연 그대로의 모습을 간직한 스페인 시에라 데 에스파단 자연보호구역에서 다시 실험을 수행했다. 이 실험에서도 춤추는 꿀벌과 다른 꿀벌들 간 정보 흐름을 방해했지만 벌들의 먹이 사냥 성공도는 별다른 영향을 받지 않았다.

이 놀라운 결과를 발표하기 위해 나와 도른하우스는 논문을 작성하기 시작했지만 다른 장소에서 마지막으로 한 번 더 실험을 반복하기로 했다. 양봉꿀벌을 제외한 모든 꿀벌 종은 열대 아시아 지역에 서식하며 모두 춤 언어를 가지고 있다. 따라서 이 의사소통 시스템이 열대 환경에서 진화했다고 가정하는 것이 무리는 아니다. 꽃은 열대지역 숲에서 온대 서식지와는 매우 다르게 분포한다. 온대에서는 꽃이 공간에 넓게 퍼져 분포하는 경우가 많다. 꿀벌의 먹이가 한데 모여 있지 않고 분산돼 있는 온대지역의 꽃 초원을 상상해 보자.

열대지역 숲에서는 꽃이 대부분 나무에 핀다. 나무 한 그루에서 수천 송이의 꽃이 필 수도 있다. 하지만 꽃이 피는 나무들은 서로 1km 이상 떨어져 있을 수도 있다. 이런 나무들 사이에는 온통 녹색을 띤 식물이 뒤섞여 있기 때문에 인간이나 초식동물에게는 이런 지역이 풍요롭게 보일 수도 있지만 꽃을 찾는 꿀벌에게는 사막처럼 느껴질 것이다. 이런 열대지역 숲에서 꿀벌이 찾는 꽃은 이렇게 드물게 밀집된 형태로 존재한다.

도른하우스는 인도 남부의 도시 마이소르의 반디푸르 국립공원(옛 마이소르 왕국의 마하라자 왕이 개인 사냥터로 사용했던 곳)에서 실험을 진행하기로 했다. 그곳에서 도른하우스는 우선 꽃의 공간적 분포를 조사해 실제로 꿀벌이 먹이를 얻는 꽃이 온대지역에서보다 밀집돼 존재하는지부터 확인하려고 했다. 하지만 반디푸르 국립공원의 숲 같은 열대지역 숲에서는 꿀벌의 활동 범위가 벌집을 중심으로 반경 10km가 넘을 수도 있기 때문에 한 사람이 꿀벌의 채집 활동 범위를 모두 조사하는 일은 사실상 불가능했다.

결국 도른하우스는 꿀벌의 춤 언어를 번역해 꿀벌이 어떤 먹이를 찾는지 알아내는 방법을 사용했다. 도른하우스는 벌집을 '레이더'로 이용해 실제로 열대 환경에서 꿀벌이 다른 꿀벌에게 알리는 꽃의 위치들이 온대지역 서식지에서보다 훨씬 더 밀집돼 있다는 것을 알아냈다. 또한 실제로 이런 환경에서 꿀벌의 의사소통 시스템을 교란시키면 꿀벌의 먹이 채집 성공률이 의사소통 시스템이 교란되지 않은 경우에 비해 7분의 1로 크게 줄어든다는 사실도 발견했다.

이 실험은 꿀벌이 공간좌표에 기초한 정교한 의사소통 시스템을 만들어내도록 진화적 압력을 가한 것은 꽃이 공간적으로 밀집된 열대지역의 숲 환경이라는 것을 입증한 것이다. 꿀벌 종의 일부만 서식하는 온대지역에서는 의사소통 시스템으로서의 꿀벌의 춤이 열대지역에 살던 조상들의 진화 과정에서 생겨났을 가능성이 있다. 하지만 꿀벌의 춤 언어는 새로운 집을 지을 곳을 찾아야 할 필요성 같은 전혀 다른 행동적 필요성에 의해 진화했을 가능성도 있다(제8장에서 자세히 다룰 것이다). 꽃 위치에 관한 의사소통 시스템은 이런 필요성에 의해 의사소통 시스템이 진화해 자리 잡은 후 진화했을 가능성도 있다는 뜻이다.

지금까지 우리는 꿀벌의 지능 진화 과정에서 핵심 역할을 한 요소 중 하나가 중심지 회귀 채집 행동의 진화라는 것을 살펴봤다. 즉 꿀벌이 새끼를 키울 수 있는 집을 짓고 그 집으로 돌아오기 위해서는 정교한 공간 기억력이 진화해야 했다는 뜻이다. 현재 존재하는 벌들(고독성 벌 포함)이 자신의 집을 정확하게 기억하는 능력은 포식기생을 했던 조상 벌로부터 물려받은 것이다. 곤충의 공간 기억력은 대부분 개미, 꿀벌, 호박벌 같은 사회성 종을 대상으로 연구된다. 그렇다고 해서 고독성 종에게 공간 기억력이 중요하지 않다고 할 수는 없다. 다음 장에서는 꿀벌의 공간 기억이 얼마나 복잡한지, 연구자들이 꿀벌의 춤 언어를 연구해 곤충의 공간 표현 방식을 어떻게 이해하는지에 대해 다룰 것이다.

6

공간에 대한 학습

"벌이 자신의 집과 그 주변의 이미지를 기억해 집으로 돌아가는 길을 찾는다는 것에는 의심의 여지가 없다. 벌의 이런 능력이 본능에 의한 것이라면 벌은 생애 최초의 비행에서 집과 그 주변을 탐색할 수 있어야 한다. 하지만 벌은 최초의 비행에서 처음에는 크게 원을 그리면서 비행한 뒤 점점 더 큰 원을 그리면서 벌집의 이미지를 더 정확하게 파악한다."

— 요한 지에르존(Johann Dzierzon), 1900년

장 앙리 파브르는 여러 고독성 말벌과 꿀벌의 벌집 귀소 행동에 대해서도 연구했다. 그는 말벌과 꿀벌을 벌집에서 잡아 다양한 색깔의 물감으로 벌들에게 점을 찍은 다음, 불투명 용기에 담아 여러 방향으로 최대 4km까지 벌들을 옮겼다. 이렇게 여러 곳에서 풀려난 벌들은 다음날이 돼서야 집으로 귀소하는 경우도 있었지만 대개는 그보다 더 빨리 귀소했다.

이 실험 내용을 알게 된 찰스 다윈은 파브르에게 편지를 보내 꿀벌이 집을 찾는 전략을 알아내기 위해 이동 중 꿀벌을 혼란스럽게

하는 여러 가지 방법을 제안했다.[1] 파브르는 다윈의 제안대로 벌을 벌집의 반대 방향에 놓아주기도 하고, **빠르게** 회전시키기도 하고, 일부러 여기저기로 돌아서 방사 장소까지 가기도 하고, 언덕을 넘어 벌을 놓아주기도 했다. 하지만 이런 방법을 모두 사용했음에도 불구하고 벌들은 어김없이 집으로 돌아왔다. 그러자 다윈은 벌이 자기磁氣를 감지할 수도 있다고 생각해 벌 등에 바늘자석을 붙여 벌이 방향감각을 잃게 만들자고 제안했다. 파브르는 이 제안을 따랐지만 벌은 바늘자석을 붙이자마자 몸부림치면서 바늘자석을 떼어 냈고, 파브르는 다시는 이 실험을 반복하지 않았다.

결국 다윈과 파브르는 (알브레히트 베테가 그랬듯이) 비둘기와 꿀벌은 우리 인간에게는 없는 특별한 귀소 감각을 가지고 있다고 인정했다 (제4장 참조). 흥미로운 사실은 두 사람 모두 현재는 확실한 해석으로 간주되는 생각, 즉 벌이 집 주변 풍경에 대한 기억을 가지고 있어 집에서 어느 정도 떨어진 범위에서는 어떤 위치에서든 집으로 돌아갈 수 있다는 생각을 전혀 하지 않았다는 것이다. 앞으로 자세히 설명하겠지만 벌은 자신의 비행 환경에 대한 공간 기억 능력이 매우 뛰어나다. 하지만 이런 능력이 정신적 표상, 즉 인지 지도와 연관되는지에 대해서는 지금도 논란이 계속되고 있다.

지형지물을 이용한 벌의 탐색

벌이 지형지물을 이용해 집의 위치를 기억한다는 최초의 실험적 증거를 제공한 학자는 곤충 인지 연구의 선구자인 아프리카계 미국인 과학자 찰스 터너$^{Charles Turner}$(1867-1923)다.[2] 터너의 연구에 대해서는 이 책에서 계속 다룰 것이다. 미국에서 노예제도가 폐지된 지 불과 2년 후 태어난 터너는 25세에 획기적인 연구 결과를 발표하기 시작했으며, 비교적 짧은 경력 동안 70편이 넘는 과학 논문을 발표했다.

인종 문제 때문에 대학교수가 되지 못한 터너는 세인트루이스에 있는 흑인 학교 교사로 일하면서도 실험실이나 도서관을 이용하지 못했고, 연구 지원도 받지 못한 채 평생을 보냈다. 그럼에도 터너는 조류와 무척추동물의 뇌 구조에 대한 비교연구, 행동과 학습 능력 면에서의 개인 차이에 관한 연구, 다양한 동물의 지능적 문제해결 능력에 대한 연구 등 다양한 연구를 수행했다. 당시는 동물이 매우 낮은 수준의 학습 능력만 가지고 있다는 생각이 지배적이던 시대였다. 안타깝게도 터너의 발견과 연구는 그 가치를 인정받지 못했고, 그의 연구는 역사 속으로 묻혔다.

1908년 터너는 우아하면서도 간단한 실험을 진행해 꿀벌의 '귀소 감각'을 테스트했다. 그는 버려진 코카콜라 병마개 바로 옆에서 혼자서 굴을 파고 있는 벌을 관찰한 뒤, 벌이 사라진 다음 병마개를 근처의 다른 위치로 옮기고 바로 그 옆에 벌이 판 굴과 비슷한 굴을 팠다. 나중에 돌아온 벌은 조금도 주저하지 않고 터너가 판 굴로 기어 들어갔다. 이런 행동은 벌이 집에서 나는 냄새 같은 요인에 본능적으로 끌리지 않고 지형지물에 대한 기억을 가지고 있음을 보여주는 것이었다. 그 후 여러 연구에서도 터너는 꿀벌과 말벌이 '기억된 그림memory picture'에 따라 위치 탐색을 한다는 자신의 주장을 증명했다. 터너는 파브르, 다윈, 베테(제4장 참조) 같은 19세기 학자들을 당혹스럽게 했던 벌목 곤충의 신비한 '귀소 감각'이 집 주변의 시각적 풍경에 대한 벌목 곤충의 기억에 최소한 부분적으로라도 의존한다는 것을 보여준 학자였다.

상황에 대한 학습

1980년대에 이르자 과학자들은 벌이 단순히 지형지물, 풍경, 비행 벡터(그리고 비행 벡터에 대한 의사소통 능력)에 대한 기억으로만 구성된 시각 능력을 넘어서는 더 풍부한 표현 능력을 가지고 있을지도 모른다는 생각을 하기 시작했다. 예를 들어 동물의 방향감각 연구의 최고 권위자 중 한 명인 영국 생물학자 토머스 콜렛Thomas Collet은 후배 연구자인 앨멋 켈버Almut Kelber(현재 가장 뛰어난 동물 시각 연구자 중 한 명)와 함께 벌의 공간 기억과 상황 학습context learning의 연관관계를 탐구하기 위한 우아한 실험을 진행했다.[3]

이들은 벌집으로부터 각각 75m 떨어진 곳에 똑같이 생긴 오두막 2개를 33m 간격으로 떨어뜨려 배치한 후 벌들이 각각의 오두막에 놓인 먹이통을 방문하도록 훈련시켰다. 이 두 오두막 내부에는 파란색 원통 2개와 노란색 원통 2개가 직사각형 형태로 똑같이 배치돼 있었다([그림 6-1]). 하지만 한 오두막에는 노란색 원통 2개의 중간지점에 먹이가 놓여 있었고, 다른 오두막에는 파란색 원통 2개의

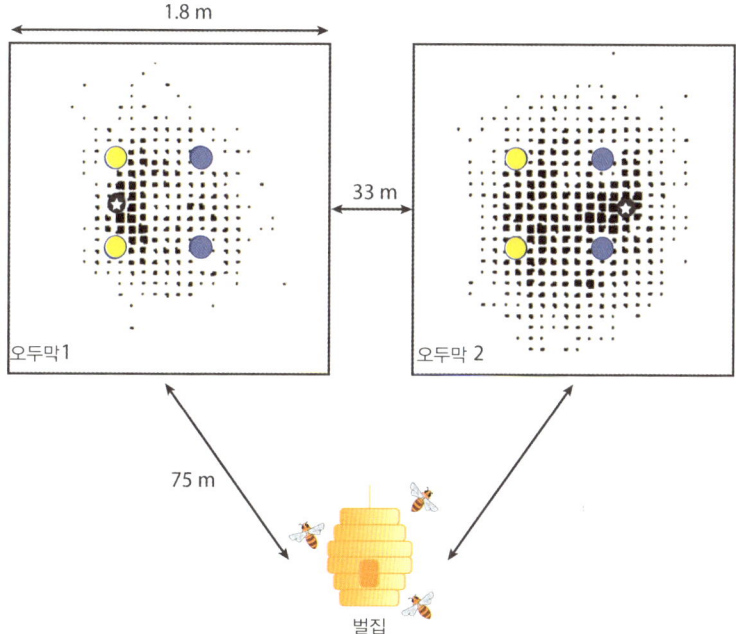

[그림 6-1] 꿀벌의 상황 학습. 꿀벌은 각각 4개의 원통이 동일하게 배치된 두 오두막에서 먹이가 어떤 원통들 사이에 있는지 학습했다(그림은 축척을 무시하고 보길 바란다.). 한 오두막에서는 2개의 파란색 원통 사이에 보상이 제공됐고, 다른 오두막에서는 노란색 원통 사이에 보상이 제공됐다(★은 보상의 위치). 보상을 제거했을 때 벌들은 오두막 내부에 보상의 존재를 나타내는 단서가 없음에도 불구하고 각각의 오두막에서 보상이 있던 자리를 대부분 정확하게 찾아냈다(벌들이 탐색한 영역은 검은 점의 밀도와 크기로 표시). 따라서 벌들은 오두막에 들어가기 전 이전 기억에 의존해 결정을 내렸다고 볼 수 있다.

중간지점에 놓여 있었다. 두 오두막에서 먹이를 치웠을 때도 벌들은 어느 오두막에 있는지에 따라 노란색 원통들 또는 파란색 원통들 사이에서 정확하게 먹이를 탐색했다. 벌이 의사결정을 한 시점에서 두 오두막 안 원통들의 배치가 동일했음에도 불구하고 벌들은 정확하게 탐색했다. 벌들은 상황 단서를 이용해 적절한 기억을 소환한 것이 분명했다. 이 상황에서 벌들은 두 오두막 중 한 오두막에 들어가기 전에 그 오두막 내부의 어떤 원통들 사이에 먹이가 있었다는 것 또는 자신이 어떤 원통들 사이를 날아다녀 먹이를 찾았는지 기억하고 있었던 것이다.

이런 상황 학습 능력은 그 후 꿀벌과 호박벌을 대상으로 한 다양한 실험에서도 계속 확인됐다.[4] 예를 들어 호박벌은 파란색 조명을 비추든, 녹색 조명을 비추든 노란색 또는 파란색 조화造花를 방문하는 법을 학습할 수 있었다.[5] 콜렛과 켈버가 수행한 실험에 의한 가장 중요한 발견은 선택을 하는 시점에 직접적으로 얻을 수 있는 단서가 아니라 기억을 통해서만 얻을 수 있는 상황적 단서를 벌들이 이용한다는 사실이다. 이 실험은 벌들이 기억(원통의 배치와 먹이에 대한 기억 또는 오두막에 도착하기 전 자신들이 한 행동에 대한 기억)을 이용해 (노란색 원통 사이에서 먹이를 찾을 것인지, 파란색 원통 사이에서 먹이를 찾을지에 대한) 결정을 했다는 것을 보여주는 실험이었다.

벌에게 인지 지도가 있을까?

벌의 상황 학습에 관한 이런 실험이 수행되던 시점과 거의 비슷한 시점에 프린스턴대학교 생물학자 제임스 굴드James Gould는 벌의 머릿속에서 공간 기억에 대한 훨씬 더 고등한 표상이 만들어진다는 이론을 제시했다. 굴드는 벌이 익숙한 환경에 대한 정신적 표상mental representation인 인지 지도cognitive map를 가지고 있을 수 있으며,

벌은 이 정신적 표상을 통해 '상상'을 할 수 있을 뿐만 아니라 단순한 루틴에 기초한 기억으로는 불가능한 공간적 활동을 수행하는 것으로 보인다고 했다.[6]

한편 그 이전에 마르틴 린다우어는 벌이 자신의 공간 기억 내용에 매우 유연하게 접근할 수 있다는 것을 보여주는 실험적 증거를 제시한 바 있다. 린다우어는 공간적 위치에 대한 경험이 있는 꿀벌이 밤에 특정한 위치를 가리키면서 춤추는 것을 관찰했는데, 그는 벌의 그 춤이 춤추는 시점에 지평선 밑에 있었던 (보이지 않는) 태양의 위치에 대한 추정을 기초로 특정 위치를 나타내는 것이 분명하다는 결론을 내렸다.[7] 하지만 여기서 더 중요한 것은 벌이 외부 자극 없이도 공간 기억을 소환할 수 있는 능력을 가진다는 사실이었고, 이는 벌의 기억이 외부 자극에 의해 소환된다는 생각("벌은 노란색 꽃을 볼 때 그 노란색 꽃이 제공하는 보상에 대해 기억한다.")이나 내부 자극에 의해 소환된다는 생각("벌은 꽃에서 먹이를 충분히 먹고 배가 불러야 집으로 가는 길을 나타내는 지형지물에 대한 기억을 탐색한다.") 같은 기존 생각에서 크게 벗어난 것이었다.

하지만 굴드는 벌이 공간에 대한 정신적 표상을 얼마나 유연하게 사용할 수 있는지에 대해 린다우어보다 훨씬 깊게 연구했고, 춤추는 벌을 따라 하는 벌이 자신의 머릿속 지도에 기초해 춤추는 벌의 춤에서 공간좌표들을 '탐색'해 그 공간좌표들이 얼마나 그럴듯한지 평가할 수 있다는 가설을 제시했다. 예를 들어 굴드는 벌이 호수에 떠 있는 배 위에 놓인 먹이통을 발견한 뒤 집으로 돌아와 춤출 때 벌집 안의 다른 벌들이 이 춤을 무시하는 것을 관찰한 뒤, 그 벌들이 춤추는 벌이 나타내는 위치에 보상이 존재하지 않을 수 있다고 판단해 그 춤을 무시했을 것이라고 추론했다. 이것은 매우 우아한 가설이지만 그 후의 실험을 통해 검증되지는 않았다.[8]

또한 굴드는 벌들이 자신에게 익숙한 목적지들 사이의 지름길을 새로 발견해 이동할 수 있으며, 이런 행동을 가능하게 하는 것은 먼 곳에서 정확하게 목적지를 볼 수 있는 능력이 아니라 벌들의 머릿속에 있는 지도일 것이라는 내용의 논문을 발표하기도 했다([그림 6-2]). 굴드의 이런 주장은 당시로서는 매우 혁명적인 것이었다. 곤충의 학습 대부분이 연상학습(예: 벌은 '보상 예측 요소'로 꽃 색깔을 학습한다)에 불과하다고 생각되던 당시에는 곤충이 실제로 주변 세계에 대한 내부 표상에 유연하게 접근해 새로운 공간적 해결 방법을 만들어내는 것은 불가능하다고 생각됐었다.

내 석사과정 지도교수였던 란돌프 멘첼의 생각도 비슷했다. 1989년 여름 멘첼은 지도하던 대학원생들을 모두 데리고 서독의 작은 마을에 있는 자신의 사돈집으로 가서 굴드의 가설을 실험했다. 우리는 일벌 약 2,000마리에 번호표를 붙인 다음 그 벌들을 관찰 벌통에 집어넣었다. 먼저 우리는 이 벌들을 관찰 벌통에서 약 500m 떨어진 위치 A에 있는 먹이통으로 날아가도록 훈련시켰고, 그 훈련이 끝난 뒤 이틀 동안은 벌들이 위치 A에서 몇 m 떨어진 위치 B로 옮겨놓은 먹이통으로 날아가도록 훈련시켰다(위치 B와 관찰 벌통 간 거리는 위치 A와 관찰 벌통 간 거리와 동일했다).

벌들을 이렇게 훈련시킨 다음 우리가 가졌던 의문은 위치 B로 가도록 훈련받은 벌을 불투명 용기에 담아 위치 A에서 놓아준다면 이

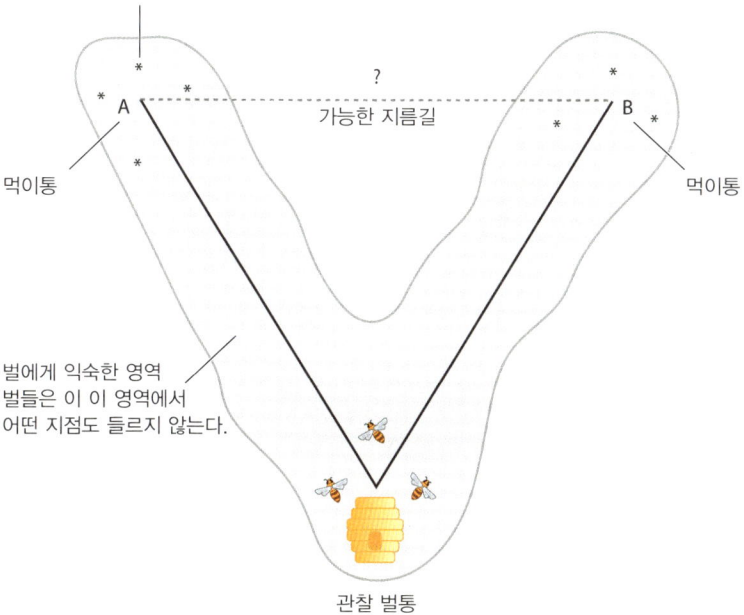

[그림 6-2] 벌에게 인지 지도가 있을까? 인지 지도를 이용하는 동물은 지형지물이나 경로를 기억할 수 있을 뿐만 아니라 기억에 기초해 익숙한 위치들 간 새로운 지름길 같은 새로운 공간적 해법을 계산할 수도 있다. 예를 들어 벌들이 이전에 벌통에서 위치 A로 날아간 경험과 벌통에서 위치 B로 날아간 경험을 모두 가지고 있다고 가정해 보자. 이 벌들이 인지 지도를 이용한다면 위치 A에서 위치 B로 가는 새로운 지름길을 찾아내 날아갈 수 있지만 단순히 각각의 경로만 기억한다면 위치 A에서 위치 B로 날아가기 위해서는 벌통을 경유해야 한다.

벌이 위치 A에서 위치 B로 가는 지름길을 발견해 날아갈 수 있을지에 관한 것이었다. 모든 벌에게는 번호표가 붙어 있었기 때문에 우리는 어떤 벌이 위치 A 또는 위치 B를 방문했는지 또는 두 위치를 모두 방문했는지 알 수 있었다.

우리는 훈련 과정 동안 이 벌들이 실험 지역 전체를 파악했겠지만 벌통을 원점으로 하는 부채꼴 영역에서만 탐색을 진행했을 것으로 추론했다. 우리는 위치 A에서 위치 B로 직접 날아간 경험이 없는 이 벌들에게 인지 지도가 있다면 위치 A에서 위치 B로 곧장 날아갈 수 있어야 한다고 생각했다. 하지만 위치 A에서 벌들을 놓아주자 이 벌들은 벌통에서 출발하지 않았는데도 벌통에서 출발했을 때 먹이가 있었던 방향(벌통에서 보았을 때 위치 B의 방향), 즉 오른쪽 위로 날기 시작했다. 나중에 알게 된 사실이지만 벌들은 이 상황에서는 인지 지도를 이용하지 않았던 것이다. 당시에는 이 실험을 포함한 다양한 실험에 의해 벌에게는 인지 지도가 없다는 것이 정설로 굳어지는 것처럼 보였다.[9]

이 실험 결과가 실린 논문은 내 이름이 저자 목록에 포함된 최초의 논문이다. 하지만 나는 여러 가지 이유로 마음이 불편했다. 우선, 어떤 동물의 인지능력 실험에서 부정적 결과가 나왔다고 해서 그 동물에게 실제로 특정한 과제를 해결할 능력이 없다고 말할 수는 없었다. 인간의 공간 탐색 활동에서 나타나는 오류들을 예로 들어보자.

우리 동네 마트에서 어느 날 채소 판매대가 원래 있던 위치인 매장 맨 뒤쪽에서 계산대 바로 옆으로 옮겨진 일이 있었다. 그날 나는 내가 사고 싶었던 채소가 놓인 판매대를 향해 매장 뒤쪽으로 걸어가면서 계산대 바로 옆에 있는 채소 판매대를 못 보고 지나쳤고, 매장 맨 뒤쪽에 가서야 채소 판매대가 다른 곳으로 옮겨졌다는 것을 알게 됐다. 나는 주변을 살펴보지도 않은 채 익숙한 동선을 따라 채소 판매대가 있는 위치로 이동했던 것이다. 하지만 내가 이런 오류를 범했다고 해서 낯선 위치에 있는 낯익은 물체를 알아볼 능력이 없다고 할 수는 없다. 벌의 경우도 마찬가지다. 벌도 처음에는 자신이 의도한 방향으로 정확하게 비행했지만 목적지에 도착할 때쯤 자신의 기억과는 다른 지형지물을 발견했을 수도 있다.

이 실험에는 또 다른 문제도 있었다. 이 실험과 비슷한 실험들에서 사용된 지형지물이 모두 너무 밀집된 상태로 배치돼 있었기 때문에 발생한 문제였다. 이런 조건에서는 벌이 어떤 지형지물을 이용해야 할지 판단하는 것이 불가능할 수밖에 없다.

벌의 공간 탐색 능력 실험을 위한 지형지물 구축

결국 나는 1920년대에 에른스트 볼프가 사용했던 방식(제3장 참조)을 따라 주변에 눈에 띄는 지형지물이 없는 곳에서 실험을 진행하기로 했다. 하지만 당시(1990년) 나는 베를린에서 박사과정을 밟고 있었고, 베를린 근교에서는 그런 곳을 찾기 힘들었다. 그러던 중 한 곳이 머리에 떠올랐다. 그때 나는 집이 있던 함부르크와 베를린 사이를 기차로 왕복하곤 했는데, 그 기차는 당시 동독 지역을 가로지르는 열차였다(독일이 통일된 것은 그해 10월이었다). 당시 사회주의 체제 동독에서는 작은 농장 여러 개를 통합해 만든 거대한 농업용 평야인 '농업 생산 협동체'가 수없이 많았는데 내가 출퇴근하면서 본 곳도 그 넓은 평야 중 하나였다. 나는 끝도 없이 펼쳐진 것처럼 보이는 그 평야야말로 지형지물의 방해를 받지 않고 벌 실험을 할 수 있는 이상적인 공간이라고 판단했다.

실험 장소가 확보되자 통제가 쉬운 대형 인공 지형지물, 즉 쉽게 위치를 바꿀 수 있는 인공 지형지물을 설치하는 문제를 해결해야 했다. 나는 당시 함께 박사과정을 하던 칼 가이거Karl Geiger와 술을 마시면서 토론한 뒤 안정성 측면에서 가장 이상적인 형태는 빠르게 접어서 운반할 수 있는 4면체 모양 텐트라는 결론을 내렸다. 당시 우리는 연구자금이 별로 없었기 때문에 실험 진행을 위해서는 창의력을 발휘할 수밖에 없었다.

이런저런 시도 끝에 우리는 바로 얼마 전까지 동독 군대의 행진에 사용되는 깃발을 만들던 업체를 찾아냈고, 그 업체도 적은 돈이라도 벌 수 있었기에 기꺼이 우리에게 협조했다. 당시 우리 지도교수였던 란돌프 멘첼의 아내 메히틸트 멘첼Mechthild Menzel은 이 실험을 위해 피라미드 모양의 텐트를 바느질해 줬고, 우리는 4m 길이의 알루미늄 기둥을 땅에 박아 텐트들을 세웠다([그림 6-3]). 쉽게 이동시킬 수 있는 (높이 약 3.5m의) 대형 구조물이 마련되자 우리는 실제와 비슷한 지형지물을 통제하면서, 이 지형지물이 벌의 공간 탐색에 미치는 영향을 연구할 수 있게 됐다.

마지막으로 필요한 것은 이 텐트를 이동시키고, 벌의 숫자를 세고, 벌을 잡을 수 있는 사람들이었다. 이 부분은 베를린자유대학교의 호기심 많은 대학생들 그리고 내 어머니와 남동생의 도움을 받아 해결할 수 있었다. 나는 당시 82세였던 내 할머니에게도 도와달라고 부탁했지만 할머니는 못 하겠다고 했다. 1991~1993년 이렇게 다양한 사람들이 한 번에 2주씩 실험장에서 5km 떨어진 운동장 내 막사에서 자면서 우리 실험을 도왔다. 현지 관리자의 말에 따르면 이 사람들이 잤던 2층 침대는 동독 교도소에서 폐기처분한 것이었다. 숙박비는 1인당 하룻밤에 1마르크(0.5유로)였다. 당시는 서독 장사꾼들이 동독에 밀려들기 전이라 숙박비가 상당히 합리적이었다.

태양나침반 외 어떤 지형지물이 어느 정도로 벌의 방향 찾기에서 역할을 하는지 알아내려고 했던 우리는 먼저 4면체 텐트 4개를 벌통에서 각각 75m, 150m, 225m, 300m 떨어진 위치에 일렬로 설치했다([그림 6-3]).[10] 그 뒤 꿀벌들이 세 번째 텐트와 네 번째 텐트 중

[그림 6-3] 벌의 숫자 세기 능력과 방향 및 거리 탐색 능력에 관한 실험을 위해 만든 인공 지형지물. 사진의 노란 구조물들은 지형지물이 벌의 숫자 세기와 방향 및 거리 측정에서 어떤 역할을 하는지 연구하기 위해 우리가 세운 3.5m 높이의 텐트. 벌은 비행경로 안에 텐트 수가 많아질수록 더 일찍 내려앉았고, 훈련받았을 때에 비해 텐트 수가 줄어들었을 때 더 멀리 날았다.

간에 있는 먹이통을 방문하도록 훈련시켰다. 그런 다음에는 모든 텐트 간 간격을 점차적으로 늘렸다. 벌들이 학습한 나침반 방향과 텐트들(지형지물들)로의 방향이 이루는 각도를 늘리기 위함이었다.

벌들은 학습된 나침반 방향과 텐트로의 방향이 이루는 각도가 커질수록, 즉 텐트를 원래 위치에서 많이 이동시킬수록 텐트로의 방향을 '신뢰'하지 않는 행동을 보였고, 학습된 나침반 방향과 텐트로의 방향이 이루는 각도가 30도가 되자 텐트 위치를 완전히 무시하기 시작했다. 태양이나 하늘의 편광 패턴을 이용할 수 없는 매우 흐린 날에는 텐트 위치를 이용하는 벌 숫자가 늘어났지만 결국 벌들은 텐트가 가리키는 방향이 자신이 학습한 방향과 크게 다르다는 것을 알게 되면서 다시 텐트 위치를 무시하기 시작했다. 이 경우 벌들은 자기나침반을 이용했을 가능성이 있다.

이런 관찰 결과에 기초해 우리는 벌이 두 가지 유형의 기상 조건 모두에서 학습된 벡터 지침('남쪽으로 187.5m 날아가기')을 따랐으며, 경로를 미세 조정할 때만 지형지물을 이용한 것이 분명하다는 결론을 내렸다. 또한 우리가 색깔이 다른 텐트 3개를 일렬로 세운 다음 그 텐트 사이에 먹이통을 놓은 상태에서 거리를 학습한 벌도 그 텐트 간격을 넓히자 비슷한 반응을 나타냈다. 즉 이 벌들은 색깔이 다른 텐트들이 자신들이 학습한 경로에서 약간 벗어난 위치로 옮겨졌을 때는 그 텐트들의 위치를 이용했지만 크게 벗어난 위치로 옮겨졌을 때는 텐트 위치를 대부분 무시했다. 다시 설명하면 먹이를 먹기 위해 자신이 이미 알고 있는 위치로 날아가는 벌은 학습한 비행 벡터 지침을 전반적으로 따르면서, 경로를 미세하게 조절할 필요가 있을 때만 지형지물(텐트)의 위치에 의존했다고 할 수 있다. 벌의 이런 행동은 방향 탐색을 하는 동안 범할 수 있는 오류들(예: 바람 때문에 어쩔 수 없이 다른 방향으로 비행하게 되는 오류)을 수정하는 데 매우 유용하다.

또한 우리는 모양과 색깔이 같은 텐트 4개를 일렬로 설치함으로써 벌이 지형지물의 숫자를 셀 수 있는지에 대한 연구를 할 수 있었다. 우리가 훈련시키는 동안 벌은 벌통과 먹이통 사이에 있는 3개의 텐트를 지나치면서 비행했다. 이 상태에서 벌이 기억한 거리(벌통과 먹이통 간 거리)와 그 경로상에 있는 텐트 수의 불일치를 만들어냈을 때, 즉 벌이 목적지(먹이통)를 향해 같은 거리를 이동하면서 텐트 수가 4개나 5개로 늘어난 것을 발견했을 때는 어떤 반응을 나타냈을까?[11]

벌은 훈련을 통해 학습한 비행 벡터는 매우 잘 기억하고 있었지만 자신이 기억하고 있는 경로상에 텐트가 늘어날수록 더 일찍 내려앉는 모습을 보였다. 이와는 반대로 벌통과 벌이 위치를 기억하고 있는 먹이통 사이의 텐트 수를 3개에서 2개로 줄였을 때는 대부분의 벌이 (훈련을 통해 벌이 위치를 기억하고 있는 먹이통을 지난 위치에 있는) 세 번째 텐트를 지나서 내려앉았다.

이 연구 내용을 담은 우리 논문이 발표된 1990년대 중반은 대부분의 학자들이 곤충의 숫자 세기 능력에 대해 회의적이던 때였다. 하지만 우리의 이 실험 이후 이뤄진 다른 실험들에 의해 꿀벌 외에도 다양한 종의 벌들에게 숫자 세는 능력이 있다는 것이 증명됐다.[12]

여기서 흥미로운 사실은 곤충의 숫자 세기가 인간의 숫자 세기에 영향을 미치는 행동전략과는 다른 행동전략에 의해 이뤄질 가능성이 있다는 것이다. 인간은 '직산subitizing(즉시 세기: 대상의 수를 일일이 세지 않고 대상이 몇 개인지 인식하는 능력)' 능력을 이용해 몇 개 안 되는 대상의 숫자를 즉각적으로 인식할 수 있다. 예를 들어 인간은 주사위

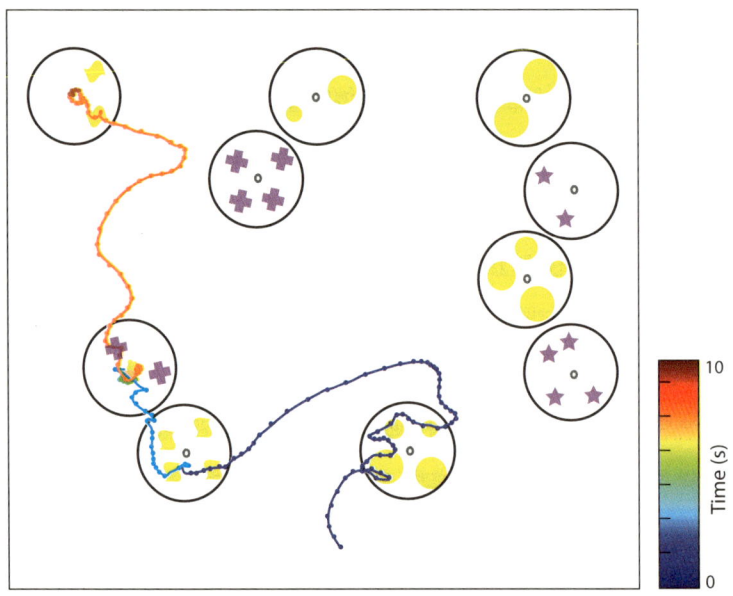

[그림 6-4] 셀 수 있는 항목에 대한 호박벌의 순차적 분류 과정. 항목이 2개 있는 자극은 선택하고 항목이 4개 있는 자극은 피하도록 훈련된 호박벌의 비행 중 최초 10초 동안의 스캔 행동을 그림으로 표시했다. 이 10초 동안 호박벌은 처음에는 진청색으로 표시된 경로로 이동하다 하늘색 경로를 거쳐 주황색 경로로 이동했다. 호박벌은 4개의 항목이 포함된 2개의 패턴을 순차적으로 살펴봤지만, 그 2개의 패턴에서 각각 3개의 항목을 스캔한 뒤 그 2개 패턴을 모두 거부했다. 이어서 호박벌은 2개의 보라색 십자 모양 항목이 포함된 패턴을 살펴본 다음(이 비행 전 호박벌은 노란색 항목을 선택했을 때만 보상을 받았음에도 불구하고 보라색 항목이 있는 패턴을 살펴봤다) 결국 노란색 항목만 2개가 포함된 패턴을 정확하게 선택했다. 호박벌의 비행경로를 나타내는 선 위의 점들 간 시간 간격은 33밀리초(ms)다.

한 면에 표시된 점의 개수를 매우 빠르게 알 수 있다. 이와는 대조적으로 벌은 인간이 손가락을 이용해 한 번에 하나씩 사물의 개수를 셀 때처럼 순차적으로 숫자를 인식하는 것으로 보인다([그림 6-4]). 다양한 방식의 훈련을 통해 벌이 병렬처리 메커니즘에 기초해 적은 수를 빠르게 셀 수 있게 만들 수 있을지는 아직 의문이다.

최근에는 벌에게 덧셈과 뺄셈을 할 수 있는 상당히 높은 수준의 계산능력이 있으며, 심지어 0의 개념을 이해할 수 있다는 주장도 제기되고 있다. 하지만 동물의 숫자 세기 능력에 관한 다른 연구에서처럼 현재로서는 벌이 이런 과제를 해결하기 위해 실제로 숫자를 사용했는지, 아니면 다른 단서를 사용했는지는 확실하지 않다. 대부분의 경우 자극의 숫자는 숫자와는 관련 없는 단서, 예를 들어 셀 수 있는 항목이 차지하는 영역의 넓이, 윤곽선의 길이(셀 수 있는 항목들이 이어져 생기는 구조의 전체 길이), 볼록껍질convex hull(주어진 점들을 모두 포함하는 최소 크기의 다각형)의 형태 등과 상관관계를 가지기 때문이다. 벌의 숫자 세기 능력에 대한 설명이 제대로 이뤄지기 위해서는 이런 요소를 실험 과정에서 철저히 배제해야 한다.[13]

벌의 경로 통합

추측항법dead-reckoning이라고도 부르는 '경로 통합'은 동물이 자신의 행동권home range(생활하면서 대부분의 시간을 보내는 일정한 영역; 역주) 내 어떤 지점에서든 곧바로 집으로 귀소하는 행동능력을 뜻한다. 이 능력은 동물이 자신의 행동권 내에서 집이 보이지 않는 지점에 있을 때도 발휘되며, 그 지점까지의 경로가 수많은 반복 이동과 회전 이동을 포함하는 탐색 궤적인 경우도 발휘된다. 동물이 경로 통합 능력을 나타내려면 자신이 회전한 모든 각도와 이동한 모든 거리를 통합해 집의 위치를 기준으로 자신의 위치를 계속 업데이트해야 한다(경로 통합 능력을 가진 동물은 보이지 않는 머릿속 고무줄에 의해 집과 연결돼 있는 것처럼 보인다. [그림 6-5]). 경로 통합은 사막개미를 대상으로 오랫동안 연구됐는데, 특히 뤼디거 베너(제3장 참조)와 토머스 콜렛('상황에 대한 학습' 섹션 참조)가 이 주제를 깊이 연구했다.[14] 사막은 지형지물이 전혀 없기 때문에 경로 통합에 관한 실험을 진행하기에 매우 좋은 환경이라고 할 수 있다.

1990년대까지만 해도 꿀벌의 경로 통합 능력에 대한 유일한 증거는 간접적인 것밖에 없었다. 이 증거는 카를 폰 프리슈의 실험에서 도출됐는데, 프리슈는 절벽 위에 돌출한 거대한 바위의 한쪽 면에 벌집을 매달고 먹이통은 그 바위 반대편에 매달아 벌들이 삼각형 모양의 경로를 거쳐 벌집과 먹이통 사이를 오가도록 훈련시켰다(벌들은 바위를 넘어 벌집과 먹이통을 오가는 방법을 생각하지 못했다). 하지만 먹이통에서 돌아온 벌들은 자신이 바위 주위를 도는 삼각형 모양의 경로로 우회해 먹이통에 도달했음에도 불구하고 벌집에 돌아와 춤출 때는 바위 반대편에 있는 먹이통까지 직선으로 이어지는 경로를 표시했다. 마치 자신이 바위를 뚫고 벌통에 다녀온 것처럼 춤춘 것이다.[15] 사막에서 추측항법 능력을 보이는 개미처럼 벌도 자신의 비행경로를 구성하는 각각의 부분을 통합해 먹이통까지 직선으로 이

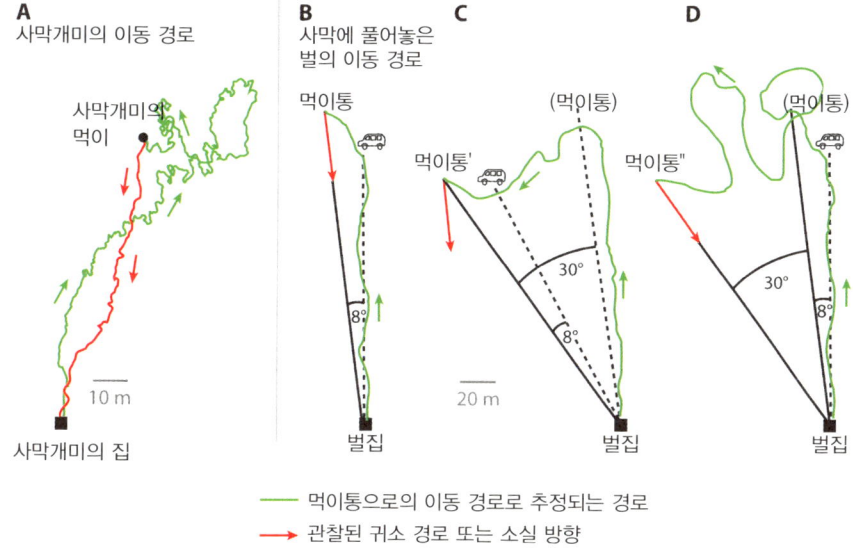

[그림 6-5] 사막개미와 꿀벌의 경로 통합. A. 350m가 넘는 복잡한 경로(녹색 선)를 거쳐 먹이를 찾은 사막개미는 같은 경로를 따라 집으로 돌아가지 않고 거의 직선 형태의 경로(빨간색 선)를 따라 집으로 곧바로 돌아간다. B. (자동차 모양으로 표시된) 지형지물을 거쳐 집에서 먹이통까지 175m를 비행하도록 훈련받은 꿀벌의 이동 경로. C. 지형지물과 먹이통이 원래 있던 위치에서 각각 30도씩 왼쪽으로 옮겨지면(먹이가 먹이통' 위치로 옮겨지면) 꿀벌은 경로 통합 능력을 이용하지 않고, 원래 먹이통이 있던 곳에서 벌집으로 돌아갈 때 이용하던 익숙한 방향으로 이동한다. D. 지형지물이 원래 있던 곳에 그대로 있는 상태에서 꿀벌이 새로운 위치(왼쪽으로 30도 떨어진 위치)에 놓인 먹이통(먹이통")을 찾아낸 경우는 경로 통합 능력을 이용해 직선 경로로 귀소한다.

어지는 경로를 계산한 것이 분명해 보인다. 하지만 벌의 경로 통합 능력을 증명할 수 있는 직접적인 증거는 아직도 발견되지 않았다.

1994년 나는 당시 애리조나대학교에서 석사과정을 밟고 있던 친구 얀 쿤체Jan Kunze(1968-2021)를 만나러 간 적이 있다. (애리조나대학교가 있는)[16] 투손에서 동쪽으로 차를 2시간 정도 몰고 코치스 카운

티로 가면 지형지물이 전혀 없는 사막을 만날 수 있다. 윌콕스 플라야라는 이름의 사막이다. 쿤체는 앞서 언급한 동독 지역에서 내가 진행한 텐트 실험에 참가했던 친구다. 내가 투손에 도착했을 때 우리는 사막개미에 대한 베너와 콜렛의 연구에 영감을 얻어 이 사막에서 벌의 경로 통합 능력을 시험해 보기로 이야기를 마친 상태였다. 우리는 미국 농무부에서 일하던 친구들로부터 벌통과 자동차를 빌려 실험을 진행했다. 놀랍게도 꿀벌들은 식물이 전혀 자라지 않고 지형지물도 없는 이런 사막에서 날아다닌 적이 없음에도 불구하고 우리가 설치한 벌통과 먹이통 사이에서 방향과 위치를 정확하게 탐색했다.

당시는 꿀벌의 비행을 추적할 수 있는 기술이 없었기 때문에 경로 통합은 먹이찾기 경로 전체를 쉽게 관찰할 수 있는 보행 동물만을 대상으로 연구를 진행해야 했다. 따라서 꿀벌의 경로 통합에 대해 연구할 때 우리는 꿀벌의 착지 시점과 착지 위치 그리고 '소실 방향vanishing bearing(물체가 시야에서 사라지는 방향; 역주)'을 기록하는 방법 밖에는 사용할 수 없었다. 소실 방향을 기록하는 방법은 비둘기의 귀소 연구에서 차용한 방법으로, 날아다니는 동물의 비행 출발점에서부터 그 동물이 시야에서 사라질 때까지 계속 관찰한 뒤 시야에서 사라지는 순간 그 동물의 나침반 방향을 기록하는 방법이다.

우리는 먼저 벌통에서 북쪽으로 175m 떨어진 곳에 있는 먹이통으로 가도록 꿀벌을 훈련시켰다. 지형지물(미국 농무부 차량)은 이 먹이통과 가까운 곳에 배치한 상태였다. 훈련이 끝난 뒤 우리는 먹이통을 벌이 훈련받은 위치에서 제거하고 먹이통이 원래 있던 위치에서 왼쪽으로 30도 떨어진 위치에 다른 먹이통을 배치했다(새로 배치한 먹이통과 벌집 간 거리는 원래 있던 먹이통과 벌집 간 거리와 같았다). 처음에 벌은 자신들에게 익숙한 위치 근처를 탐색했지만 결국 몇몇 꿀벌이 추가적인 탐색을 통해 새로운 먹이통을 발견했다. 새로운 먹이통을 발견한 꿀벌은 먹이를 충분히 먹은 뒤 벌통으로 돌아갔고, 우리는 그 꿀벌의 소실 방향을 기록했다.

이 벌들은 벌통에서 새로운 먹이통으로 곧장 날아간 적이 없었고, 새로운 먹이통과 벌통이 너무 떨어져 있어 새로운 먹이통이 있는 위치에서 벌통을 볼 수도 없었지만 새로운 먹이통이 있는 위치에서 벌통까지 직선 형태로 곧장 날아갔다. 따라서 우리는 사막개미처럼 꿀벌도 집 방향을 나타내는 지형지물이 없는 상태에서도 경로 통합 능력을 이용해 새로운 목적지에서 집으로 귀소한다는 것을 알 수 있었고, 벌이 '광학 흐름 optic flow', 즉 전진 비행을 하는 동안 눈에 보이는 풍경이 계속 변화하는 현상을 인지해 자신이 비행한 거리를 측정하고, 태양나침반을 이용해 자신이 회전한 각도를 측정하여 그 거리와 각도를 통합한다고 추정했다.[17]

흥미로운 사실은 꿀벌이 항상 무조건적으로 경로 통합 능력을 이용하지는 않으며, 경로 통합 능력을 이용하는 것이 합리적으로 보일 때만 그 능력을 이용한다는 것이다. 지형지물과 먹이통을 모두 왼쪽으로 30도 옮겼을 때 꿀벌은 지형지물과 먹이통을 옮기지 않았을 때와 같은 행동을 했다. 즉 꿀벌은 옮겨진 먹이통에서도 원래 먹이통에서 벌통으로 이동했던 익숙한 방향으로 이동했다([그림 6-5]). 따라서 옮겨진 먹이통의 위치와 옮겨진 지형지물의 위치 간 거리가 원래 먹이통의 위치와 원래 지형지물의 위치 간 거리와 같으면 벌은 자신이 우회 경로를 통해 먹이통에 도착한 것이 자신의 공간 탐색 오류(또는 바람 때문에 어쩔 수 없이 다른 방향으로 비행하게 되는 오류)에 의한 것으로 생각해 경로 통합 능력을 이용하지 않았으며, 새로운 먹이통이 있는 위치에서도 원래 먹이통이 있던 위치에서 벌통으로 돌아가던 방향과 같은 방향으로 이동한 것으로 보였다.

벌처럼 날아다니는 곤충은 개미처럼 걷는 동물에 비해 경로 통합의 유연성이 더 높아야 할 수도 있다. 땅과 지속적으로 접촉하면서 보행하는 동물은 이동 방향과 거리를 자신이 완전히 통제할 수 있지만 비행 동물은 바람이 비행 방향과 거리에 영향을 미쳐 수동적으로 이동하게 될 수 있기 때문이다. 따라서 비행 동물은 집으로 돌아가는 길을 탐색할 때 자신의 최근 이동에 대한 정보보다 익숙한 지형지물과 위치에 대한 정보가 훨씬 더 중요하다.

여기서 재미있는 사실은 꿀벌의 경로 통합에서 시각 입력이 매우 중요해 보인다는 것이다. 예를 들어 완전한 어둠 속에서 꿀벌은 거리와 방향을 정확히 측정하면서 먹이통을 향해 가지만(꿀벌은 고유 수용성 감각proprioception에 기초한 체내 감각idiothetic 단서를 이용하는 것으로 추정된다) 완전한 어둠 속에서 경로 통합 메커니즘으로 새로 발견한 먹이통에서부터 집으로 가는 방향을 찾아내지는 못한다.[18]

최근에는 경로 통합을 가능하게 하는 신경 메커니즘에 대한 연구도 깊게 이뤄지고 있다. 이런 연구에 따르면 나침반 뉴런(태양의 위치와 편광 방향에 기초해 비행 방향을 분석하는 뉴런)과 속도 암호화 뉴런(광학 흐름에 기초해 비행 거리를 측정하는 뉴런)은 곤충 뇌의 중심복합체

central complex라는 구조에서 통합된다(제9장 참조). 중심복합체는 경로 통합 메커니즘을 통해 방향과 거리를 탐색하는 데 필요한 신경 회로를 모두 포함하고 있다. 이런 연구 결과를 바탕으로 시각 입력에서 행동 출력에 이르는 전체 경로를 설명할 수 있는 우아하고 포괄적인 신경 모델도 개발된 상태다. 현재 이런 신경 모델을 이용한 예측 결과들은 곤충처럼 경로 통합을 할 수 있는 (바퀴가 달린) 로봇에서 테스트되고 있다. 하지만 연구자들은 아직 이런 모델과 로봇에서 벌이 나타내는 인지적 유연성(벌은 벡터 통합이 오류를 발생시키는 경우 경로 통합 메커니즘을 선택적으로 차단할 수 있다)을 구현하는 단계에 이르지는 못했다.

레이더를 이용한 벌의 행동 추적

1990년대 우리가 진행했던 벌의 방향 탐색 실험과 그 이전 수십 년 동안 이뤄진 비슷한 실험에는 공통적인 결함이 있다. 그것은 벌이 한 관측 지점에서 사라졌다 다른 지점에서 다시 나타나기 전까지 어떻게 움직였는지 알 수 없다는 사실이다. 그때까지 우리는 우리가 관찰하지 못하는 동안 벌이 자신이 예상치 못한 위치에 있다는 것을 어떤 시점에 깨닫고 탐색을 시작하는지, 어떤 탐색을 사용하는지, 탐색할 때 어떤 지형지물을 인식하는지, 지형지물을 인식한 뒤 곧바로 집으로 날아가는지, 경로를 따라 이동하면서 도중에 '마음이 바뀌어' 경로를 변경하는지 전혀 알 수 없었다. 당시에는 벌의 장거리 비행을 추적할 수 있는, 즉 벌에게 부착할 수 있을 정도로 가벼운 송신기가 없었기 때문이다.

하지만 우리 연구가 발표된 지 1년 후인 1995년 로덤스테드 연구소Rothamsted Research 생물학·공학 연구팀이 혁신적 기술인 하모닉 레이더harmonic radar 기술을 개발했다. 이 기술은 배터리로 작동되는 무거운 송신기 대신 무게가 15밀리그램(mg)밖에 안 되는 극도로 가벼운 송수신기를 부착하는 기술로, 이 무게는 벌이 운반할 수 있는 꽃꿀의 무게보다 훨씬 가볍다([그림 6-6]).[19]

연구자들은 이 기술을 이용해 태어난 집을 처음으로 떠나는 순간부터 주변을 탐색하는 초기 단계 그리고 꽃을 발견한 뒤 몇 주후

[그림 6-6] 곤충 추적을 위한 하모닉 레이더 기술. 왼쪽: 하모닉 레이더 송신기(아래쪽 접시)가 마이크로파 신호를 벌에 부착된 송수신기(transponder, 오른쪽 그림)로 보낸다. 이 송수신기는 수신한 마이크로파 신호를 해석한 뒤 주파수를 2배로 증폭해 수신기(위쪽 접시)로 보낸다. 오른쪽: 호박벌에 부착된 송수신기.

죽을 때까지 벌이 공간적 활동을 하는 모든 위치를 추적할 수 있게 됐다. 당시 우리는 벌이 자연환경에서 먹이 채집 활동을 하면서 어느 정도로 지형지물과 먹이원을 탐색하고 이용하는지 알고 싶었다.

호박벌과 꿀벌의 최초 비행은 선구적인 양봉 연구자였던 요한 지에르존(1811-1906, 이 장 시작 부분의 인용문 참조)이 20세기 초반에 설명했듯이, 자신이 태어난 집이나 벌통 주변에서 하는 방향 탐색을 위한 비행이다. 최초 비행을 하는 벌은 처음에는 집 주위에서 집 입구를 마주 본 채 원을 점점 더 크게 그리며 비행하면서 집과 집 주변 지형지물의 모습을 기억한다. 그러다 마침내 집 주변을 떠나 집에서 수백 m 떨어진 곳까지 큰 원을 그리며 다양한 방향으로 탐색을 진행한다. 꿀벌의 경우 최초 비행의 유일한 목적은 공간 정보를 확보하는 것이며, 최초 비행에서는 꽃을 방문하지 않는 것으로 보인다. 꿀벌과 달리 호박벌은 최초 비행에서 (최대 2시간 넘게) 공간 탐색을 하면서 꽃을 방문해 꽃꿀의 위치를 찾아내기도 한다.

우리는 같은 호박벌의 먹이 채집 비행을 156회나 관찰한 적이 있는데 이 호박벌은 관찰이 시작된 지 13일째 되던 날 채집 비행을 하다 레이더에서 사라져 버렸다([그림 6-7]). 새나 게거미에게 먹힌 것 같았다. 우리는 이 호박벌의 '일생'을 통해 동물이 사는 동안 공간적 이동 패턴을 어떻게 변화시키는지에 대해 많은 것을 알 수 있었다.

태어나 처음으로 벌집에서 나온 날 이 벌은 두 번의 비행을 했다. 첫 번째 비행은 2시간 18분 동안 진행됐다(이 벌이 사는 동안 가장 길게 한 비행이었다). 벌은 이 비행에서 집으로 들어가지는 않은 채 주기적으로 집 주변에 접근하면서 수없이 원을 그렸다. 이 벌이 그린 원

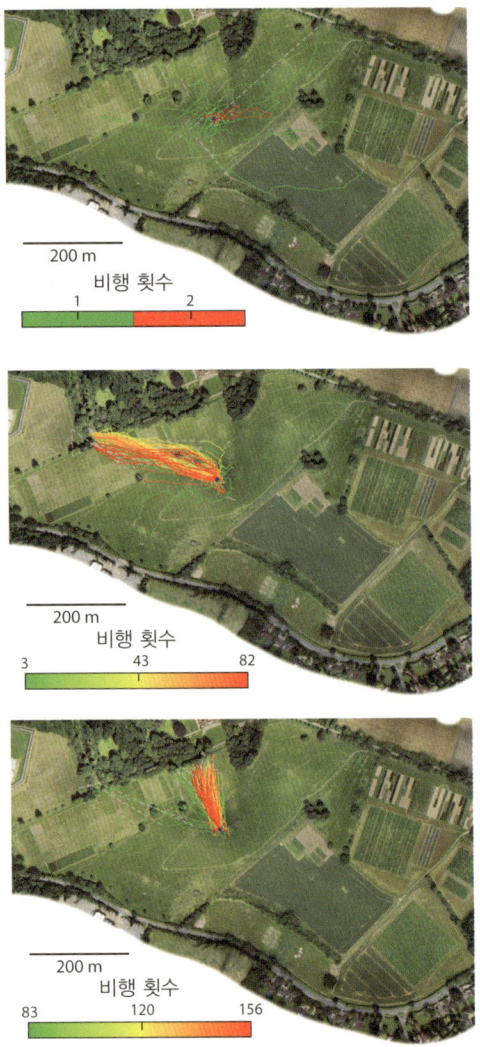

[그림 6-7] 한 호박벌의 최초 비행부터 마지막 비행까지의 활동 추적 결과. 사진에서 녹색 선은 벌의 초기 비행 활동을, 노란색, 주황색, 빨간색 등으로 표시된 선은 초기 비행 이후의 활동을 나타낸다. **첫 번째 사진**: 최초의 방향 탐색 비행은 2시간 이상 지속됐으며, 이 비행 동안 벌은 집 근처에서 다양한 방향을 나타내는 원을 여러 차례 그렸다. **두 번째 사진**: 둘째 날 벌은 처음에는 방향 탐색 비행을 한 뒤 적절한 꽃밭을 발견해 며칠 동안 그 꽃밭으로 수십 차례 비행을 했다. 세 번째 사진: 며칠 동안 비행을 중단한 뒤 벌은 이전에 이용하던 꽃밭으로 돌아갔지만 그 후에는 죽을 때까지 다른 꽃밭으로 가서 먹이 채집을 했다.

이 가리키는 방향은 집의 북북서 방향에 있는 숲의 가장자리 등 매우 다양한 위치였다(벌은 그 후 다시 이 위치로 갔다). 이런 방향 탐색 비행은 집의 남서쪽을 제외한 거의 모든 방향에 걸쳐 매우 넓은 영역을 나타냈다. 다음 날 벌은 다시 77분 동안 방향 탐색 비행을 했는데 이 비행에서 자신이 첫날 별로 많이 탐색하지 않았던 집의 서쪽과 남서쪽 목적지를 가리키는 원을 만들었다.

이 벌이 본격적으로 먹이 채집을 하기 시작한 것은 네 번째 비행에서였다. 그 후 6일 동안 자신이 발견한 꽃밭과 벌집 사이를 수십 번 왕복했다. 최초 비행으로부터 9일째 되던 날, 며칠 동안 날씨가 나빠 이동하지 못했던 이 벌은 다시 자신이 찾아낸 꽃밭을 방문해 활동을 재개했지만 10일째에는 이 꽃밭으로 비행하는 도중 '마음을 바꿔' 9일 전 방향 탐색 비행에서 딱 한 번 탐색했던 다른 위치로 날아갔고, 그 후 13일째에 갑자기 사라질 때까지 이 위치만 방문했다.

이 이야기는 비교적 단순한 벌의 일생, 즉 어린 시절부터 평생 부지런하게 2개의 꽃밭을 이용하다 죽는 벌의 일생을 보여준다.[20] 이 벌의 일생은 벌의 먹이원 탐색과 이용의 핵심적 부분을 보여주기는 하지만 실제로 모든 호박벌의 일상이 이렇게 단순하지는 않다(제10장 참조). 또한 이 벌이 첫 번째 먹이 채집 장소를 떠난 후 더 이상 정찰비행을 하지 않고, 9일 전 첫 비행에서 단 한 번 방문했던 다른 장소를 향해 (집의 북북서쪽으로) 곧장 날아간 것도 흥미롭다. 안타깝게도 이 벌이 처음으로 이 장소에 도착하는 과정은 레이더에 잡히지 않았기 때문에 어떤 경로를 통해 이 장소에 도착했는지는 확실하지 않다. 하지만 벌이 어떤 목적지로 가는 도중 '마음을 바꿔' 기억해둔 다른 목적지를 선택할 수 있다는 생각은 그 자체로 매우 흥미로운 생각이다. 이 생각은 동물이 자신에게 익숙한 여러 개의 목적지들에 대해 '상상해' 그 목적지 간 새로운 지름길을 계산할 수 있게 해주는 인지 지도를 가지고 있다는 생각과 연결될 수 있기 때문이다. 하지만 우리가 가진 데이터로 그 연관관계를 결정적으로 입증할 수는 없었다.

꿀벌의 시간 감각 교란과 인지 지도

하모닉 레이더 기술을 사용할 수 있게 되면서 란돌프 멘첼은 벌의 인지 지도에 관한 연구를 다시 시작했고, 결국 2000년대에는 1990년대에 자신이 했던 주장을 뒤엎고 꿀벌이 인지 지도를 가지고 있다는 주장을 담은 논문들을 발표했다. 이 논문들의 근거는 무엇일까?[21]

멘첼은 연구팀을 이끌고 10여 년 전 연구를 진행했던 독일 브란덴부르크 지역의 넓은 평지로 가서 우리가 이전에 설치했던 사면체 텐트를 설치했다. 19세기 파브르의 연구 이후 꿀벌이 집이 보이지 않는 먼 곳에서도 집으로 돌아갈 수 있다는 사실은 이미 알려져 있었지만, 실제로 꿀벌이 집으로 돌아가는 경로 전체를 처음으로 확인할 수 있게 된 것은 하모닉 레이더의 등장 덕분이었다.

또한 하모닉 레이더 추적을 통해 1920년대에 볼프가 추정했던 꿀벌의 3단계 비행도 사실로 확인됐다. 먹이통에서 잡아 다른 위치에서 놓아준 꿀벌은 처음에는 자신이 다른 위치에 있지 않은 것처럼 행동했다. 즉 처음에 꿀벌은 다른 위치에서도 먹이통이 있는 위치에서 벌집으로 귀소하는 방향으로 똑같은 거리를 비행했다. 하지만 기억된 비행경로가 거의 끝나갈 무렵, 꿀벌은 비행 속도를 늦추고 원을 그리면서 비행하기 시작했다. 마치 벌집 주변의 익숙한 지형지물을 찾는 듯한 모습이었다. 꿀벌은 이렇게 원을 몇 번 그린 후 익숙한 지형지물을 발견하고 곧장 벌집으로 날아갔다. 하지만 이렇게 곧장 날아간 행동이 꿀벌에게 인지 지도가 존재한다는 증거가 될 수 있을까?

어떤 동물에게 인지 지도가 있다면 그 동물은 서로 다른 경로들에 대한 기억을 결합해 익숙한 장소들 사이의 새로운 지름길을 찾아내 이동할 수 있어야 한다. 또한 동물이 실제로 새로운 경로를 '생각해 냈다'는 것을 증명하려면 그 경로가 실제로 새로운 경로라는 것을 입증할 수 있어야 한다. 새로운 경로는 동물이 이전에 경험했던 경로가 아니어야 하며, 동물이 우연히 발견한 경로가 아니어야 한다.

하모닉 레이더 기술이 개발되기 전까지는 꿀벌의 일생 전체를 추적하는 것이 불가능했기 때문에 동물이 어떤 경로와 비슷한 경로를 이전에도 선택했었는지 확인할 수 없었다. 게다가 벌은 한 번의 방향 탐색 비행만으로 벌집에서 모든 방향으로 날아갈 수 있다. 또한 1990년대에 이뤄진 연구를 통해 우리는 벌이 익숙한 지형지물과 비행 벡터를 연결할 수 있다는 것도 알고 있는 상태였다. 따라서 꿀벌은 탐색 비행 도중 익숙한 지형지물을 인식한 순간 이미 집으로 돌아가는 데 필요한 적절한 방향 벡터를 기억해 냈을 수도 있다(그렇다면 벌은 인지 지도 없이도 벌집으로 곧장 날아간다고 생각할 수 있다).

멘첼은 이런 방향 벡터를 구성하는 요소 중 가장 핵심적인 요소, 즉 태양나침반을 이용하여 계산되는 비행 방향을 비활성화할 수 있는 기발한 방법을 고안해 냈다. 그는 벌들이 태양나침반을 이용하려면 시간을 알아야 하기 때문에 시간 감각이 교란되면 집으로 향하는 벡터를 잘못 계산할 수 있다고 생각했다. 멘첼과 연구원들은 일반적으로 수술 시 환자 마취를 위해 사용하는 전신마취제인 이소플루란으로 실험용 벌을 6시간 동안 잠들게 함으로써 벌의 일주기 시계를 중단시켰다. 그 결과 벌은 시간 감각을 잃게 돼 실제로는 해가 이미 서쪽(오후)에 있는데도 여전히 동쪽(오전)에 있다고 '착각'하게 됐다.[22]

예상대로 이 벌들은 놓아주었을 때 태양나침반을 이용하면서 처음에 심각한 방향 오류를 나타냈다. 하지만 오류의 결과로 자신이 예상하지 못한 위치에 도착하자 이 벌들은 익숙한 지형지물을 찾아 원을 그린 후 곧장 벌집으로 날아갔다(이 벌들은 태양의 위치를 기준으로 기억한 비행 벡터를 익숙한 풍경에 연결시킬 수 없었는데도 이런 행동을 했다). 하지만 우리 해석과는 다른 해석을 하는 학자들도 있었다. 이 벌들은 자신에게 보이는 풍경과 자신이 기억한 풍경 사이의 불일치를 줄이기 위해 이런 행동을 했을 수 있으며, 그 과정에서 벌집으로 가는 가까운 경로를 찾아낸 것일 수 있다는 해석이다.[23]

따라서 꿀벌이 인지 지도를 통해 탐색하는지에 대한 의문은 여전히 열려 있다. 꿀벌이 이전에 한 번도 가지 않았던 경로 중 새로운 지름길을 찾아낼 수 있는지 알아내기 위해서는 다시 핵심적인 판단 기준으로 돌아가야 할지도 모른다. 꿀벌에게 집은 매우 중요한 중심 위치를 차지하기 때문에 어떤 방향으로부터든 집으로 돌아오기 위해 엄청난 노력을 하면서 방향 탐색 비행을 할 수밖에 없다. 따라서 꿀벌의 인지 지도에 대한 생각은 꿀벌이 집으로 돌아오는 비행 행동 외 다른 비행 행동에 대한 연구가 필요할 수도 있다. 실제로 꿀벌은 꽃밭을 탐색할 때도 다양한 공간적 위치에 대한 기억을 이용해 문제를 해결하는 흥미로운 모습을 보인다.

냄새에 대한 벌의 기억

마르셀 프루스트Marcel Proust는 그의 소설『잃어버린 시간을 찾아서』 제1권에서 차에 적신 마들렌을 맛본 화자가 문득 이모가 같은 종류의 비스킷을 먹여주던 시절의 기억을 생생하게 떠올리는 장면을 묘사한다. 인도 태생의 호주 생물학자 만디암 스리니바산Mandyam Srinivasan과 그의 연구팀은 이 이야기와 유사한 실험을 통해 꿀벌의 기억도 음식 냄새에 의해 유사하게 유발될 수 있는지 탐구하는 기발한 실험을 진행했다.[24]

눈에 보이지 않는 목적지에 대한 기억에 꿀벌이 어떻게 접근하는지 알아내기 위해 연구팀은 먼저 꿀벌들을 각각 장미 향과 레몬 향이 나는 2개의 먹이통에 접근하도록 훈련시켰다. 그런 다음 벌통에

장미 향과 레몬 향 중 하나를 주입했는데 꿀벌들은 장미 향과 레몬 향이 났던 먹이통에 각각 정확하게 도착했다(향을 주입할 때 그 두 먹이통에서는 향이 제거된 상태였다). 프루스트의 소설 주인공이 익숙한 맛에 노출되었을 때 오래된 기억을 되찾은 것처럼 이 벌들도 익숙한 향기를 맡음으로써 기억을 소환한 것이다. 스리니바산의 이 실험 결과는 벌이 깜깜한 벌집 안에서 공간 기억을 떠올릴 수 있다는 린다 우어의 생각과 일치한다.

벌과 외판원 문제

벌은 한 번이라도 더 배를 채우기 위해 넓은 지역에 분포된 많은 꽃을 방문해야 하기 때문에 기억해야 하는 꽃 수는 2개보다 훨씬 많을 수 있다. 이 과정에서 꿀벌은 이동 거리와 시간을 최소화하면서 여러 목적지를 순서대로 연결해야 하는 이른바 '외판원 문제'에 직면하게 된다.

1990년대에 내가 스토니브룩 연구소에서 박사후 과정을 밟고 있을 때 내 지도교수였던 제임스 톰슨James Thomson은 꿀벌이 이런 문제에 어떻게 대처하는지에 관심이 많았고, 실험실 환경과 자연의 꽃밭에서 꿀벌이 여러 꽃 사이의 경로를 기억하는 방법에 대한 연구를 진행하고 있었다.[25] 그의 연구를 접한 후 나는 이전에 관심이 있었던 꿀벌의 순차 학습sequence learning에 대해 다시 관심을 가지게 됐고, 우리는 하모닉 레이더 기술을 이용해 꿀벌이 현재 있는 꽃밭에

서 보이지 않는 잠재적 목적지(꽃밭) 중 다음 목적지를 실제로 어떻게 선택하는지 연구했다.[26]

우리는 이 연구를 위해 런던 북부 평원에 먹이통 5개를 50m 간격으로 오각형 모양으로 배치했다. 외판원 문제는 연결해야 하는 위치 수가 늘어날수록 급격하게 복잡해진다. 위치 수가 3개인 경우는 가능한 경로가 6개(3×2×1)에 불과하지만 5개만 돼도 연결 방법은 120개(5×4×3×2×1)로 늘어난다. 이 문제는 벌에게 더 복잡한 문제가 된다. 벌에게는 지도가 없기 때문에 먼저 탐색을 통해 일일이 위치를 발견해야 하기 때문이다. 그럼에도 불구하고 벌은 120개의 선택지 중 가장 좋은 곳을 찾을 수 있을까?

실험 결과, 벌은 120개의 가능한 경로 중 약 20개의 경로만 시도한 후 단 26회의 먹이 탐색을 거쳐 모든 먹이통을 최적의 순서로 연결하는 안정적인 경로를 확립하는 것으로 나타났다. 벌들의 비행 중 일부를 레이더로 추적한 결과 총 이동 거리가 80%나 감소해 첫 번째와 마지막 먹이 탐색 사이에 약 1,500m의 거리가 단축된 것으로 나타났다.[27] 먹이통을 제거한 후에도 벌들은 꽤 오랫동안 먹이통이 없어진 장소를 계속 탐색했다. 또한 꿀벌은 이전에 알고 있던 먹이통이 사라진 경우는 그 먹이통이 있던 위치 주변을 더 세밀하게 탐색했다. 이런 전략은 새로운 먹이통을 발견해 그 먹이통의 위치를 최적의 경로에 통합하는 데 도움을 주는 것으로 보인다.

꿀벌의 점진적인 최적화 과정은 시행착오에 기반한 것으로 보였으며, 인지 지도가 꿀벌에게 최적의 경로를 계산할 수 있는 통찰력을 제공한 것으로 보이지는 않았다. 대신 벌들은 먹이통을 연결하는 새로운 방법을 시도하고, 새로운 경로가 더 나은 결과를 제공하면 그 경로로 전환하는 등 실험을 계속하는 일관된 경향을 보였다. 이미 최적의 경로를 찾은 고도로 숙련된 꿀벌도 간헐적으로 새로운 솔루션을 실험했는데, 이런 전략은 경로를 최적화하고 꽃에서 얻을 수 있는 보상의 정도와 꽃 위치가 바뀔 때 새로운 먹이 위치를 발견하는 데도 유용한 전략으로 보인다.

벌은 여러 장소 사이를 탐색하는 데 매우 능숙하다. 하지만 이 능력은 포식기생을 하던 고독성 벌들, 즉 현재의 사회성 벌의 조상들이 새끼를 키우기 위한 집을 '발명'했고, 그 이후의 진화 과정에서 매우 정밀한 공간 기억력과 빠른 학습 능력이 필요했기 때문에 생겨난 것이다. 이런 학습이 가능하도록 진화한 뇌는 먹이에 대한 정밀한 공간 학습을 촉진했을 것이다.[28] 이런 학습 능력은 벌이 꽃의 특징을 기억하는 데도 유용했을 가능성이 높다. 다음 장에서는 벌의 이런 기억 능력에 대해서 다룰 것이다.

7

꽃에 대한 학습

"곤충이 가능한 한 같은 종의 꽃을 방문해야 한다는 사실은 식물에게 매우 중요하다. 식물은 같은 종에 속하는 서로 다른 개체의 교차수정을 선호하기 때문이다. 하지만 곤충이 식물의 이익을 위해 이런 방식으로 행동한다고 생각하는 사람은 아무도 없을 것이다. 곤충은 더 빠르게 움직이기 위해 이런 방식으로 행동할 것이다. 곤충은 어떻게 자신에게 가장 유리한 위치로 꽃에 내려앉는지, 주둥이를 얼마나 어떤 방향으로 삽입해야 하는지 학습했을 뿐이다. 곤충은 6개의 같은 엔진을 만드는 기술자가 시간을 절약하기 위해 각각의 엔진에 필요한 톱니바퀴 6개를 먼저 만든 다음 나머지 부품을 각각 만들어 조립하는 것과 같은 방식으로 행동한다."

— 찰스 다윈, 1876년

자연 서식지를 날아다니는 꽃가루 매개자는 수십 종의 꽃을 만나게 된다. 이 꽃들은 겉으로 나타나는 특징, 제공하는 보상의 질과 양 측면에서 모두 다르다. 제6장에서는 여러 가지 꽃의 위치에 대한 벌의 놀라운 기억력을 살펴보았고, 그 이전 장에서는 벌이 기억력과 냄새나 정전기장(靜電氣場) 같은 감각 단서를 이용해 꽃 색깔과 꽃이 제공하는 보상을 연결시켜 가장 좋은 먹이원을 예측한다는 프리슈의 연구 결과에 대해 다룬 바 있다. 이번 장에서는 벌이 다양한 단서에서 얻은 정보를 통합하고, 주의를 집중해 중요한 단서를 선택하며, 꽃 종류를 분류하는 법을 학습하고, 꽃을 다루는 방법에 대한 다양한 기억을 어떻게 이용하는지 알아볼 것이다.

인공 꽃에 대한 벌의 학습

꽃 중에는 벌이 꽃가루와 꽃꿀에 비교적 쉽게 접근할 수 있는 꽃이 일부 있다. 하지만 이런 꽃이 제공하는 보상은 별로 크지 않다. 이에 비해 금어초Antirrhinum spp.나 투구꽃Aconitum spp.처럼 보상이 매우 큰 꽃에서 보상을 얻으려면 벌은 매우 복잡한 동작을 해야 한다([그림 1-4]). 실제로 이런 꽃은 쥐나 비둘기가 시행착오를 통해 특정 행동이 보상(또는 처벌)으로 이어진다는 것을 학습하게 만드는 실험용 퍼즐 상자인 '스키너 상자Skinner box'와 비슷하다고 할 수 있다.

박사후 과정을 밟으면서 나는 지도교수 제임스 톰슨과 함께 벌이 꽃에 있는 꽃꿀에 접근하기 위한 올바른 동작 순서를 알아내는 데 시간이 얼마나 걸리는지, 그리고 벌이 꽃 종마다 다른 여러 개의 동작 순서를 기억할 수 있는 능력이 있는지 연구했다. 어떤 동물의 학습 능력과 기억력을 엄밀하게 테스트하려면 실험 이전에 그 동물이 어떤 경험을 했는지 연구자가 알고 있어야 한다. 그러나 야생에서 자유롭게 날아다니는 벌 같은 동물의 실험 이전 경험을 아는 것은 불가능하다. 하지만 제임스 톰슨은 호박벌을 연구하면서 야생에서 잡은 여왕벌이 낳은 알을 처음부터 키우는 법을 알고 있었기 때문에 실험실 내에 비행 영역을 만들어 그 안에서 실험 전과 실험 중에 호박벌의 경험을 통제할 수 있을 것으로 생각했다([그림 7-1], [그림 7-2]).

우리 생각대로 일벌은 우리가 통제할 수 있는 비행 영역 안에서만 먹이 채집 활동을 했다. 호박벌은 원하는 꽃꿀과 꽃가루만 제공해주면 벌집과 비행 영역 사이만 왕복 비행을 했다. 호박벌은 벌집과 비행 영역 사이를 끊임없이 왕복하면서 먹이를 먹었다(나는 이 호박벌이 16시간 동안 왕복 비행을 하는 것을 계속 관찰하다 진이 빠진 적도 있다). 호박벌은 먹이를 충분히 먹은 뒤 집으로 돌아와 뱉어내고, 채 몇 분도 되지 않아 다시 먹이를 먹기 위해 비행 영역으로 돌아가기를 반복했다.

결국 우리는 이런 식으로 계속 실험을 진행해서는 안 되겠다는 생각을 했다. 또한 이런 실험을 통제된 방식으로 수행하려면 야생 꽃을 사용해서는 안 된다고 생각했다. 야생 꽃은 제공하는 보상의 수준과 형태가 다양하고, 꽃을 방문한 벌이 꽃에 남긴 냄새를 지우는 것이 불가능하기 때문이다. 톰슨은 플라스틱으로 꽃을 만드는 기발한 방법을 생각해냈다. 이 플라스틱 꽃은 벌이 방문할 때마다 일정한 양의 설탕 용액을 먹을 수 있도록 'T자 미로' 형태로 만들어졌다([그림 7-2]). 이 플라스틱 꽃의 입구는 색깔별로 구분되어 있었는데, 파란색은 벌이 보상을 찾으려면 꽃 안으로 들어가 오른쪽으로 돌아야 한다는 것을, 노란색은 왼쪽으로 돌아야 한다는 것을 뜻했다. 톰슨은 난이도는 같지만 방향이 정반대인 2개의 이동 시퀀스를 만든 것이다.[1]

[그림 7-1] 실험용 비행 영역과 인공 꽃에 앉은 호박벌. 왼쪽: 다양한 형태의 인공 꽃이 배치된 비행 영역과 호박벌의 집이 연결돼 있다. 호박벌은 이 비행 영역 안에 있는 인공 꽃에서 얼마나 많은 설탕 용액을 얻을 수 있는지에 따라 이 인공 꽃들을 구분한다. 오른쪽: 번호표가 붙은 호박벌이 인공 꽃을 살펴보고 있다. 벌은 이 꽃 위에서 플렉스글라스(plexiglass) 튜브를 통해 전달되는 냄새와 시각 패턴을 결합한다.

우리는 꿀벌의 정확도와 속도를 자동으로 기록하기 위해 인공 꽃 입구에 적외선 막 한 개 그리고 벌이 입구를 통해 들어갔을 때 선택할 수 있는 양쪽의 두 통로가 시작되는 부분에 각각 적외선 막 한 개를 설치했다. 이 전자장치는 내가 어릴 때 가지고 놀던 전자 장난감에서 떼어낸 부품으로 만들었고, 인공 꽃 안의 설탕 용액 공급 장치는 레고 블록으로 만들었다. 또한 벌이 각각의 자외선 막을 통과할 때마다 다른 신호음이 울리도록 하기 위해 터보 파스칼 언어를 이용해 프로그램을 짰다. 이 신호음을 통해 우리는 전자장치가 정확히 작동하는지 모니터링할 수 있었다. 벌이 각각의 자외선 막을 통과할 때마다 다른 신호음이 났기 때문에 마치 재미있는 음악처럼 들렸다.

벌들은 처음에 인공 꽃 다루는 법을 학습할 때는 야생에서 꽃을 처음 다루는 벌처럼 서툴렀다. 야생 꽃에서 꽃꿀을 추출하는 데 걸리는 시간의 5~10배의 시간을 사용했으며, 때로는 1분이 지나서야 설탕 용액을 찾아내 먹기도 했다. 하지만 몇십 번 인공 꽃을 방문한 뒤에는 일정 수준의 효율성을 나타냈다. 벌의 학습 속도는 매번 보상이 있는지 여부에 따라 달라지는 것이 아니라 벌이 올바른 동작을 수행한 횟수에 따라 달라졌다. 벌이 이전에 학습한 꽃과 비슷하게 생긴 새로운 꽃을 다루는 법을 학습할 때는 '적극적 전이positive transfer'가 일어난다. 즉 벌은 그 새로운 꽃을 다룰 때 꽃을 처음 다루는 벌처럼 서툴게 꽃을 다루지 않고, 자신이 학습한 능력의 일부를 이용한다([그림 7-2] 하단).

우리가 관찰한 호박벌은 하나의 꽃 유형을 다루는 법을 학습할

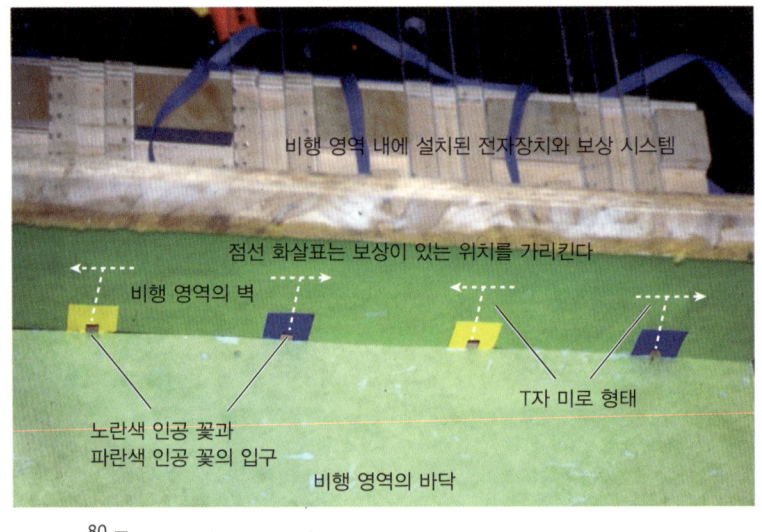

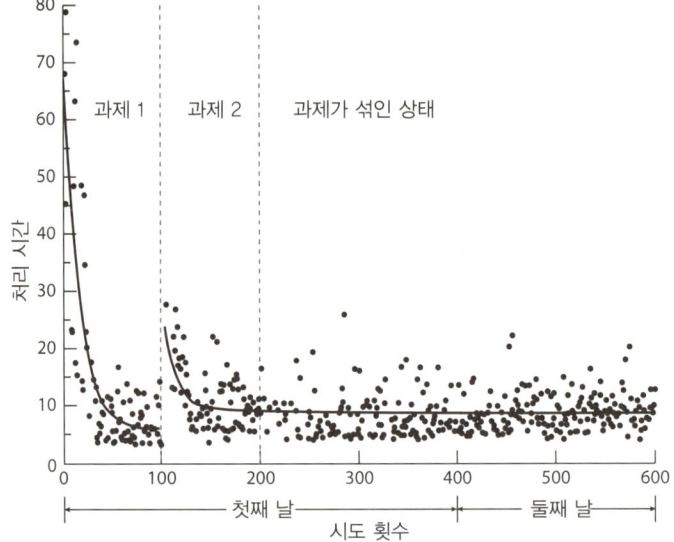

[그림 7-2] T자 미로 모양의 인공 꽃과 호박벌이 두 종류의 인공 꽃을 다루는 능력의 변화를 표시한 그래프. **위**: 벌이 꽃을 처리하는 과정을 어떻게 학습하는지 연구하기 위해 설치한 비행 영역. 벌은 인공 꽃 입구가 노란색이면 꽃 안쪽으로 좌회전해야 하고, 파란색이면 우회전해야 한다는 것을 학습했다. **아래**: 호박벌 한 마리가 T자 미로 형태의 인공 꽃을 처리하는 데 걸리는 시간을 시도 횟수(꽃 방문 횟수)의 함수로 나타낸 그래프. 벌은 먼저 (100번의 꽃 방문을 통해) 파란색과 우회전을 연관시키는 방법을 학습한 뒤 (다시 100번의 꽃 방문을 통해) 노란색을 좌회전과 연관시키는 방법을 학습했고, (다시 200번의 꽃 방문을 통해) 이 두 과제 사이에서 전환하는 방법을 학습했다. 둘째 날 벌은 인공 꽃을 또다시 번갈아 200번 방문했다. 여기서 과제 1에서 과제 2로 전환하는 과정에 주목해보자. 벌은 과제 2를 처음 수행할 때 과제 1을 처음 수행할 때보다 더 과제 수행을 잘했지만, 과제 2에서의 포화 수준은 과제 1에서의 포화 수준보다 낮았다(두 과제 사이에서 간섭 효과가 나타났다는 것을 보여준다). 벌은 두 형태의 인공 꽃에서 번갈아 먹이를 찾아야 할 때도 과제 2에서의 포화 수준을 나타냈다. 벌은 전날 학습한 내용을 다음 날도 기억하고 있었다.

때에 비해 처리 시간이 약간 더 걸리고 오류를 더 많이 범하기는 했지만 두 가지 서로 다른 형태의 인공 꽃에서 먹이를 찾아내는 법을 학습했다. 벌은 여러 개의 과제를 번갈아 수행할 때의 효율성은 좀 떨어지지만 공장의 조립 라인에서 일하는 인간 작업자처럼 2개 이상의 과제를 수행할 수 있는 것이 확실하다. 벌이 꽃을 다루는 절차를 한 번 학습하게 되면 그 학습 내용에 대한 기억은 3주 이상(일벌의 수명) 지속된다. 즉 벌은 죽을 때까지 한 번 학습한 움직임에 대한 기억(운동 기억)을 잃지 않는 것으로 보인다. 인간도 마찬가지다. 여러 해 동안 수영을 하지 않거나 스케이트를 타지 않아도 인간은 수영하는 법이나 스케이트 타는 법을 잊지 않는다.

벌은 꽃에 어떻게 주의를 기울이는가

동물이 사는 대부분의 환경에서 동물이 감각으로 인지하는 정보량은 동물이 뇌로 처리할 수 있는 정보량의 수백, 수천, 수만 배에 이른다. 1997년 나의 첫 번째 박사학위 과정 학생이 된 요하네스 슈패테Johannes Spaethe는 초원을 날아다니는 벌의 감각 시스템은 온갖 종류의 꽃에 의한 자극 폭격을 받는데 어떻게 자신에게 익숙한 특정 꽃들에만 집중하는지 연구했다.

    주의력은 동물이 감각 시스템을 통해 들어오는 다양한 정보 중 특정 정보에 선택적으로 집중할 수 있게 만드는 일종의 '내면의 눈inner eye'이다.[2] 한 방에서 많은 사람이 떠들고 있는데도 특정한 한 사람의 목소리에만 집중할 수 있게 해주는 '칵테일파티 효과cocktail party effect'. 다른 시끄러운 소리에는 반응하지 않지만 아기 울음소리에는 반응해 잠에서 깨는 엄마를 생각해 보면 주의력이 어떤 것인지 알 수 있다. 하지만 벌에게도 이런 주의력이 있을까? 주의를 기울인다는 것은 자신이 무엇을 찾고 있는지, 즉 실제로 보기 전에 무언가가 마음속에 있음을 알고 있다는 것을 의미한다. 따라서 주의력은 간단한 문제가 아니다. 벌이 꽃을 탐색하는 과정에서 주의력이 얼마나 중요한지 이해하기 위해 먼저 벌의 공간적 시각에 대해 간단하게 살펴보자.

벌의 눈은 기능 단위인 '홑눈' 수천 개로 구성되며, 홑눈 각각은 수정체와 광수용체들로 구성된다. 홑눈 하나하나는 벌의 시각 시스템에서 하나의 '픽셀pixel'에 해당한다. 따라서 벌의 시각 시스템은 비교적 거친 입자들로 이뤄진 이미지만 제공한다([그림 1-2]). 또한 벌의 눈은 곡선 형태이기 때문에 그 눈을 구성하는 홑눈들은 모두 서로 다른 방향을 본다(하나의 홑눈과 그 주변 홑눈들이 바라보는 각도는 1도 정도 차이 난다). 하지만 벌의 시각이 구현하는 해상도는 홑눈의 주시 각도 차이뿐만 아니라 홑눈이 정보를 받아들인 이후 일어나는 신경 처리 과정에 의해서도 제한받는다. 또한 벌은 뇌에 있는 색깔 암호화 신경세포가 차지하는 수용 영역이 매우 넓다. 이는 인접해 있는 수십 개의 홑눈에서 나오는 신호를 이 수용 영역이 모두 수용한다는 뜻이다. 따라서 벌은 멀리서는 색깔을 잘 인식하지 못한다. 실제로 벌이 1m 거리에 있는 꽃 색깔을 인식하거나 꽃 색깔 대비를 이용해 꽃을 인식하려면 꽃 지름이 26cm에 이를 정도로 커야 한다.

하지만 벌은 꽃에서 멀리 떨어져 있는 경우 수용 영역이 좁은 별도의 신경 채널을 사용한다. 실제로 벌의 눈과 꽃의 양쪽 가장자리 끝이 이루는 삼각형에서 벌의 눈 쪽 각도가 최소 5도가 되면 벌은 단색 신호를 이용해 꽃을 인식한다(이 각도는 벌이 꽃에 가까워질수록 커진다). 즉 벌은 배경과 꽃이 제공하는 녹색 신호 차이를 자신의 눈에 있는 녹색 수용체로 인식한다. 하지만 벌의 이런 삼각법 이용은 지름이 1cm인 꽃이 벌로부터 11.5cm 이상 떨어져 있으면 불가능해진다. 이는 벌이 꽃을 찾는 속도를 크게 제한하고, 따라서 꽃이 작을수록 벌이 꽃을 찾아내는 데 필요한 시간은 급격히 늘어난다.

벌의 뇌 안에 있는 기어 박스

벌의 꽃 탐지 시스템이 이렇게 두 가지 채널로 구성된다는 사실은 벌이 초원에서 꽃을 탐색할 때 항상 단색 채널이 먼저 작동하고(단색 채널은 멀리서도 꽃을 볼 수 있게 해주며 반응 속도도 빠르다. 실제로 이 단색 채널이 반응하는 데 걸리는 시간은 8밀리초 이하다) 꽃에 가깝게 접근해서야 실제 색깔을 구별할 수 있다는 생각을 하게 만들 수 있다(컬러 채널은 구성 입자가 거칠고 반응 속도도 느리다. 예를 들어 자외선 수용체는 반응 속도가 가장 느린 광수용체로 자극받은 후 12밀리초 이상이 지나야 확실한 반응을 보인다).[3] 하지만 녹색 수용체만을 이용한 꽃 식별이 삼원색 감지 시스템 전체를 이용한 꽃 식별보다 훨씬 정확도가 떨어지는 것은 분명하다.[4]

그렇다면 실제로 벌은 꽃에 접근할 때 정확도가 낮은 저해상도 채널을 먼저 사용한 다음 정확도가 높은 고해상도 채널을 사용하는 수동적 접근 방식을 이용할까?[5] 만약 그렇다면 꽃이 아닌 꽃 모양 물체나 색깔이 있는 물체에 접근했다가 그 물체가 꽃이 아니라는 것을 알게 된 벌은 너무 많은 시간을 낭비하는 것이 아닐까?

요하네스 슈패테는 실제로 벌이 꽃을 찾을 때 이렇게 단순하고 비실용적일 수 있는 전략을 사용하는지 확인하기 위해 호박벌을 대상으로 실험을 진행했다. 슈패테는 비행 영역 안에 플라스틱 꽃을 배치하고, 벌이 한 플라스틱 꽃에서 배를 가득 채우고 집으로 돌아갔다가 비행 영역으로 돌아와 다시 다른 플라스틱 꽃에서 배를 채우는 행동을 반복하는 과정을 정밀하게 관찰했다. 그는 처음에는 지름이 28mm인 비교적 큰 플라스틱 꽃들을 배치한 후 관찰하다가 점점 작은 플라스틱 꽃(최종적으로는 지름이 5mm인 꽃)을 사용해 관찰을 진행했다.

벌은 처음에는 단색 채널, 고해상도 채널(고속 채널)을 모두 무시했다. 즉 이 벌들은 비행 영역 바닥의 녹색과 플라스틱 꽃 색깔 사이의 대비만 이용해 꽃을 찾아냈다. 그 뒤 플라스틱 꽃의 크기가 점점 작아지자 탐색을 위해 더 느리게 날고, 지면에 더 근접해 날기 시작했다. 하지만 벌이 속도가 느린 색깔 감지 시스템을 사용해 가장 작은 플라스틱 꽃을 찾아내기 위해서는 비행 속도를 계속 늦춰야 했다. 결국 벌은 그 비행 속도(가장 큰 플라스틱 꽃들을 탐색할 때보다 25배 늦은 속도)로는 아무것도 얻지 못했고, 정확도가 낮지만 속도가 빠른 단색 채널로 전환했다. 이는 벌이 자신의 시각 시스템으로 들어온 신호에 수동적으로 반응하지 않고 단색 채널 입력을 억제했으며, 그 후 가장 작은 꽃들, 즉 가장 찾아내기 힘든 꽃들이 배치됐을 때 다시 단색 채널을 가동했다는 뜻이다. 따라서 벌에게는 환경 변화에 따라 고속·저해상도 시스템(단색 채널)과 저속·고해상도 시스템(컬러 채널) 사이에서 전환할 수 있는 기어 박스가 있다고 할 수 있다.

넓은 의미에서 볼 때 슈패테의 이 연구는 벌이 꽃을 탐색할 때 비행하는 속도가 비행의 생체물리학적 특성에 의해 결정되는 것이 아니라 뇌의 처리 속도에 의해 결정된다는 것을 보여준 것이다.

벌의 순차적 정보 처리

슈패테의 다음 연구 주제는 한 장면에 여러 종류의 꽃이 있는 상황에서 벌의 주의력이 꽃 탐색에 미치는 영향에 관한 것이었다. 특정 종의 꽃을 탐색하는 꽃가루 매개자는 (다른 종의 꽃을 무시하면서) 마주치는 모든 자극을 병렬적으로 처리할까, 아니면 직렬적으로 처리할까? 벌의 정보 처리가 직렬적이라면(즉 벌이 자신에게 들어오는 정보를 '비트bit' 단위로 순차적으로 분석한다면) 꽃 탐색의 효율성은 한 장면에서 얼마나 많은 항목(주의 분산 요소distractor)이 동시에 존재하는지에 의해 제약받을 것이다. 하지만 벌의 정보 처리가 병렬적이라면 벌은 여러 종의 꽃을 동시에 살펴볼 수 있을 것이다.

슈패테는 꿀벌의 경우 색깔이 다른 시각적 목표물을 찾는 작업이 항상 직렬적으로 이뤄진다는 사실을 발견했다. 즉 슈패테는 꿀벌이 목표물을 찾는 정확도와 속도는 목표물 주변에 동시에 존재하는 주의 분산 요소의 수에 따라 달라진다는 것을 알아냈다. 이는 목표물과 주의 분산 요소들이 자극의 차원 면에서 다를 경우(예를 들어 색깔이나 모양이 다를 경우)에도 동시에 자극을 처리할 수 있는 인간과는 매우 대조적이다. 인간의 경우 목표물은 확실하게 부각되며, 목표물을 찾는 시간과 정확도는 같은 장면에 있는 주의 분산 요소의 영향을 받지 않는다. 실제로 꿀벌의 탐색이 직렬적으로만 이뤄진다면 이는 자연환경에서 이뤄지는 벌의 꽃 탐색에 핵심적 영향을 미칠 것이다. 즉 꿀벌의 꽃 탐색은 벌이 목표로 삼는 꽃의 특성(크기, 색깔, 배경과의 대비 정도)뿐만 아니라 같은 장소에서 벌의 주의를 끄는 다른 꽃의 특성에 의해서도 효율성 면에서 제약받을 것이다.

호박벌은 이 문제를 꿀벌보다 더 효율적으로 해결하긴 하지만 우리 팀의 박사후 과정 연구원 비벡 니티아난다 Vivek Nityananda는 호박벌 역시 다른 방식으로 주의력에 제한받는다는 사실을 발견했다.[6] 인간은 어떤 장면이 컴퓨터 화면에 비치는 것을 아주 잠깐만 봐도 그 장면에서 중요한 정보(예를 들어 동물이 그 장면에 있는지에 관한 정보)를 추출할 수 있다. 하지만 벌은 자극들이 컴퓨터 화면에 아주 잠깐 나타나면 그 자극들의 차이점을 거의 식별해 내지 못한다. 벌은 시각적 패턴을 학습하고 인식하면서 특유의 스캔 동작을 하지만 패턴을 스캔할 기회가 충분하지 않으면 패턴 식별을 하지 못한다. 곤충은 뇌가 작기 때문에 주의력에 제한이 있을 수밖에 없고, 따라서 눈에 보이는 장면 전체를 동시에 인식하지 못하고 장면의 요소들을 순차적으로 스캔해 목표물을 찾아낼 수밖에 없는지도 모른다.

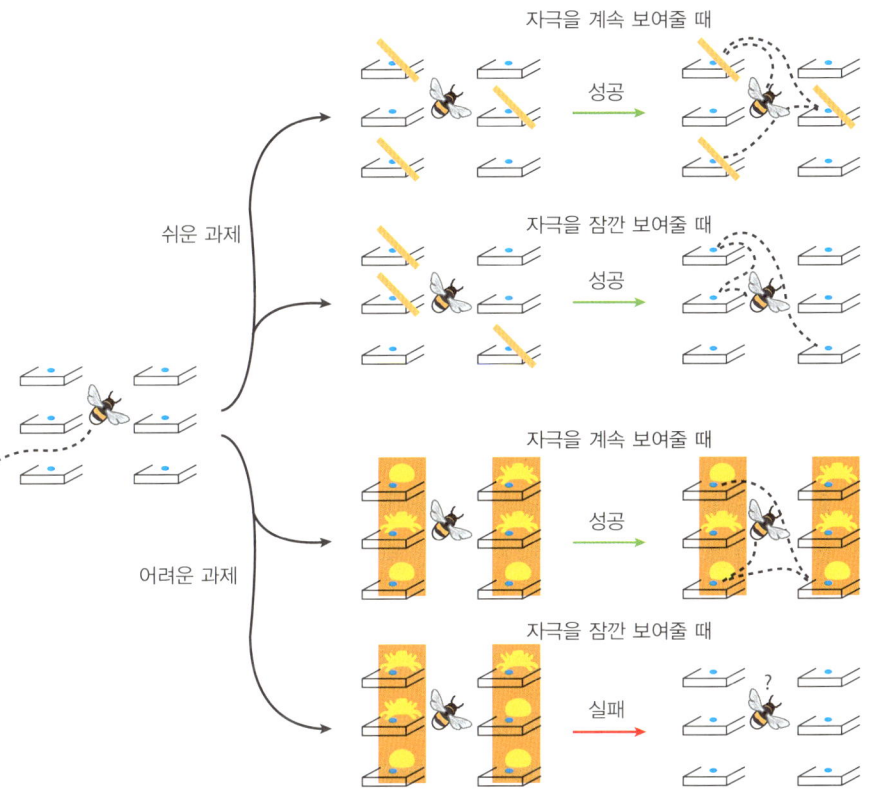

[그림 7-3] 꿀벌은 한눈에 많은 것을 볼 수 있을까? 꿀벌의 시각과 영장류 시각의 근본적인 차이는 자극을 보여주는 시간을 점차적으로 줄였을 때 확실히 드러난다. 영장류는 시각적 장면에서 눈에 띄는 세부 항목을 한눈에 빠르게 파악할 수 있지만 꿀벌의 경우 복잡한 시각 패턴 과제를 풀기 위해서는 영장류에 비해 더 많은 시간이 필요하다. 연구자들은 컴퓨터 화면에 막대 6개를 붙여 놓고 벌이 그 막대를 향해 날아가도록 훈련시켰다. 이 막대 6개 중 3개에는 설탕 용액을, 나머지 3개에는 벌이 싫어하는 쓴맛 퀴닌 용액을 올려놓았다. 벌은 간단한 과제(설탕 용액이 있다는 것을 나타내는 노란색 대각선이 3개의 막대 뒤 컴퓨터 화면에 표시됐을 때 그 막대로 날아가는 과제)의 경우는 노란색 대각선이 짧게(25밀리초 동안) 표시됐든, 계속 표시됐든 성공적으로 설탕 용액이 놓인 막대를 찾아냈다(위 그림). 하지만 어려운 과제(거미가 꽃에 앉아 있는 노란색 이미지와 설탕 용액이 놓인 막대를 나타내는 단순한 노란색 원 형태의 이미지를 구별하는 과제)의 경우 시각 자극이 계속 컴퓨터 화면에 표시될 때만 이미지를 구별해 냈다(아래 그림). 이는 벌이 복잡한 형태를 구분하기 위해서는 적극적인 스캐닝을 해야 한다는 것을 의미한다.

그렇다면 벌의 행동과 지각 사이에는 매우 밀접한 연관관계가 있을 수 있고, 따라서 행동이 없으면(눈의 움직임이 없으면) 물체의 형태에 대한 지각 또한 거의 이뤄지지 않는다고 생각할 수도 있을 것이다([그림 7-3]).

꽃 구분 활동에서의
속도와 정확성의 맞교환

2000년대 초 내 연구실에 합류한 호주 과학자 에이드리언 다이어Adrian Dyer는 안나 도른하우스와 피올라 복Fiola Bock과 함께 연구를 진행하면서 두 가지 색깔을 구별하는 것 같은 단순한 일에도 주의력이 필요하다는 사실을 발견했다. (데이터 프로젝터로 만들어 비행 영역 안에 배치된 스크린 위에 띄운) '가상 꽃virtual flower'을 이용해 호박벌이 조건에 따라 속도나 정확성을 상대적으로 조정할 수 있는 유연성을 갖는다는 사실을 발견한 것이다.

이 발견 이전에 연구자들은 벌을 비롯한 동물들이 보상과 연관되는 색깔과 그렇지 않은 색깔을 구별할 때 항상 자신의 모든 능력을 사용한다고 생각했었다. 동물의 색깔 구분은 시각을 담당하는 감각기관 고유의 특성에만 의존한다고 생각됐기 때문이다. 하지만 우리는 벌이 자신의 색깔 구분 능력을 상당히 자유롭게 조절한다는 것을 실험을 통해 밝혀냈다.[7]

벌(또는 다른 실험 동물)은 과제를 잘 수행해 실험자들에게 잘 보이는 데는 전혀 관심이 없다. 벌은 가능한 한 빨리 보상받는 것에만 관심이 있다. 따라서 벌 입장에서는 실수에 대한 처벌이 없거나 적다면 실수하는 것이 가장 현명한 전략일 것이다. 틀린 문장을 맞는 문장이라고 표시해도 불이익이 없는 시험을 본다고 상상해 보자. 이 경우 최대 점수를 얻기 위한 가장 빠른 전략은 문장을 전혀 읽지 않고 먼저 모든 문장에 정답 표시를 하는 것이다. 동물이 이런 시험을 본다고 생각해 보자. 동물에게 보상을 주는 색과 보상을 주지 않는 색을 하나씩 주는데 색이 너무 비슷해서 선택하는 데 상당한 시간이 걸리는 경우, 동물 입장에서는 색을 구분하지 않고 모든 옵션을 선택하는 것이 결과적으로 가장 빨리 보상받을 수 있는 선택일 것이다. 실제로 벌이 행동하는 방식이 이런 방식이다. 하지만 잘못된 옵션을 선택했을 때 벌칙이 도입되면(다이어는 벌의 목표 꽃이 아닌 다른 꽃에 설탕 용액 대신 쓴 퀴닌 용액을 채워 넣었다) 벌의 과제 수행 능력은 한순간에 엄청나게 향상된다.

또한 우리 연구로 벌이 삼각형과 사각형을 구별하는 과제처럼 매우 간단한 과제도 성공적으로 수행할 수 없다는 기존 생각이 틀렸다는 것이 밝혀졌다. 벌은 모양을 살펴보는 데 시간이 필요하기 때문에 일단 아무 모양이나 빠르게 선택하는 것으로 밝혀졌기 때문이다. 벌은 벌칙을 도입하자 갑자기 색깔 구별을 10배나 더 잘해 내기 시작했지만 어려운 과제의 경우는 자극을 살펴보는 데 더 많은 시간을 투자해야 했다.

우리의 실험 이전에 수십 년 동안 수행된 거의 모든 동물 지능 연구에서는 정확성이 평가의 핵심 변수였다. 하지만 우리 실험으로 시간도 중요한 변수임이 분명해졌다. 동물은 상황에 따라 속도와 정확성 중 어느 한쪽에 더 중점을 둘 수 있다. 즉 동물은 오류에 불이익이 수반되지 않는다면 속도를 위해 정확성을 희생할 수 있지만, 오류에 불이익이 따르는 경우는 정확한 선택을 위해 더 많은 시간과 주의를 기울인다. 속도와 정확성의 이런 맞교환은 꿀벌 이외 많은 동물종의 의사결정 과정에서도 확인됐다. 동물이 자극과 보상을 연관시키는 연상학습 과정은 과거에 생각했던 단순한 과정이 결코 아니다. 벌을 비롯한 동물의 연상학습 과정은 주의력 같은 인지 능력에 의존하는 과정이기 때문이다.

사람 얼굴 모양의 이상한 꽃

최근 몇 년 동안 놀라운 발견이 잇따르면서 벌이 거의 모든 감각 정보를 학습할 수 있는 놀라운 유연성을 가지고 있다는 사실이 밝혀지고 있다. 예를 들어 에이드리언 다이어는 사람의 얼굴 이미지를 인식하도록 꿀벌을 훈련시킬 수 있다는 사실을 발견했다(일반적으로 사람 얼굴은 꿀벌의 삶에서 거의 역할을 하지 않는다).[8]

2000년대 초반 인간을 연구하는 심리학자들 사이에서 얼굴 인식 능력이 뇌의 특별한 얼굴 인식 모듈을 필요로 하는 특수한 능력인지에 대한 논쟁이 진행된 적이 있는데 당시 심리학자들은 인간을 비롯한 동물의 얼굴 인식 능력이 반복적인 경험을 통해 형성된 고도의 기술일 가능성에 대해 언급하곤 했다. 만약 이 생각이 옳다면 얼굴 인식은 벌이 꽃을 인식하기 위해 사용하는 패턴 인식 시스템처럼 특화되지 않은 패턴 인식 시스템에 의해 가능해야 한다.[9]

이와 관련해 다이어와 동료들은 익숙한 얼굴을 인식하지 못하는 안면 실인증prosopagnosia(안면 인식 장애|face blindness)을 진단하는 데 사용하는 흑백사진을 이용해 실험을 진행했다. 이들은 벌이 한 얼굴 사진은 설탕 보상과 연결시키고, 다른 얼굴 사진은 쓴 퀴닌 용액과 연결하도록 훈련시켰다. 벌은 뇌의 방추상 얼굴 영역fusiform face area(얼굴을 볼 때 반응하는 부분; 역주)이 손상된 환자들이 실패한 과제를 놀라울 정도로 잘 수행했다. 이 결과는 특수한 회로 없이도 얼굴 인식이 가능하다는 것을 보여주는 것이었다. 벌은 사람의 얼굴을 기억하는 뇌 모듈이 없기 때문에 꽃 인식에 사용하는 것과 동일한 뇌 회로를 얼굴 인식에 사용하는 것으로 추정된다.

그럼에도 불구하고 인간처럼 얼굴 인식이 중요한 일부 사회성 종이나 벌집 내 동료의 얼굴을 인식하는 일부 말벌 종의 경우(제9장 '비슷한 뇌, 다른 생활방식' 참조) 일반적인 패턴 인식을 매개하는 뇌 회로가 진화 과정에서 정교해져 선천적인 얼굴 인식 능력을 가지게 만들었을 가능성도 있다. 우리의 실험 대상 꿀벌에게 인간의 얼굴 이미지는 보상을 제공하는 '이상한 꽃'의 이미지에 불과했을지도 모른다. 하지만 이 발견이 꿀벌이 가진 학습 능력의 다양성과 유연성을 확실하게 보여준 것만은 사실이다.

꽃의 질감에 대한 학습

꿀벌이 꽃의 특성을 학습할 때 보이는 유연성에 대한 추가적 발견은 동물학자나 감각 생리학자가 아닌 2명의 영국 식물학자 베벌리 글로버Beverley Glover와 헤더 휘트니Heather Whitney에 의해 이뤄졌다. 동물의 감각세계는 그 동물이 사는 자연환경에서 어떤 것이 중요한지 탐구함으로써 그 특징을 추론할 수 있기 때문이다.[10] 꽃의 진화에 관심을 갖고 있던 글로버가 내게 연락한 것은 2004년이었다. 당시 글로버는 야생 금어초와는 여러 가지 면에서 미세하게 다른 돌연변이 금어초 꽃을 연구하고 있었다. 금어초는 돌연변이가 한 번만 발생해도 꽃잎의 질감이 달라지고 시각적으로도 다른 모양을 갖게 된다. 꽃가루 매개자와 꽃의 상호작용에서 자연적인 질감의 기능은 무엇일까? 돌연변이 금어초에서는 이런 상호작용이 교란될까?

   글로버가 연구한 돌연변이 금어초와 야생 금어초는 한 가지 중요한 측면에서 차이가 있다. 야생 금어초 꽃(그리고 다른 대부분의 꽃)의 표피epidermis(꽃의 '피부')는 원뿔 모양 세포로 구성되어 있는 반면, 잎 세포는 평평하다([그림 7-4]). 하지만 돌연변이 금어초 꽃의 표피는 꽃이 아닌 다른 부분처럼 평평한 모양의 세포로 돼 있다. 박사후 과정 연구원 헤더 휘트니와 함께 우리는 꽃의 (미세한 원뿔이 나란히 배열되어 생성된) '거친' 표면의 한 가지 기능이 꿀벌이 꽃에 앉을 때 꽃을 발로 잡고 꽃 구조를 더 쉽게 포착해 보상을 얻을 수 있도록 돕는 것이라는 사실을 발견했다. 또한 우리는 원뿔 모양 세포들의 튀어나온 부분이 세포에서 색소가 채워진 부분에 빛을 모아주는 렌즈 역

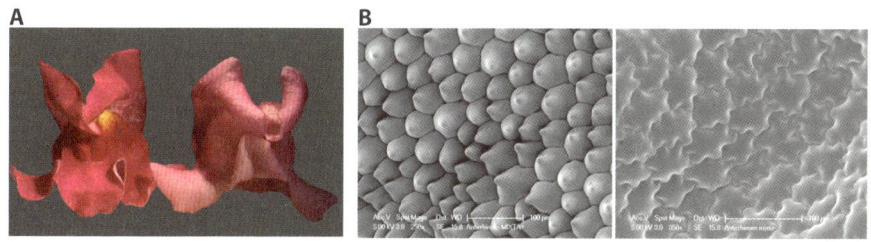

[그림 7-4] 야생 금어초 꽃과 돌연변이 금어초 꽃의 표피 구조. A. 야생 금어초 꽃은 채도가 높은 색을 띠는 반면(왼쪽), 돌연변이 금어초 꽃은 야생 금어초 꽃과 동일한 색소를 가지고 있음에도 불구하고 더 평평하게 보인다(오른쪽). B. 돌연변이의 유일한 직접적인 영향은 표피 세포의 모양 변화로, 야생 꽃(왼쪽)은 표피 세포가 원뿔형이고, 돌연변이 꽃(오른쪽)은 평평하다. 원뿔형 세포는 색소를 함유한 액포(液胞)에 빛을 집중시키는 렌즈 역할을 하기 때문에 벌이 꽃 표면을 잡는 동작에도 영향을 미칠 뿐만 아니라 꽃의 온도와 색에도 간접적인 영향을 미친다.

할을 해 꽃 색깔을 더 풍부하고 채도가 높게 만들며, 꽃의 온도를 몇 도 높이는 역할을 한다는 사실도 발견했다. 이런 온도 차이가 꽃가루 매개자(벌)와 관련 있을까?

온혈 곤충의 꽃의 온기 학습

포유류와 조류만 온혈동물이라는 일반적인 생각과 달리, 벌도 (많은 경우) 온혈동물이다. 벌이 날기 위해서는 흉부 온도가 최소 30℃ 이상이어야 하며, 비행 중 벌의 정상 체온은 40℃이다. 상대적으로 추위에 강한 호박벌의 경우 주변 온도보다 30℃나 높은 경우도 있다. 주변 온도가 낮을 때 벌은 비행 근육을 떨면서 이 수준까지 체온

[그림 7-5] **꽃가루 매개자의 높은 체온을 보여주는 사진.** 적외선 카메라로 포착한 호박벌의 열화상 이미지. 파란색이 가장 낮은 온도이며, 빨간색, 노란색, 흰색 순으로 높은 온도를 나타낸다. 흰색으로 표시된 벌의 흉부 온도가 약 38°C도 가장 높다.

을 올릴 수 있다([그림 7-5]).[11] 따라서 꽃꿀에 포함된 탄수화물이 벌의 비행 엔진을 계속 가동하는 데 부분적으로 필요하긴 하지만 필요한 온기를 얻는 쉬운 지름길은 더 따뜻한 꽃꿀이 들어 있는 꽃을 찾는 것일 수 있다.

실제로 색각 과학자와 식물학자로 구성된 우리 연구팀은 벌이 꽃 온도가 4°C밖에 차이 나지 않는 경우에도 더 따뜻한 꽃을 선호한다는 사실을 발견했다.[12] 우리가 추운 날 따뜻한 음료를 선호하는 것과 비슷하다. (몸을 따뜻하게 해야 할 경우 에너지 비축량을 어느 정도 희생하면서 자체적으로 열을 생산하거나 따뜻한 음료를 마심으로써 에너지를 절약할 수 있다.) 하지만 벌은 멀리서 꽃의 온기를 감지할 수 없기 때문에 꽃 온도를 먼저 측정한 다음 꽃과 관련된 색깔을 학습해 꽃 온도를 예측한다. 실제로 호박벌은 이 과정을 통해 따뜻한 음료를 안정적으로 제공하는 꽃 색깔을 선호하게 됐다. 직접적인 물리적 접촉을 통해 학습한 두 종류의 보상 자극(꽃꿀과 온기)과 거리 간 삼각형 형태의 상호작용에서 시각 신호(색깔)가 하는 역할을 밝혀낸 것은 우리 연구가 최초였다.

무지갯빛 꽃과 벌

감각 신호를 보상과 연관시키는 벌의 유연성은 거의 무한해 보인다. 벌은 눈에 띄는 모든 감각 신호를 학습할 수 있는 것으로 보이기 때문이다. 헤더 휘트니와 베벌리 글로버는 어떤 꽃은 미묘한 무지갯빛iridescence 효과를 내기 때문에 다른 각도에서 볼 때 꽃잎의 같은 부분이 다른 색으로 보인다는 것을 관찰했다.[13] 그렇다면 꽃 색깔을 보고 꽃 종류를 식별하는 벌에게 꽃이 이런 무지갯빛으로 보이는 현상이 혼란을 줄 수 있지 않을까?

휘트니와 글로버는 케임브리지대학교 물리학자들과의 공동연구를 통해 꽃 표면의 나노 구조가 회절격자(1~30μm 간격의 작은 평행 융기) 형태를 띠고 있다는 사실을 발견했다. 그 후 이들은 미묘한 무지갯빛을 띠는 실제 꽃과 같은 모양의 밀랍 틀을 만든 다음 이 틀을 에폭시 수지에 각인하여 무지갯빛을 더 강하게 나타내는 인공 꽃을 만들었다. 이 인공 꽃을 이용해 연구한 결과 호박벌이 꽃 색깔이 변하는 것에도 혼란스러워하지 않고, 그 변화성을 단서로 이용해 무지갯빛 꽃과 무지갯빛이 아닌 꽃을 구별한다는 사실을 발견했다. 오히려 호박벌은 무지갯빛 때문에 더 쉽게 자신이 원하는 꽃을 찾아낼 수 있었다.

휘트니는 더 다양한 형태로 인공 꽃을 만들어 벌이 꽃을 식별하기 위해 여러 가지 감각 단서를 통합할 수 있는 유연성의 한계를 계속 탐구했다.[14] 예를 들어 카를 폰 프리슈가 발견한 편광에 대한 꿀벌의 민감성이 기존에는 태양나침반을 보강하기 위한 항법 목적으로만 사용되는 것으로 여겨졌지만 휘트니는 브리스톨대학교 연구자들과 함께 호박벌이 실제로 꽃 표적floral targets에 제시된 편광 패턴을 학습할 수 있다는 사실을 발견했다.[15] 하지만 이 학습은 벌이 등쪽 눈 영역(일반적으로 하늘을 보는 눈의 등쪽 영역)만 편광에 민감하기 때문에 꽃 밑에서 꽃으로 접근할 수 있을 때만 가능하다. 이는 많은 유형의 감각 입력이 단순히 특정 행동 루틴에 유연하지 않은 방식으로 연결되어 있지 않다는 것을 분명히 보여준다. 하지만 측정 가능한 감각 입력을 보상과 안정적으로 연결하면 이 연결 관계를 쉽게 학습한다(물론 자연에서 이러한 연결이 일어날 가능성에 따라 꿀벌의 학습 준비 정도는 달라질 수 있다).

벌의 규칙 학습

1990년대 초 내가 베를린에서 박사학위 과정을 밟고 때 아르헨티나의 젊은 과학자 마틴 지우르파Martin Giurfa가 란돌프 멘첼 연구팀에 박사후 과정 연구원으로 합류했다. 처음에 우리는 꿀벌의 선천적 색깔 선호에 대한 공동연구를 진행했지만 꿀벌이 파란색을 부분적으로 선호한다는 존 러벅의 관찰 결과를 확인하는 것에서 크게 진전을 보이지 못했다. 그로부터 얼마 지나지 않아 지우르파는 멘첼과 함께 꿀벌의 인지능력에 대한 연구를 수행하기 시작했고, 그 후 툴루즈대학교에 자신의 연구 센터를 설립했다.[16]

이 연구는 벌이 일생 동안 겪는 다양한 경험을 연결하는 공통적인 특징, 형태 규칙, 개념을 찾아내 벌이 서로 다른 물체를 어떻게 분류하는지에 관한 연구였다. 지우르파는 꿀벌이 시각 패턴을 대칭인지, 비대칭인지에 따라 분류할 수 있는지에 관심을 가졌다. 그는 실험을 위해 '대칭 그룹'에 속한 꿀벌이 하나의 공통점만 가지고 있지만 모양이 완전히 다른 흑백 패턴을 골라내면 보상을 제공했다. 이 패턴들의 공통점은 양쪽 대칭(수직의 중앙선 양쪽의 모양이 대칭을 이룬다)이었다. 이 훈련을 하는 동안 꿀벌은 보상과 관련 없는 다양한 비대칭 패턴도 접했다.

이론적으로 꿀벌은 훈련 중 제시된 모든 보상 패턴을 기억함으로써 이 과제를 해결했다고 생각할 수도 있다. 하지만 이 가능성은 벌이 이전에 한 번도 본 적이 없지만 훈련받은 패턴과 공통점이 있는 패턴을 접했을 때 이전의 학습 내용이 적용됐는지 확인하는 '전이 테스트transfer test'를 통해 배제될 수 있었다.

　실제로 이 실험은 벌이 비대칭적 목표물을 피하고 대칭적 목표물만을 보상을 주는 목표물로 분류할 수 있다는 것을 보여줬다.[17] 이와는 대조적으로 비대칭 패턴을 선택했을 때 보상받도록 훈련된 벌은 이전에 한 번도 보지 못한 비대칭 패턴을 전이 테스트에서 선호했다. 뇌가 작은 동물의 경우 (꽃이 제공하는 보상 같은) 보상의 공통점을 학습하는 것이 실제로 기억 저장 공간을 절약할 수 있는 전략이 될 수 있다. 각각의 보상 패턴을 모두 기억하는 것보다 보상 패턴을 연결하는 중요한 특징만 기억하는 것이 더 효율적일 것이기 때문이다.

　그 후 지우르파는 다른 연구자들과 함께 '지연 샘플 대응 과제delayed matching-to-sample task'를 이용해 동일성sameness과 차이difference를 학습하는 꿀벌의 능력에 대한 연구를 진행했다.[18] 먼저 지우르파는 꿀벌에게 보상과 연결된 시각 패턴 A를 보여준 다음, 잠시 후 시각 패턴 A와 시각 패턴 B를 보여주는 방법으로 꿀벌의 동일성 학습 능력을 측정했다([그림 7-6]). 이 과제에서 꿀벌이 보상과 연결된 패턴 A를 선택하려면 '작업기억working memory'에 패턴 A를 저장해야 한다. 작업기억은 누군가에게 전화번호를 듣고 난 뒤 종이에 적을 때까지 사용되는 저용량 단기기억이다.

　꿀벌은 미로에 들어갈 때 작업기억에 패턴 A를 저장한 뒤, 미로 안에서 2개의 패턴을 본 다음 그 패턴 중 어떤 패턴이 자신이 미로에 들어올 때 본 패턴과 같은 패턴(일치 자극)인지 찾도록 훈련받았다. 다양한 형태의 자극으로 이 과정을 반복하자 벌은 결국 일반적

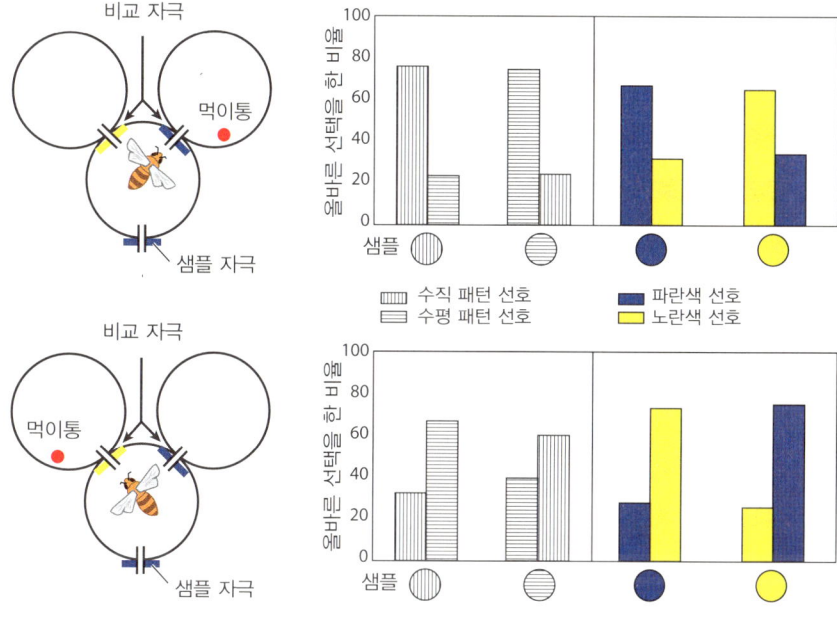

[그림 7-6] 꿀벌의 '동일성'과 '차이' 개념 학습. 위: 동일성 규칙 학습. '지연 샘플 대응 과제'로 훈련받은 꿀벌은 Y자 미로에 들어갈 때 샘플 시각 자극(노란색 자극)을 본 뒤 미로 안에서 노란색 자극과 파란색 자극을 보고 선택하게 된다. 이 두 자극 중 하나는 이전에 본 자극과 같은 색의 자극이며, 설탕 보상이 있는 방의 입구를 나타낸다. 훈련을 마친 뒤 꿀벌은 이전에 본 자극과 같은 색의 자극을 안정적으로 선택할 수 있게 됐을 뿐만 아니라 자극이 노란색이든 파란색이든, 수직 패턴이든 수평 패턴이든 "항상 같은 자극을 고른다."는 규칙을 학습했다. 아래: 차이 규칙 학습. '지연 샘플 불일치 과제'로 훈련받은 꿀벌은 훈련을 마친 뒤 "항상 다른 자극을 고른다."는 규칙을 학습했다. 즉 꿀벌은 샘플 자극을 짧은 시간 동안 기억한 뒤 그 샘플 자극과 다른 자극을 선택했다.

인 규칙, 즉 "이전에 본 패턴과 동일한 패턴을 선택한다."는 규칙을 학습했다. 즉 벌은 완전히 새로운 자극들 사이에서 선택해야 할 때도 동일성을 인식하게 됐다(예를 들어 패턴 C를 먼저 보여준 뒤 패턴 C와 D 중 하나를 선택하게 만들었을 때 벌은 동일성을 인식해 패턴 C를 선택했다). 또한 꿀벌은 동일성의 반대 개념인 차이 개념도 인식하게 됐다. 즉 "이전에 본 패턴과 다른 패턴을 선택한다."는 개념도 학습했다.

앞서도 설명했지만 이런 과제를 수행하기 위해서는 작업기억이 필요하며, 벌을 비롯한 많은 동물들의 작업기억은 몇 초 정도밖에 지속되지 않는 저용량 단기기억이다. 이 실험의 경우 벌은 자신의 작업기억 내용(방금 전에 본 자극에 대한 기억 내용)과 현재 유입되는 자극을 비교할 수 있어야 과제를 수행할 수 있다. 벌은 동일성 학습 과제의 경우는 작업기억 내용과 일치하는 대상을 선택하고, 차이 학습 과제의 경우는 작업기억 내용에 포함되지 않는 대상을 선택할 수 있어야 한다는 뜻이다. 이 실험에서 가장 놀라웠던 부분은 벌이 감각 양상을 넘나들며 '동일성' 개념과 '차이' 개념을 인식할 수 있었다는 점이다. 예를 들어 벌은 후각 자극을 이용해 훈련받은 뒤 그 훈련 내용을 시각 자극에 적용할 수 있었다.

벌처럼 뇌가 작은 동물도 규칙을 학습할 수 있다는 내용의 이 연구가 미친 파장은 상당히 컸고, 인간 의식의 신경학적 기초를 연구하는 저명한 미국 신경과학자 크리스토프 코흐 Christof Koch의 관심을 끌었다. 코흐는 〈사이언티픽 아메리칸 Scientific American〉에 발표한 논문에서 이렇게 말했다.[19]

"벌의 능력은 놀라울 정도로 다양하다. 벌은 의식이 있다는 생각을 가능하게 만드는 개 같은 포유동물의 능력과 비슷한 정도의 능력을 가지고 있다."

의식에 대한 이야기는 제11장에서 자세히 다룰 것이다. 지금은 벌의 꽃 방문 행동(그리고 의식)에 영향을 미치는 또 다른 요소가 '시간'에 대한 학습이라는 이야기를 해보자.

꽃이 보상을 제공하는 시점에 대한 학습

19세기 후반 부텔레펜의 연구(제4장 참조)는 다양한 꽃 종이 꽃꿀을 생산하는 시간을 꿀벌이 기억할 수 있다는 사실을 널리 알린 연구였다. 마르틴 린다우어는 집으로 돌아와 한밤중에 춤추는 꿀벌이 이런 기억을 계속 소환할 수 있다는 사실을 발견하기도 했다(제6장 참조). 하지만 꽃 종류는 매우 다양하기 때문에 벌은 다양한 시간대에 걸쳐 다양하게 발생하는 우발적 상황들을 추적할 수 있어야 한다. 특정한 종의 꽃은 하루 중 특정 시간대에만 꽃꿀을 분비하며, 꽃꿀은 꿀벌이 꽃을 방문한 뒤 다시 채워지기도 한다. 꽃 종에 따라 속도가 다르긴 하지만 어떤 꽃은 꿀벌이 꽃꿀을 모두 먹은 뒤 1시간 안에 다시 꽃꿀을 분비하기도 한다.

캐나다 과학자 마이클 부아베르 Michael Boisvert와 데이비드 셰리 David Sherry는 꽃이 보상을 제공하는 시점들 간의 간격을 벌이 학습해 기다릴 수 있는지, 즉 혀를 내밀지 않고 있을 수 있는지 관찰했다.[20] 실제로 이런 자제력은 인간처럼 뇌가 큰 척추동물의 뛰어난 지능을 보여주는 지표로 간주된다. 이들은 호박벌을 6초, 12초, 24초, 36초 간격으로 기다리게 만든 다음 보상받도록 훈련시켰는데 놀랍게도 각 그룹의 벌은 훈련된 간격이 끝날 때까지 반응을 자제했다.[21] 따라서 그들은 호박벌의 이런 행동이 미래를 예측하는 행동이라는 결론을 내렸다. 그들은 이 결론에 기초해 호박벌의 이런 자제력은 다양한 꽃의 꽃꿀이 각각 언제 다시 보충되는지 호박벌이 알고 있는 상태에서 꽃꿀 채집 경로를 계획할 때 매우 유용하며, 이런 계획을 세울 수 있는 노련한 호박벌은 날아다니다 우연히 꽃밭을 발견한 호박벌보다 더 효율적으로 채집할 수 있다는 가설을 제시했다.[22]

공간 개념 학습

마틴 지우르파의 제자 오로르 아바르게-베베르Aurore Avarguès-Weber는 영장류에서 공간 개념 학습으로 간주되는 과제인 '위'와 '아래' 개념 학습이 꿀벌에게서 가능하다는 사실을 실험을 통해 발견했다.[23] 이 실험은 기준선(수평선) 위와 아래에 각각 도형을 표시한 그림 2장을 Y자 미로 양팔에 각각 배치해 꿀벌이 위와 아래 개념을 학습할 수 있는지 확인하는 실험이었다([그림 7-7]). '위' 개념을 학습하는 벌은 기준선 위에 도형이 표시된 그림이 있는 팔을 선택하고, '아래' 개념을 학습하는 벌은 기준선 아래 도형이 표시된 그림이 있는 팔을 선택해야 했다. 꿀벌은 이 과제를 빠르게 학습했고, 이전에 한 번도 본 적이 없는 도형이 기준선 위 또는 아래 표시됐을 때도 위와 아래 개념을 확실하게 구분함으로써 전이 테스트를 통과했다.

또한 아바르게-베베르는 벌이 영장류 동물보다 더 빠르게 이런 학습을 한다는 사실도 발견했다. 영장류 동물이 이와 비슷한 과제를 학습하기 위해서는 수백 번에서 수천 번의 시도를 해야 하지만 벌은 몇십 번의 시도만으로 이 과제를 성공적으로 학습했기 때문이다. 실제로 1,000억 개의 뉴런을 가진 인간의 영아는 생후 6개월이 지나야 이런 테스트를 통과할 수 있다. 다음 섹션에서 우리는 꿀벌이 영장류 동물과는 전혀 다른 방식으로 이런 과제를 빠르게 해결한다는 것을 살펴볼 것이다.

벌이 개념 학습 과제를 해결하기 위해 사용하는 간단한 방식

꿀벌은 공간 개념 학습 과제를 어떻게 해결할까? 꿀벌의 과제 해결 전략은 영장류의 전략과 동일할까? 앞서 우리는 벌이 시각 패턴을 한눈에 흡수하는 것이 아니라 순차적으로 스캔해 학습한다는 사실을 살펴본 바 있다. 우리 팀 박사과정 학생인 마리 기로드Marie Guiraud와 마크 로퍼Mark Roper는 꿀벌의 비행 궤적을 Y자 미로 안에서 분석해 꿀벌이 위/아래 식별 과제를 어떻게 해결하는지 연구했다. 이들은 꿀벌의 선택 전략을 보여주는 수백 시간 길이의 동영상을 분석한 결과 대부분의 꿀벌이 목표물을 자세히 관찰함으로써 과제 수행에 성공했지만, 먹이통에 내려앉기로 결정하기 전 패턴(그림)의 아

랫부분(수평 기준선 아래)만 관찰한다는 사실을 발견했다.[24]

어떻게 꿀벌은 양쪽의 두 그림에서 각각 아랫부분만 보고도 과제를 성공적으로 수행할 수 있었을까? 이 의문에 대한 탐구는 상당히 중요한 의미를 지닌다. 이 의문에 대해 탐구함으로써 우리는 동물들이 인지 과제를 해결할 때 인간이 사용하는 전략과는 전혀 다른 전략을 사용하지만 그 전략이 매우 뛰어난 전략이라는 것을 알게 됐기 때문이다.

꿀벌들은 훈련 초기에 대개 측면 편향side bias(Y자 미로의 왼쪽 또는 오른쪽 팔을 선호하는 성향)이 있거나 무작위로 두 팔 중 하나를 선택했다. 훈련이 끝난 다음 어떤 일이 일어났는지 '위' 개념을 학습한 꿀벌에 대해 먼저 설명해 보자. 꿀벌은 기준선과 도형이 그려진 그림이 있는 팔의 뒤쪽 벽에 도착하자마자([그림 7-7]) 그림 아래쪽에 있는 모양(기준선 또는 도형)을 관찰했다. 이 모양이 기준선이면([그림 7-7]의 수평선) 꿀벌은 자신이 올바른 위치에 도착했다는 것을 알았다. 벌은 기준선 위에 있는 도형을 살펴보지 않았고, 이는 그림 아래쪽에 기준선이 있기만 하다면 올바른 위치라는 것을 알고 있었기 때문이다. 그림 아래쪽에 있는 모양이 기준선이 아닌 경우도 꿀벌은 그림의 기준선 외의 다른 모양은 자세히 살펴보지 않았다. 그림 아래쪽에 있는 모양이 기준선이 아니라는 것만 가지고도 자신이 잘못된 위치에 있다는 것을 알았고, 보상을 얻기 위해 미로의 다른 쪽 팔로 날아갔다.

'아래' 개념을 학습한 벌은 이와는 정반대 전략을 사용했다. 이 벌들은 자신이 날아 들어간 팔의 뒤쪽 벽에 있는 그림에서 기준선이

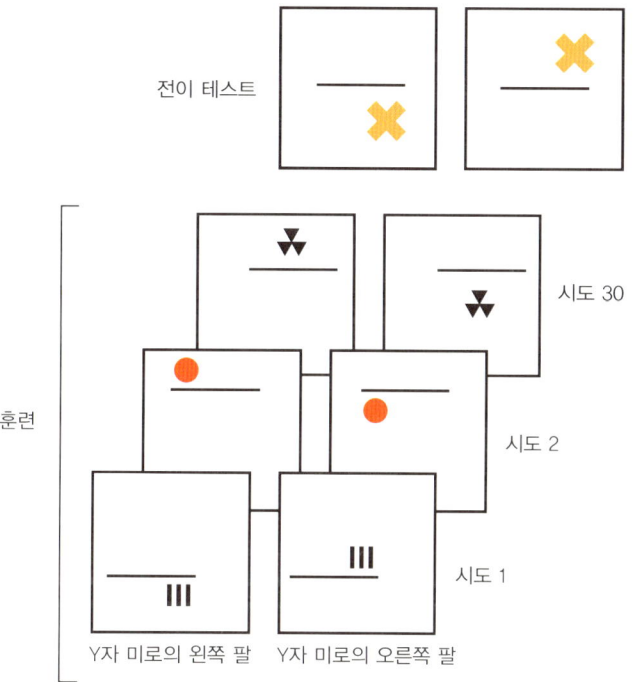

[그림 7-7] 벌에게 '위' 개념을 학습시키기 위한 실험. 네모 그림들은 벌이 Y자 미로 안에서 순차적으로 관찰하는 자극을 나타낸다. 같은 줄에 있는 2개의 네모 그림은 도형이 기준선 위 또는 아래에 각각 그려져 있다는 차이밖에 없다. 벌은 훈련 중 이렇게 서로 다른 패턴을 모두 만나게 되고, 도형이 기준선 위에 있는 그림을 선택할 때만 보상을 받았다(이와는 별도로 연구자들은 도형이 기준선 아래 있는 그림을 선택할 때만 보상받도록 다른 벌들도 따로 훈련시켰다). Y자 미로의 두 팔 안쪽에 배치된 그림의 위치는 벌이 고정된 위치를 기억하는 것을 방지하기 위해 다른 도형이 그려져 있는 그림으로 바꿀 때 다른 위치로 계속 옮겼다.

아래쪽에 있는 경우, 즉 그 위치가 잘못된 위치인 경우 바로 다른 쪽 팔로 날아갔다(이 벌들도 그림에서 기준선 외의 다른 모양은 자세히 관찰하지 않았다). 벌은 처음에 자신이 선택한 팔에 있는 그림의 아래쪽에 기준선이 아닌 모양이 그려져 있으면 그것이 어떤 모양이든 자신이 올바른 위치에 있다는 것을 알았다. 이는 과학자들이 이전에 개념 학습 과제라고 생각했던 과제를 벌이 개념 학습을 전혀 필요로 하지 않는 전략을 이용해 수행할 수 있다는 뜻이다. 그렇다고 해서 벌에게 사람들(적어도 실험 심리학자들)이 기대하는 방식으로는 이 과제를 수행할 능력이 없을 것이라고 확신하긴 힘들다. 일부 벌은 더 포괄적인 훈련을 통해 사람이 과제를 수행하는 방식으로 이 과제를 수행할 수 있을 것으로 보인다.

이 장에서는 꽃 방문 측면에서 벌의 심리에 대해 살펴봤다. 꽃에서 보상을 발견한 벌이 기억에 저장하는 것은 꽃의 '이미지'만이 아니라는 것은 분명하다. 벌은 모든 감각기관으로 들어오는 입력을 활용해 다양한 감각 경험을 기억에 저장하며, 다양한 종류의 꽃에 대한 경험을 통합하고 그 꽃들의 공통적인 특징을 기억에 저장한다. 이 장에서 우리는 벌의 지능이 뛰어나지만 인간을 비롯한 다른 동물의 지능과는 다르다는 사실을 살펴봤다. 벌이 생각해낸 문제해결 방법이 어떤 것이든, 벌에 비해 훨씬 큰 뇌를 가진 척추동물만이 가지고 있다고 최근까지 생각되던 인지능력을 벌이 가지고 있다는 것은 분명하다. 지능적 행동을 위해서는 큰 뇌가 필요하다는 생각, 즉 지능적 행동과 큰 뇌가 어떤 형태로든 연관관계를 가진다는 일반적인 견해에 비추어볼 때 벌의 이런 능력은 매우 놀랍다고 할 수밖에 없다.

하지만 이런 일반적인 견해를 뒷받침하는 연구 결과들을 살펴보면 많은 과학자들이 동물의 인지능력을 분류할 때 실제로 인지능력에 필요한 신경계의 계산능력에 대한 분석이 아니라 직관에 따라 '간단한' 인지능력과 '고등한' 인지능력으로 분류하고 있다는 사실을 알 수 있다. 이 문제에 대해서는 제9장에서 어려워 보이는 대부분의 학습 과제들이 실제로는 매우 간단한 신경 메커니즘에 의해 매개된다는 사실을 다루면서 자세히 설명할 것이다.

앞서 우리는 색깔과 보상을 연결시키는 학습처럼 간단해 보이는 '단순 연상학습simple association learning'이 결코 간단한 학습이 아니며, 학습의 수행 정도는 상황, 동기, 주의력에 따라 달라진다는 것을 살펴봤다. 그리고 다른 한편으로는 벌(그리고 다른 동물들)이 복잡해 보이는 '개념' 학습 과제를 비교적 간단한 방식으로 해결할 수 있다는 것도 살펴봤다.

일반적으로 범주 형성 능력category formation(예를 들어 여러 가지 꽃 중 대칭적인 모양의 꽃과 비대칭적인 모양의 꽃을 분류해 내는 능력)은 꽃 하나하나의 패턴을 기억하는 능력보다 인지적으로 고등한 능력이라고 생각된다. 하지만 범주 형성 능력이 고등한 능력이려면 기억 저장 공간이 제한되지 않아야 한다. 곤충처럼 뇌가 작은 동물은 기억 공간이 물리적으로 작기 때문에 범주 형성처럼 다른 형태의 정보 저장 방식이 진화하도록 선택압력selection pressure을 받았을 가능성이 있다. 그렇다고 해서 인지능력에 큰 뇌가 필요하다는 생각이 잘못된 생각이라는 뜻은 아니다. 다만, 나는 같은 인지능력이라도 종에 따라 완전히 다른 전략에 의해 매개될 수 있으며, 따라서 이를 뒷받침하는 신경 회로의 계산 방식도 다를 수 있다고 본다. 나는 인지 작용을 신경 회로 기능으로 이해하려면 인지 작용을 '하위' 인지 작용과 '상위' 인지 작용으로 분류하는 것에는 신중을 기해야 한다고 생각한다.

이전 장들에서 우리는 벌의 학습 능력에 대해 개체를 기준으로 살펴봤다. 하지만 우리가 살펴본 벌은 대부분 사회성 벌이었다. 따라서 다음 장에서는 사회성 벌의 상징적 의사소통 시스템, 민주적 의사결정 방식, 간단한 '도구 사용' 과제를 수행하면서 서로를 모방하는 방식에 대해 살펴볼 것이다.

8

사회적 학습에서 '무리 지능'으로

"1857년 여름 나는 한 곤충이 다른 속(genus)에 속하는 곤충의 복잡한 행동을 모방하는 신기한 장면을 관찰했다. 호박벌 몇 마리가 아래턱으로 강낭콩 꽃의 꽃받침(calyx: 꽃의 맨 바깥 부분) 아랫부분을 잘라내 꽃꿀을 빨아먹고 있는 것을 관찰한 바로 다음 날 나는 같은 벌집에 사는 모든 꿀벌이 한 마리도 예외 없이 그 전날 호박벌 몇 마리가 뚫어놓은 구멍을 통해 꽃꿀을 빨아먹고 있는 것을 보게 됐다. 나는 꿀벌이 호박벌의 행동을 보면서 그 행동이 어떤 의미인지 이해했거나, 꿀벌이 호박벌의 행동을 단순히 모방했거나 둘 중 하나가 분명하다는 생각을 했다.

나는 이 추론이 검증된다면 이것이 곤충의 지식 습득을 보여주는 매우 유용한 사례가 될 것이라는 생각이 들었다. 만약 한 속의 원숭이가 다른 속의 원숭이로부터 먹이를 먹는 행동을 배운다면 이는 매우 놀라운 일일 것이다. 하물며 일반적으로 지능적 능력과 반비례한다고 생각되는 본능적 능력이 뛰어난 곤충들이 서로의 행동을 배운다면 이는 얼마나 놀라운 일일까?"

― 찰스 다윈, 1884년, 1841년

사회적 학습 능력, 즉 다른 개체에 대한 관찰을 통해 또는 다른 개체의 영향이나 지도를 받아 학습하는 능력은 인간의 문화를 구성하는 기본 요소 중 하나로 여겨진다. 그렇다면 벌처럼 뇌가 작은 동물에게는 사회적 학습이 존재하지 않을 가능성이 높을까? 우리는 제5장에서 사회적 학습의 특수한 형태인 꿀벌의 춤에 대해 살펴봤다. 하지만 다윈의 생각처럼 꿀벌도 야생에서 다른 벌의 행동을 관찰해 학습할 수 있을까?

다른 벌의 행동에 대한 관찰을 통한 꽃 선택 학습

수분 매개 곤충은 다양한 식물종이 제공하는 꽃꿀과 꽃가루를 비교해 가장 좋은 선택을 해야 하기 때문에 사회적 학습 연구를 하기에 매우 좋은 대상이다. 좋은 꽃 종이나 꽃밭을 구성하는 요소에 대한 신뢰할 수 있는 정보를 얻으려면 광범위한 샘플링이 필요한 경우가 많으며, 앞서 살펴본 것처럼 꽃 형태가 복잡한 종의 경우 꿀에 접근하기 위한 조작 기술을 습득하는 데 수십 번의 시도가 필요할 수도 있다. 초원에는 여러 종의 꽃가루 매개 곤충이 동시에 활동하는 경우가 많기 때문에 다른 곤충으로부터 정보를 수집할 기회가 많다. 게다가 사회성 곤충은 수십에서 수천 마리의 서로 밀접하게 관련된 개체로 구성된 군집 형태로 산다. 이런 '초유기체superorganism(무리를 이루는 개체들이 마치 하나의 생명체처럼 유기적으로 움직이는 집합체; 역주)'는 척추동물과는 비교할 수 없을 정도로 활발하게 서로 정보를 공유하고 학습한다.[1]

경험이 적은 벌의 비행 범위에는 영양의 질과 양이 각각 다른 여러 종의 꽃이 있는 경우가 많다. 초보 벌은 이 모든 꽃 종에서 먹이를 채집하거나 다른 꽃가루 매개자의 먹이 활동에 주의를 기울일 것이다. 즉 초보 벌은 수익성 있는 자원을 빨리 찾기 위해 다른 꽃 방문자가 활발하게 활동하는 위치, 즉 같은 종에 속하기 때문에 같은 영양분을 필요로 하고 꽃을 다루기 위한 몸의 물리적 조건도 같은 벌들이 활동하는 위치에서 먹이 활동을 시작할 것이다.

내 연구실에서 박사학위 과정 연구를 수행하던 엘루이즈 리드비터Ellouise Leadbeater는 호박벌이 이렇게 중요한 정보를 어떻게 습득하는지 알아내기 위해 동일한 보상을 제공하는 인공 꽃(파란색·노란색 인공 꽃)으로 간단한 '초원'을 만들었다. 이 초원에서 (꽃을 방문한 경험이 한 번도 없는) 벌들은 경험 있는 벌들이 선호했던 위치를 강하게 선호했다. 그 뒤 이 초보 벌들은 (경험 있는 벌들의 가이드를 받아) 자신이 처음에 선호했던 인공 꽃에 거의 계속 내려앉았다. 초보 벌이 다른 꽃을 선택하는 경우는 대부분 다른 벌이 다른 꽃에 앉는 것을 본 후였다. 따라서 이 초보 벌들은 다른 벌들의 행동을 무조건적으로 따라 한 것이 아니라 경험 있는 벌들이 인공 꽃에 앉아 보상을 얻는 것을 관찰한 후에야 행동을 따라 한 것이라고 확신할 수 있다.

먼 곳에 있는 다른 벌에 대한 관찰을 통한 학습

리드비터는 애리조나대학교 브래들리 워든Bradley Warden, 대니얼 파파즈Daniel Papaj와 함께 진행한 연구를 통해 초보 호박벌이 단순히 다른 호박벌의 행동을 따라 하는 것이 아니라는 사실을 발견했다. 이 연구에서 리드비터는 초보 호박벌들을 유리막을 통해 '조교' 호박벌(경험 있는 호박벌)들과 분리했다. 유리막을 통해 조교 호박벌들이 서로 다른 두 가지 색깔의 꽃 중 하나를 선택하는 것을 멀리서 관찰한 초보 호박벌들은 조교 호박벌들이 방문했던 꽃 색깔과 같은 색깔의 꽃을 강하게 선호했다.[2]

이 결과는 관찰 당시 유리막으로 분리된 초보 벌들이 멀리서 조교 벌들의 행동을 지켜봤지만 보상을 제공받지 못했다는 점을 생각하면 의미가 매우 큰 결과라고 할 수 있다. 초보 벌들은 자신의 선택에 대해 보상받지 못했음에도 불구하고 꽃 색깔과 보상과의 관계를 학습했기 때문이다. 이 초보 벌들은 다윈이 말한 것처럼 자신이 보고 있는 것을 '이해'했을까? 우리는 두 단계로 구성되는 간단한 고전적 연상학습classical associative learning 이론으로 이 현상에 대한 설명을 시도했다. 파블로프Pavlov 시대부터 '2차 조건화second-order conditioning'라고 불렸던 고전적 연상학습 과정은 먼저 자극 A가 보상과 관련 있다는 것을 학습한 개체가 그 후 자극 A와 B를 함께 볼 때 B도 보상이 될 것이라고 예측하는 과정을 말한다.[3]

우리는 호박벌이 실제로 이런 2차 조건화 과정을 보이는지, 즉 가장 보상을 많이 제공하는 꽃을 찾아내기 위해 호박벌이 서로의 행동을 학습하는지 연구하기로 했고, 이 연구에는 또 다른 박사과정 연구원인 에리카 도슨Erica Dawson과 오로르 아바르게-베베르가 참여했다.

이들은 먼저 벌이 보상의 존재와 다른 벌들(자극 A)을 연결시키는 법을 학습할 수 있도록 훈련시킨 뒤 특정한 색깔의 꽃(자극 B)에 다른 벌이 앉는 것을 보게 했다. 이들은 자극 A가 벌에게 보상을 예측하게 만든 후 자극 A와 자극 B가 함께 있는 것을 보게 만들면 이 벌들은 자극 B도 보상을 제공한다는 예측을 할 수 있을 것으로 예상했다([그림 8-1]). 실제로 이 실험은 이들이 예상한 결과를 나타냈을 뿐만 아니라 벌이 다른 벌이 꽃에 앉는 것을 보고 부정적 반응을 보일 수도 있다는 것을 드러냈다. 즉 벌이 다른 호박벌의 존재를 쓴 퀴닌 용액의 존재와 연결시키게 만들면 이 벌들은 그 다른 호박벌들이 방문하지 않은 꽃을 선택했던 것이다.

우리는 제6장에서 벌이 보상 없이도 방향 탐색 비행을 하면서 관찰을 통해 벌집 주변 지형지물에 대한 중요한 정보를 학습할 수 있다는 연구 결과를 다룬 바 있다. 우리의 이 연구 결과는 벌이 멀리서 2개의 자극을 보면서 그 자극 중 한 개만 보상을 제공한다는 배경 지식에 기초해 그 2개의 자극을 연결시킬 수 있는 능력도 가지고 있다는 것을 보여준다. 또한 도슨과 리드비터는 꿀벌이 인공 자극(색깔 있는 조명)을 위협 요소로 받아들여 경보 페로몬을 분비할 수 있다는 사실도 발견했는데, 이는 벌의 연상학습 능력을 추가적으로 증명한 발견이었다(일반적으로 경보 페로몬은 꿀벌이 집을 공격하는 포식자를 공격하기 직전에 분비된다). 꿀벌은 사회적 신호에 기초해 '경고등', 즉 경보 페로몬을 사용하는 법을 학습한 것이었다.[4]

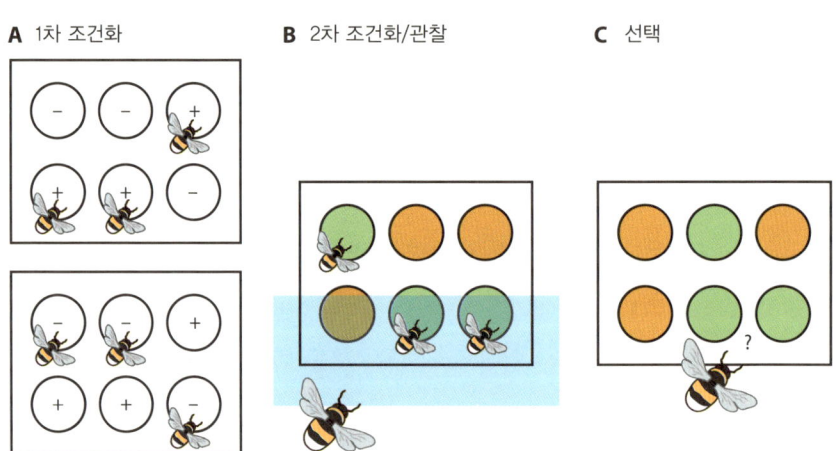

[그림 8-1] 관찰을 통한 호박벌의 사회적 학습을 2차 조건화로 설명할 수 있을까? 벌은 다른 벌의 행동을 관찰해 설탕 보상(A의 위쪽 패널에서 '+'로 표시된 원)을 예측하거나 쓴 퀴닌 용액(A의 아래쪽 패널에서 '–'로 표시된 원)을 예측하는 연상학습을 통해 복잡해 보이는 행동(다른 벌의 꽃 선택 모방)을 수행할 수 있다. 이렇게 훈련받은 벌은 나중에 다른 벌이 녹색 꽃을 방문하는 것을 유리막을 통해 보면서(B) 자신이 이전에 중요성에 대해 학습했던 내용(A)과 다른 벌들의 존재를 연결시켰고, 그 후 다른 벌들을 제거하자 이전에 받은 훈련의 첫 번째 단계(다른 벌의 존재가 보상을 뜻한다는 것을 학습한 단계)에 따라 녹색 꽃을 선택하거나 두 번째 단계(다른 벌의 존재가 쓴맛을 뜻한다는 것을 학습한 단계)에 따라 오렌지색 꽃을 선택했다.

다른 종으로부터의 학습

에리카 도슨은 서로 다른 꽃가루 매개자 종이 서로를 '모방'할 수 있다는 다윈의 생각을 실험을 통해 확인하기도 했다. 이 실험에서 호박벌은 꿀벌의 존재가 보상을 예측한다는 것을 알게 된 뒤 꿀벌의 꽃 선택을 모방했다. 다른 종으로부터의 학습은 매우 유용한 전략이 될 수 있다.[5] 같은 종, 특히 같은 군집의 구성원들로부터 학습하게 되면 동일한 자원에 대한 과도한 이용과 경쟁이 발생할 수 있다. 즉 먹이원과 서식지가 비슷한 다른 종의 먹이 선택을 관찰하는 것은 한 꽃가루 매개자 종이 수익성 높은 새로운 먹이원의 위치를 더 잘 파악할 수 있게 해주는 전략이 될 수 있다. 또한 종에 따라 경계 수준, 지각 능력, 정보 수집 방법이 다를 수 있기 때문에 다른 종을 관찰하는 것은 한 개체가 자신의 힘으로 먹이를 탐색하거나 같은 종에 속한 개체들의 행동을 관찰하는 것으로는 얻기 힘든 정보를 얻을 수 있게 만든다. 게다가 종이 다르면 관심 대상이 적게 겹치기 때문에 경쟁이 줄어들 수도 있다.

서로 다른 두 종의 꿀벌인 양봉꿀벌 Apis mellifera과 동양꿀벌 Apis cerana을 같은 벌통에 넣고 진행한 연구에 따르면 꿀벌은 다른 꿀벌 종의 춤 언어(제5장 참조)를 해독하는 법을 배울 수 있다. 두 종은 '거리 코드 distance code'가 다르기 때문에 같은 먹이원의 위치를 미세하게 다른 춤으로 나타낸다.[6]

하지만 같은 벌통에서 이 두 종이 '서로 대화할 때' 동양꿀벌은 양봉꿀벌의 춤 '방언'을 해독하는 법을 학습한다. 일종의 시행착오를 통한 학습인 것으로 추정된다. 처음에 양봉꿀벌의 춤을 잘못 해독해 보상이 적은 먹이원 위치로 날아간 동양꿀벌은 자신이 해석 오류를 범했다는 것을 알게 되고, 다음 탐색 비행에서는 자신의 해석을 보정해 '방언'을 올바르게 해석한다. 안쏘는벌의 일종인 트리고나 스피니페스Trigona Spinipes는 다른 종의 벌들이 먹이원에 남긴 냄새 흔적을 추적하는 방식으로 먹이원을 찾아내는 방법을 학습할 수 있다.[7] 트리고나 스피니페스는 이런 방법으로 먹이를 찾아낸 다음 그 먹이원을 처음 발견해 이용하던 벌을 쫓아내거나 죽이기도 한다.

관찰을 통한 도둑질 기술 학습

찰스 다윈은 벌이 꽃에서 보상에 접근하는 기술을 서로에게서 배울 수 있다고 생각했다(이번 장의 도입부 인용문 참조). 다윈은 구체적으로 입 길이가 짧은 벌이 꽃들 사이에서 수분 매개를 하지 않고 꽃 표면에서 꽃꿀이 있는 위치까지 긴 관tube으로 연결된 꽃에서 꽃꿀을 추출하는 기술, 즉 아래턱으로 꽃받침에 구멍을 내 꽃꿀을 '훔치는' 방법을 서로 다른 벌로부터 배운다고 생각했다. 현재는 벌이 사용하는 이 방법을 '꽃꿀 도둑질nectar robbing'이라고 부른다.[8]

리드비터는 호박벌이 '정당하게'(관 안으로 기어 들어가서) 꽃꿀을 추출할 수도 있고, 아래턱을 이용해 꽃의 아랫부분으로 이어지는 관에 구멍을 뚫어 꽃꿀을 추출할 수도 있는 조건을 조성했다([그림 8-2]). 이 조건에서 대부분의 호박벌은 긴 관을 통과해 꽃꿀에 접근

[그림 8-2] 호박벌의 꽃꿀 도둑질. 위의 두 사진은 꽃꿀 펌프에 콩꽃이 연결된 상태에서 호박벌이 꽃꿀을 추출하는 모습을 찍은 것이다. **위**: 호박벌이 꽃의 수술 또는 암술이 있는 부분을 통해 꽃 안으로 들어가면서 '정당하게(legitimately)' 꽃꿀을 추출하고 있다. **아래**: '꽃꿀 도둑질'을 하는 호박벌이 수분 매개 활동을 하지 않으면서 꽃 아랫부분에 구멍을 뚫어 보상을 추출하고 있다. 초보 호박벌은 이런 꽃꿀 도둑질 경험이 있는 호박벌을 관찰해 이 방법을 학습한다.

했다. 관의 아랫부분에 구멍을 뚫어 꽃꿀을 추출하는 '혁신적' 방법을 이용한 호박벌은 극소수였다. 하지만 이 극소수 벌이 관에 구멍을 뚫기 시작하자 점점 더 많은 벌이 이 극소수 벌이 뚫어놓은 구멍을 이용해 '꽃꿀 도둑질'을 하기 시작했다. 꽃꿀을 얻을 수 있는 지름길을 경험하게 된 호박벌은 점점 더 많이 스스로 관에 구멍을 뚫기 시작했다. 우리는 벌의 이런 사회적 학습에 대한 관찰을 통해 집단 특유의 행동이 그 집단의 '혁신적 구성원들'로부터 다른 구성원들로 확산되는 과정에 대해 탐구할 수 있는 기회를 얻은 것이었다.

영국의 보존 생물학자 데이브 골슨Dave Goulson은 야생화의 일종인 노란딸랑이yellow rattle[건과(마른 열매)에 씨앗이 성기게 들어 있어 이런 이름이 붙었다] 꽃에서 꽃꿀을 훔치는 알프스 호박벌의 습관을 연구했다.[9] 긴 관 모양을 한 이 꽃에는 꿀샘nectary(꽃꿀이 맺히는 부분)과 가까운 2개의 취약한 부분(양쪽에 하나씩)이 있는데, 혀가 짧은 꿀벌은 이를 재빨리 알아채고 꽃의 오른쪽이나 왼쪽에 구멍을 뚫기 시작한다. 골슨과 동료들은 호박벌이 꽃이 있는 위치에 따라 오른쪽이나 왼쪽에 구멍을 뚫는 것을 선호하며, 이런 편향은 개화 시기 내내 강화된다는 것을 발견했다. 이는 각각의 꽃밭에서 처음으로 꽃꿀을 훔치는 호박벌들이 왼쪽이나 오른쪽 중 어느 한쪽을 선호하며, 이는 다른 호박벌들이 이 호박벌들의 (한쪽을 선호하는) 행동을 관찰해 모방할 수 있는 기회, 즉 이 호박벌들이 (한쪽에) 뚫어놓은 구멍을 발견해 이용할 수 있는 기회를 늘린다는 뜻이다.

벌의 문화와 전통

벌에게 행동적 전통이 존재할 수 있다는 생각을 한 것은 우리 같은 호박벌 연구자들이 처음은 아니다. 마르틴 린다우어는 이미 1980년대 초반에 꿀벌의 문화적 전통에 대한 연구를 진행했다(제3장 참조). 린다우어는 마지막으로 진행한 실험연구 중 하나에서 꿀벌 군집의 일상적인 활동 리듬이 먹이 가용성food availability 패턴의 일상적인 패턴에 따라 형성되며, 그 일상적인 먹이 환경을 직접 겪지 않은 꿀벌에게도 '전통tradition'으로 전달된다는 것을 밝혀냈다.[10]

린다우어는 이 실험에서 한 군집의 꿀벌에게는 먹이를 구할 수 있는 시간을 아침 5~6시 한 시간으로 한정하고, 다른 군집의 꿀벌에게는 저녁 8~9시 한 시간으로 한정해 훈련을 시켰고, 꿀벌들은 자신의 활동 패턴을 먹이 가용성에 맞추는 법을 학습했다. 그런 다음 린다우어는 각 군집에서 유충방brood cell(알, 유충, 번데기가 자라는 방)을 제거해 유충과 번데기가 꿀벌과의 접촉 없이 인큐베이터에서 성충으로 자라도록 만들었다. 이렇게 성충으로 자란 꿀벌은 자신이 속한 군집의 매우 이상한 활동 패턴을 따라 하는 모습을 보였다. 즉 이 꿀벌들은 아침에만 활동하거나 저녁에만 활동했던 것이다.

꿀벌의 유충과 번데기가 자신이 속한 군집의 활동 패턴을 어떻게 따라 하는지는 아직 의문으로 남아 있다. 하지만 린다우어는 먹이 채집 활동이 집중적으로 일어나는 시간에 꿀벌들이 집중적으로 춤을 춤에 따라 벌집도 집중적으로 진동하게 되고, 벌집 안의 유충이나 번데기가 이 진동을 감지해 군집의 활동 패턴을 습득하는 것으로 보인다고 생각했다.

지금까지 우리가 살펴본 벌의 사회적 학습에 대한 연구들은 자연에서 꽃을 방문하는 벌이 하는 행동에 대한 관찰과 그 벌이 수행하는 과제를 연구자들이 조작하는 방식으로 이뤄진 것들이다. 따라서 이 연구들은 자연환경에서 벌이 나타내는 특징을 중심으로 한 연구라고 할 수 있다. 하지만 인간의 문화 전통의 가장 큰 특징 중 하나는 인간의 문화 전통에 우리 종의 본능과는 거리가 먼 현상이 포함된다는 점이다. 그렇다면 벌이 비자연적인 행동, 즉 자연환경에서는 일반적으로 하지 않는 행동을 하고 그 행동이 확산되는 과정을 관찰하는 것이 가능할까?

2008년 나는 런던 퀸메리대학교에 심리학 연구소를 설립하고 다양한 과학자들과 함께 까마귀과 조류나 침팬지 등 인간이 아닌 척추동물 중 가장 똑똑하다고 알려진 동물의 인지를 연구할 수 있게 됐다. 척추동물의 지능을 연구할 때 대부분의 경우는 줄을 당겨야 보상을 얻을 수 있는 과제처럼 동물이 일상적으로 접하지 않는 과제들을 이용한다. 어떤 학회에서 조류 연구자 중 한 명이 앵무새가 이 줄 당기기 과제를 수행하지 못했다고 발표했을 때 내가 "우리 호박벌이라면 성공할 겁니다!"라고 크게 말했던 기억이 난다. 그때 참석자들은 "당연하지."라고 모두 동의했다.

실제로 박사후 과정 연구원 실뱅 알렘Sylvain Alem과 크윈 솔비Cwyn Solvi는 이 실험을 진행했다. 이들은 벌이 자연에서 볼 수 없는 인공 꽃을 유리판 밑에 놓고 벌이 인공 꽃에 달린 줄을 당겨야 보상을 얻을 수 있도록 만들었다([그림 8-3]). 결론부터 말하면, 벌은 단계적인 훈련을 통해 이 과제를 학습할 수 있었다. 우리는 100마리가 넘는 벌을 대상으로 실험을 진행했는데 처음에 이 벌 중 유리판 밑에 있는 인공 꽃을 끌어당기는 '혁신적인' 방법으로 보상을 얻은 벌은 두 마리밖에 없었다. 하지만 그 두 마리가 줄을 끌어당겨 보상을 얻는 것을 본 다른 벌들이 (그 두 마리의 벌과 직접 상호작용하거나 줄을 끌어당기

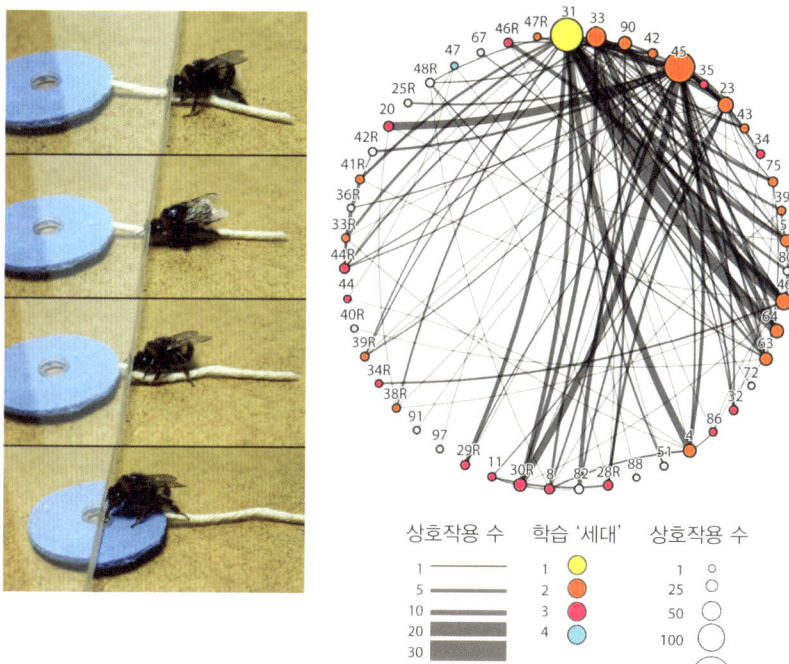

[그림 8-3] 호박벌의 줄 당기기 과제 수행. **왼쪽**: 투명한 유리판 아래 놓인 인공 꽃에 접근하기 위해 줄을 잡아당기는 호박벌. 파란색 인공 꽃 안에 설탕 용액이 들어 있다. **오른쪽**: 호박벌 군집에서 줄 당기기 행동이 확산되는 과정. 숫자가 표시된 노드(node: 큰 원 둘레에 표시된 작은 원)는 호박벌 개체를 나타낸다. 검은 선들은 2개의 개체가 최소 한 번은 상호작용했다는 것을 뜻하며, 선의 두께는 두 개체 간 상호작용 횟수를 나타낸다. 노드의 크기는 한 개체가 다른 개체와 상호작용한 횟수를 나타내며, 노드의 색깔은 개체가 속한 학습 '세대(generation)'를 나타낸다. 맨 위의 노란색 노드는 가장 먼저 줄을 당겨 설탕 용액을 먹는 법을 알아낸 개체를 나타낸다. 이 벌로부터 벌 한 마리가 줄을 당기는 법을 배우면 그 벌은 노란색 벌로부터 배운 1차 학습자(오렌지색 노드)가 되고, 이 1차 학습자로부터 배운 벌은 2차 학습자(핑크색 노드), 이 2차 학습자로부터 배운 벌은 3차 학습자(청록색 노드)가 된다. 회색 노드는 관찰 기간 동안 줄을 당기는 기술을 배우지 못한 벌을 나타낸다.

는 벌을 7m 떨어진 거리에서 유리막을 통해 관찰해) 줄을 당기는 행동을 따라 했다.[11]

벌들의 사회적 학습은 여기서 끝나지 않았다. 이런 사회적 학습은 진정한 의미의 문화 확산으로 이어졌다. 이런 문화 확산은 사람들 사이에서 새로운 혁신이 퍼지기 시작해 수많은 사람들에게 빠르게 확산되는 현상과 본질적으로 같은 종류의 확산이었다. 실제로 꿀벌의 새로운 줄 당기기 기술은 이 기술을 최초로 사용한 한 마리에서 시작돼 군집에 속한 대부분의 벌에게 빠르게 확산됐다. 또한 우리는 이 기술을 배우는 벌을 '세대'별로 나눌 수 있다는 사실도 발견했다. 이 기술을 몰랐던 벌이 이 기술을 알고 있는 벌과 상호작용해 기술을 습득한 후 다음 학습 '세대'에게 이 기술을 전달하는 현상이 관찰됐기 때문이다. 이런 방식으로 특정 기술은 그 기술을 알고 있는 벌이 수명을 다해도 군집 내에서 계속 전달된다([그림 8-3]).

호박벌을 대상으로 줄 당기기 실험을 수행할 때 우리는 벌의 줄 당기기 수행 능력이 그다지 뛰어난 능력이 아닐 것이라고 생각했다. 우리는 벌의 이런 능력을 같은 종에 속한 벌들의 행동을 모방하는 능력, 연상학습(같은 종에 속한 벌의 존재가 보상을 뜻한다는 것에 대한 학습) 능력, 시행착오 학습(줄 당기기 기술을 습득하기 위한 학습) 능력이 결합된 결과로 설명할 수 있으며, 이런 결합 능력만으로도 먹이 채집 기술의 문화 확산을 설명할 수 있다고 생각했다. 다른 벌이 과제를 해결하는 것을 지켜보는 벌이 다윈이 말한 것처럼 "자신이 하는 일을 이해"했다거나 관찰한 행동을 모방하려 했다는 명확한 증거가 없었기 때문이다. 우리는 벌의 사회적 학습이나 같은 종에 속하는 벌의 존재가 별로 특별한 의미를 가지지 못할 수도 있고, 벌이 사는 환경에서 다른 벌이 보상이나 위협과 연결될 수 있는 다른 요소들과 별로 다르지 않을 수도 있다는 생각을 했다.

하지만 벌의 이런 사회적 학습이나 같은 종에 속하는 벌의 존재는 간단하게 해석할 문제가 아니었다. 모든 동물에게 같은 종에 속하는 동물의 존재는 엄청나게 중요한 의미가 있다. 예를 들어 같은 종에 속하는 동물에 대한 인식은 고독성 종들에게서조차 매우 핵심적 역할을 한다. 이런 인식은 번식을 위한 파트너를 선택하는 과정에서 매우 중요하기 때문이다. 이는 은신처를 짓고, 먹이를 구하고, 방어를 위해 서로에게 의존하는 사회성 종에서는 더욱 두드러지는 현상이다. 또한 벌은 다른 종에 속하는 개체로부터 학습할 수 있지만, 어떤 자원을 활용할지에 대한 정보원으로는 같은 종의 개체를 더 신뢰하는 것으로 밝혀졌다. 같은 종에 속하는 벌은 같은 종류의 영양분을 필요로 하며, 꽃꿀이나 꽃가루를 채집하기 위해 동일한 형태적 적응 과정(같은 종에 속하는 벌은 혀의 길이나 아래턱의 강도 등이 같다)을 거쳤기 때문에 이는 매우 설득력 있는 설명이다.

하지만 사회적 학습에서 동종 개체들이 가지는 특성의 특별한 의미는 꽃이 제공하는 보상의 수준과 동일한 보상 수준을 제공하는 무생물 단서를 이용한 실험에서 확실하게 드러난다. 이 경우 초보 벌은 같은 보상을 제공하는 꽃에 앉은 살아 있는 벌을 같은 꽃에 놓인 모형 벌 또는 다른 물체보다 신뢰한다. 실제로 우리는 어릴 적 가지고 놀던 플라스틱 장난감을 이용해 인공 꽃 위에서 모형 호박벌이 움직이도록 만든 다음 초보 벌의 반응을 관찰한 결과와 실제

벌이 같은 인공 꽃 위에 앉도록 만든 다음 관찰한 결과를 비교했는데, 초보 벌은 살아 있는 벌의 움직임에 훨씬 더 주목하는 것을 알 수 있었다.[12]

관찰을 통한 학습 도구 활용

크윈 솔비와 핀란드 출신 박사후 과정 연구원 올리 로콜라Olli Loukola는 벌이 다른 벌의 행동을 단순히 모방하는 것이 아니라 그 모방 행동으로 인해 얻을 수 있는 결과에 대해서도 어떤 형태로든 이해할 가능성이 있다는 다윈의 생각을 검증하기 위해 실험을 진행했다. 이 실험에서 호박벌은 보상을 얻기 위해 도구를 이용해 작은 원형 경기장 중앙으로 공을 이동시켜야 했는데, '유령' 시연을 관찰하거나(플랫폼 아래서 실험자가 자석을 이용해 공을 움직이는 것을 관찰하거나) 전혀 시연을 관찰하지 않은 벌보다 이 기술을 이미 습득한 실제 벌이나 인공 벌이 공을 움직이는 것을 관찰한 벌이 이 과제를 더 효율적으로 학습했다.[13]

  벌이 과제를 수행했을 때 자신이 원하는 결과를 얻을 수 있다는 것을 이해했는지 확인하기 위해 우리는 원형 경기장에서 공 3개를 목표 위치(중앙)에서 각각 다른 거리에 배치했다. 이 과제 수행을 위한 가장 좋은 해결책은 가장 가까운 공을 중앙으로 이동시키는 것이다([그림 8-4]). 하지만 훈련된 벌은 중앙에서 가장 가까운 2개의 공은 바닥에 접착제로 고정돼 있기 때문에 중앙에서 가장 먼 공만 움직일 수 있다는 것을 자신의 행동을 관찰하는 벌과 상호작용하기 전에 알고 있는 상태였다. 관찰자 벌은 훈련된 벌이 중앙에서 가장 먼 공을 중앙으로 옮기는 것을 3회 관찰한 뒤, 관찰자 벌과 훈련된 벌 둘 다 충분하게 설탕 용액 보상을 받았다.

여기서 중요한 사실은 관찰자 벌이 직접 공을 옮기는 경험을 하지 않았으며, 훈련된 벌이 공을 옮기는 과정을 3회 목격하기만 했다는 것이다. 연구자들은 관찰자 벌이 이 경험을 하게 만든 뒤 훈련된 벌을 제거하고 다시 실험을 진행했다(이 실험에서는 벌이 3개의 공을 모두 자유롭게 움직일 수 있게 설정했다). 여러 번 반복된 실험에서 벌은 대부분의 경우 중앙에서 가장 가까운 공을 중앙으로 옮겼다. 이는 벌이 단순히 다른 벌을 관찰한 위치에만 영향받는 것이 아니라는 사실을 드러낸다. 다른 벌의 행동을 관찰한 벌은 다른 벌의 행동을 단순히 모방하지 않고, (이전 실험에서 훈련된 벌이 옮겼던 공과 색깔이 다른 공임에도 불구하고) 목표 위치에서 가까운 공을 목표 위치로 이동시켰기 때문이다.

관찰자 벌은 첫 번째 시도에서 이런 행동을 보였기 때문에 이런 행동이 시행착오 학습을 통한 행동이라고 할 수는 없었다. 관찰자 벌이 이런 수정 전략을 보여 준다는 것은 벌이 과제 수행 결과에 대해 이해하고 그 이해에 기초해 자신의 행동을 조절한다는 뜻이다. 관찰자 벌은 훈련된 벌의 기술이나 훈련된 벌이 옮긴 공의 색깔(자극)과 같은 색깔의 공을 선택하는 법을 모방한 것이 아니라 훈련된 벌의 행동 목표만 모방한 것으로 보였다. 곤충을 비롯한 동물의 이런 '결과 인식outcome awareness' 능력은 작은 섬에 갇힌 개미가 다양한

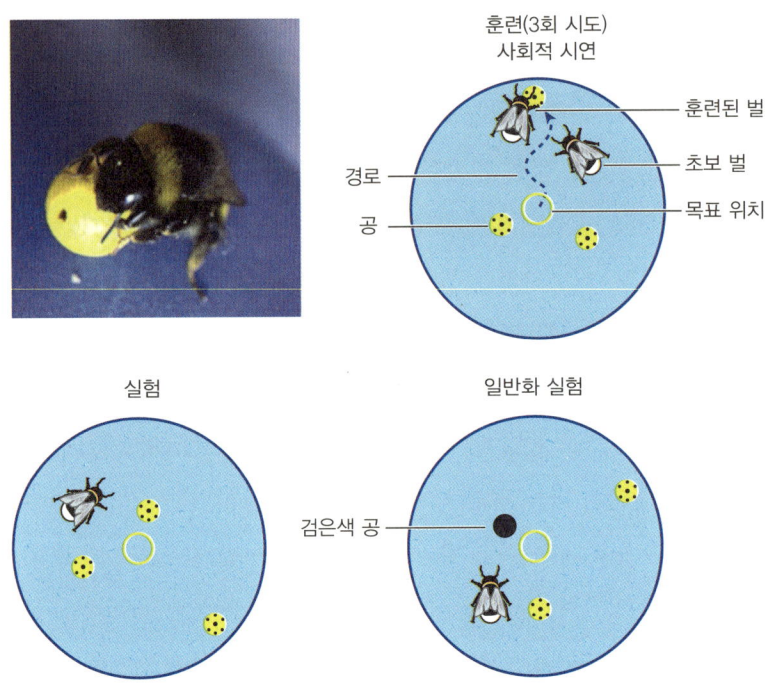

[그림 8-4] 도구 사용을 위한 호박벌의 사회적 학습. 왼쪽 위: 호박벌이 앞발로 공을 잡은 채 뒤로 움직이고 있다. 오른쪽 위: 노란색 공을 파란색 바탕의 원형 경기장 중앙(노란색 원으로 표시된 목표 위치)으로 옮기는 것이 과제의 목표다. 훈련된 벌은 노란색 공 3개 중 중앙에서 가장 먼 공만 움직일 수 있다는 것을 알고 있는 상태다(다른 공 2개는 접착제로 고정돼 있다). 초보 관찰자 벌은 훈련된 벌의 행동을 관찰한다. 왼쪽 아래: 그 후 관찰자 벌에게 3개의 이동 가능한 공 중 하나를 선택할 수 있는 기회가 주어진다. 관찰자 벌은 가장 멀리 있는 공(훈련된 벌이 옮기는 것을 본 공)을 선택하지 않고 중앙에서 가장 가까운 공, 즉 동일한 과제를 더 잘 해결할 수 있게 해주는 공을 선택한다. 오른쪽 아래: 관찰자 벌은 노란색 공이 아닌 검은색 공을 중앙에서 가장 가까운 위치에 놓아도 그 검은색 공을 선택한다. 관찰자 벌은 바로 직전에 노란색 공이 자신에게 보상을 제공했음에도 불구하고 그 상황에서 목표 위치에 가장 가까운 검은색 공을 움직임으로써 최적의 해결 방법을 선택하는 능력을 보인다.

재료를 이용해 근처 땅으로 가는 다리를 만드는 것을 관찰한 찰스 터너Charles Turner에 의해 100여 년 전 처음 제안된 개념이다.[14]

먹이를 얻기 위해 어떤 공을 움직여야 할지 이해하는 능력처럼 자연 상태에서는 거의 또는 결코 습득할 수 없는 인지능력의 진화를 자연선택이 선호하는 이유는 무엇일까? 유연한 문제해결을 가능하게 하는 일반 지능의 장점은 예측 불가능한 도전에 대처할 수 있게 해준다는 것이다. 호박벌의 공 굴리기에 관한 우리의 연구가 발표된 뒤 일반인 한 명이 우리에게 이메일을 보내왔다. 호박벌 한 마리가 우리가 연구한 호박벌이 사용한 기술과 동일한 기술을 사용해 작은 굼벵이를 집에서 끌어내는 것을 관찰했다는 내용이었다. 호박벌의 이런 드문 행동은 새끼에게 줄 먹이가 부족할 때 매우 유용한 행동으로 보인다.

이 책 곳곳에서 우리는 선천적 성향과 학습이 서로 밀접하게 연관돼 있음을 확인했다. 동종에 대한 내재적 관심은 먹이원을 이용하는 전략에 주목하게 하고, 관찰된 행동을 엄격하게 모방하는 것이 아니라 때로는 자발적으로 개선하는 방식으로 학습을 가능하게 만든다. 호박벌은 벌이 같은 종의 벌로부터 가장 많은 것을 배운다는 것을 보여준다. 하지만 호박벌은 다른 종의 개체들이 확실하게 보상의 가능성을 나타낸다면 그 개체들로부터도 학습할 수 있는 유연성을 가진다.

새로운 집을 향한 무리 이동

타고난 행동 루틴과 사회적 학습 간의 흥미로운 상호작용은 벌의 의사소통 과정에서도 발생한다. 우리는 이미 꿀벌의 춤 언어에서 그 예를 본 적이 있다. 춤 언어가 포함하는 거리와 방향에 대한 상징적 코드는 대부분 선천적으로 타고나지만, 춤 언어가 포함하는 구체적인 정보는 벌집 안에서 춤추는 벌들을 따라 하는 벌들에 의해 학습돼 이 벌들이 집 밖에서 비행할 때 적용된다.

선천적 행동과 학습된 의사소통 행동이 상호작용하는 또 다른 사례는 꿀벌 군집이 이동할 때 관찰할 수 있다. 꿀벌의 무리 이동은 군집의 일벌 중 상당 부분(약 1만 마리)이 새로운 집을 짓기 위해 여왕벌을 데리고 기존 집을 떠나 이동하는 것을 말한다. 무리 이동을 준비하는 과정에서 여왕벌은 일벌들로부터 '괴롭힘'을 당한다. 일벌들은 여왕벌이 무리 이동을 할 수 있을 정도로 날씬하게 만들기 위해 여왕벌을 계속 물거나 밀치거나 흔든다(여왕벌은 무리 이동이 일어나기 전 여름부터 벌집 안에서 꼼짝도 하지 않는다). 또한 일벌들은 무리 이동 전에 집 밖으로 나가지 않고 안에서만 일하는 다른 일벌들도 흔들면서 괴롭히다 결국 그 일벌들을 헤집고 다니는 '버즈 런buzz run'이라는 행동을 한다.

노벨문학상 수상자인 모리스 마테를링크(1862-1949)는 벌의 행동을 이해하는 것이 얼마나 힘든 일인지에 대해 매우 시적인 표현을 한 사람이다(이 책의 서문 도입부 참조). 부유하면서 괴팍했던 마테를링크는 작가, 배우, 가수였던 조르제트 르블랑Georgette Leblanc(1869-1941)

과 함께 버려진 수도원에 살면서 롤러스케이트를 타고 수도원 안을 돌아다니곤 했다. 세계 곳곳에서 괴짜들이 그랬듯이 마테를링크도 벌에 매료됐고, 1901년에는 벌에 관한 장대한 책 『벌의 일생The Life of the Bee』을 집필했다. 무리 이동을 하는 꿀벌에 대해 그는 이렇게 묘사했다.

"벌들은 이미 출발 신호를 보냈다. … 갑자기 미친 충동이 도시의 모든 문을 동시에 활짝 열어젖힌 것 같다. … 촘촘한 검은 떼가 진동하면서 물결처럼 거침없이 쏟아져 나와 공중에서 흩어졌다. 수없이 많은 투명한 날개들이 격렬하게 움직이면서 엄청나게 큰 소리를 냈고, 그 날개들은 마치 공중에서 옷감을 짜고 있는 듯 보였다."

마테를링크의 이 표현이 과장인지 아닌지는 실제로 벌의 무리 이동을 관찰하면 알 수 있다. 박사후 과정에서 나와 함께 연구한 제임스 메이킨슨James Makinson은 실제로 이 광경을 보고 생물학자가 되고 싶다는 생각이 들었다고 말한 적이 있다. 부텔레펜(1900년)은 무리 이동을 하는 벌의 정신상태에 대해 공격성이 줄어들면서 빛에 대한 끌림이 강해지는 일종의 도취 상태Schwarmdusel라고 묘사하면서, 벌의 이 상태가 유희 행동에 수반되는 쾌락과 관련 있을지 모른다는 가능성을 제시하기도 했다. 벌의 이런 무리 이동이 어떻게 시작되고, 어떤 벌이 집에 남고 어떤 벌이 집을 떠나는지에 대해서는 아직 의문이 풀리지 않고 있다. 또한 꿀벌이 수개월 동안의 노동의 결실(벌집, 벌집 안에 있는 유충, 저장해 놓은 꽃꿀과 꽃가루)을 뒤로하고 처음부터 다시 시작해야 하는 미지의 위치로 무리 지어 날아간다는 사실 자체가 놀랍기도 하다.[16]

수염 모양의 벌 떼가 나뭇가지에 정착한 후 어떤 일이 일어나는지는 잘 알려져 있다. 벌들은 적절한 거처를 새로 찾아야 하기 때문에 위험부담이 클 수밖에 없다. 양봉꿀벌은 나무에 난 구멍에 집을 만들지만 아무 구멍에나 만들지는 않는다. 나무 구멍은 너무 커서도 안 되고, 습기가 너무 많아서도 안 되며, 험한 날씨에도 집이 견딜 수 있도록 입구가 적당히 좁아야 한다.

이런 위치로 이동할 때 가장 중요한 과제는 장소 탐색이지만, 무리 전체가 한 장소를 선택하는 데 동의하는 것도 매우 중요하다. 이 상황에서 의견 불일치는 있을 수 없다. 일벌들은 여왕벌이 없으면 오래 살아남을 수 없으며, 심지어 큰 무리를 이루지도 못하기 때문에 먹이가 떨어지거나 기상 조건이 심각한 위험이 되기 전에 합의에 도달해야 한다. 또한 꿀벌은 새로운 공간을 겨울을 나기에 충분한 벌집과 자원으로 채워야 하므로 새로운 집은 꽃이 풍부한 곳에 위치하는 것이 이상적이다. 이는 상당한 도전이며, 잘못된 선택을 한 꿀벌들은 대부분 추운 계절에 굶어 죽거나 얼어 죽는다.

마테를링크는 꿀벌의 이런 의사결정 과정에 대해 다음과 같이 묘사했다.

"꿀벌 떼는 나뭇가지에 제일 먼저 도착한 정찰병 일벌들이 집 만들 곳을 찾아 사방을 탐색한 뒤 돌아올 때까지 그 나뭇가지에 계속 매달려 있는다. 집으로 돌아온 일벌들은 한 마리씩 자신의 탐색 결과를 설명한다. 우리는 벌이 어떤 생각을 하는지 전혀 알 수 없다. 따라서 우리는 벌이 보이는 모습을 인간의 방식으로 해석할 수밖에 없고, 이 정찰병 일벌들이 탐색 후 나뭇가지로 돌아와 보이는 다양한 행동에 주의를 집중할 수밖에 없다. 이 일벌 중 어떤 벌은 자신이 본 속 빈 나무의 이점에 대해, 다른 일벌은 무너진 벽의 틈새의 이점에 대해, 또 다른 일벌은 동굴의 이점에 대해 설명할지도 모른다.

벌들의 회의는 잠깐씩 중단되기도 하고, 다음 날 아침까지 이어지기도 한다. 그런 다음 마침내 선택이 이루어지고, 모두의 승인을 받는다. 그 후 한순간에 벌 떼 전체가 신속하게 비행을 시작해 울타리와 옥수수밭, 건초 더미와 호수, 강과 마을을 지나 목표 지점으로 거침없이 이동한다. 이 단계에서 비행하는 벌들을 인간이 따라가는 것은 사실상 불가능하다. 벌 떼는 자연으로 돌아가고, 우리는 벌 떼의 운명을 추적할 수 없게 된다."

정찰병 꿀벌들의 존재와 활동 그리고 그 꿀벌들의 의사소통 방식에 대해 거의 아는 것이 없었던 마테를링크가 어떻게 이렇게 정확한 추측을 했는지 놀라울 따름이다. 다만, 무리 이동을 하는 꿀벌들이 중간 기착지를 떠나기 전 이미 목적지를 결정한 것 같다는 연구 결과가 당시 알려져 있기는 했다. 주로 '벌 남작Bee Baron'이라는 별명으로 불리던 아우구스트 지티히 오이겐 하인리히 폰 베를렙슈August Sittich Eugen Heinrich von Berlepsch(1815-1877)는 1852년 자신의 영지에 있는 라임나무에 정착한 벌 떼를 관찰한 뒤 연구 결과를 발표했다. 그는 벌들이 처음에 사방으로 날아다니며 곡선 비행을 하는 모습을 관찰했다. 다음 날 아침에도 벌 떼는 여전히 그 자리에 있었지만, 벌 남작은 마구간 소년에게 말 두 마리에 안장을 채우고 영지의 모든 문을 열어 벌 떼가 출발하면 지체 없이 추격할 수 있도록 준비하라고 했다.

 어느 순간 여러 마리의 벌이 일직선으로 남쪽 방향으로 떠나는 것이 목격됐고, 얼마 지나지 않아 벌 떼 전체가 남쪽으로 날아갔다. 두 추격자는 약 1.5m 높이에서 이동하는 벌 떼를 추격했고, "리더 역할을 하는 것으로 보이는 벌들이 벌 떼 전체를 이끄는 것"을 확실하게 관찰했다. 추격 초반의 15분 동안은 말을 중간 속도로 몰아도 벌 떼를 따라잡을 수 있었지만 벌 떼의 비행 속도는 계속 빨라졌고, 결국 추격자들은 최대 속도로 말을 몰아야 했다. 벌 남작은 당시 상황에 대해 다음과 같은 기록을 남겼다.

 "벌 떼는 45분 정도 비행한 뒤 한 농가의 정원에 내려앉았다. 나는 마치 사냥할 때처럼 말을 타고 울타리를 뛰어넘어 벌 떼를 따라잡았고, 벌들은 속이 빈 배나무로 이동했다. 나는 벌 떼의 이렇게 빠른 이동 속도가 정찰병 일벌들을 이용해 어떤 방식으로든 출발 지점에서 이미 목적지를 선택했음을 뜻한다는 것을 확신할 수 있었다."

춤을 이용한 새로운 집 찾기

그로부터 한 세기가 지난 후 마르틴 린다우어는 정찰병 꿀벌이 벌 떼에게 어떻게 구체적으로 자신의 생각을 전달하는지에 대한 연구를 수행했다.[17] 1949년 봄 린다우어는 덤불에 자리 잡은 꿀벌 떼를 관찰하다가 놀랍게도 많은 일벌이 8자춤(먹이원의 위치에 대한 정보를 전달하는 것으로 알려진 벌의 의사소통 시스템, 제5장 참조)을 추는 것을 목격했다. 처음에 린다우어는 이 벌들이 적절한 새 장소를 찾을 때까지 벌 떼에게 영양분을 공급하기 위해 수익성 좋은 꽃밭을 알리기 위한 행동이라고 생각했지만, 곧 뭔가 이상하다는 생각을 하게 됐다. 춤추는 벌 중 몇 마리가 검은 먼지로 뒤덮여 있었는데 린다우어는 이 검은 먼지가 양귀비꽃의 검은 꽃가루가 아니라는 것을 알게 됐다. 그 벌들을 잡아 코에 가까이 대자 그을음 냄새가 났기 때문이다.

결국 린다우어는 이 벌들이 전쟁으로 파괴된 뮌헨의 버려진 굴뚝에서 돌아왔으며, 꽃이 아니라 집을 지을 장소를 찾고 있었다는 사실을 깨달았다. 그는 꽃의 위치를 알리는 데 사용하는 것과 동일한 '언어'를 꿀벌 떼가 새로운 집을 찾을 때도 사용한다는 사실을 발견한 것이다.

이 발견 과정은 다중 카메라 시스템, 모션 캡처, 인공지능 등 동물의 행동 연구에 사용되는 첨단 자동화 장비 없이 세심한 관찰만으로도 획기적인 발견을 할 수 있다는 것을 보여주는 흥미로운 사례라고 할 수 있다. 복잡한 프로그래밍 없이도 검은 먼지를 뒤집어쓴 일벌을 보고 호기심을 느끼고, 냄새를 맡아 직관적 판단을 하고, 벌이 가리킨 목표(및 의도된 기능)에 대한 정확한 정보를 도출하는 일은 인공지능이 하기 힘든 일일 것이다. 인간의 호기심이 통찰에 기초한 과학자의 관찰과 결합됐을 때만큼 강력한 결과를 낼 수 있는 경우는 없을 것이다. 이렇게 생각할 때 체스를 잘 두는 컴퓨터를 만드는 것은 일도 아니라고 할 수 있다.

린다우어는 수십, 수백 마리의 정찰병 일벌이 최대 $70km^2$의 영역

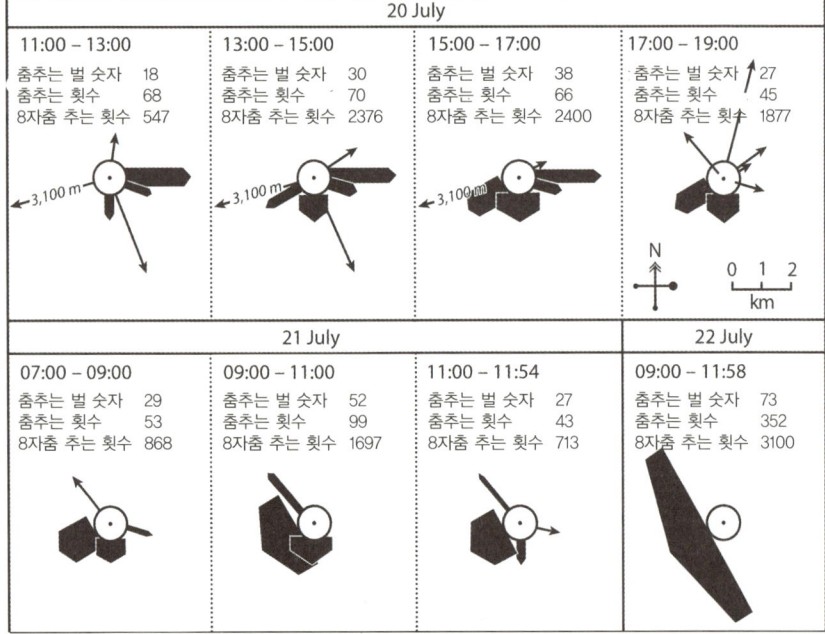

[그림 8-5] 꿀벌의 무리 이동. 위: 나뭇가지에 소규모 꿀벌 떼가 모여 있다. 이런 형태는 3일 이상 지속되기도 하며, 이런 형태를 유지하는 동안 정찰병 일벌들은 무리 이동의 잠재적 목표 위치들을 탐색한 뒤 돌아와 이 무리의 수직 표면에서 춤추면서 자신이 발견한 내용을 전달한다. 아래: 첫 번째 벌집 후보지가 정찰병 일벌에 의해 표시된 뒤 최종적으로 결정된 위치로 이동하기 전까지 꿀벌 떼의 의사결정 과정. 각 패널은 3일 동안 2시간 간격으로 관찰된 결과를 나타낸다. 가운데에 중심점이 표시된 원은 벌 떼가 머물러 있는 위치를 나타낸다. 화살표는 벌집 후보지 방향과 거리를 나타내며, 화살표 폭은 각 시간대에서 특정한 벌집 후보지를 나타내기 위해 춤추는 정찰병 일벌들의 숫자를 나타낸다. [실리 외(Seely et al., 1999)의 허락하에 재구성]

을 탐색한 뒤 무리로 돌아와 자신이 발견한 구멍의 좌표를 춤 '언어'를 이용해 다른 벌들에게 알린다는 것을 알아냈다([그림 8-5]). 춤을 따라 하는 다른 벌들은 이 춤 언어를 통해 제시된 위치의 공간 정보를 해독하고 기억한 뒤 그 위치로 날아가 탐색한다. 이런 행동은 고도로 특화된 사회적 학습의 일종이다. 서로 다른 정찰병 꿀벌이 서로 다른 장소에 대한 정보를 가지고 돌아오지만, 몇 시간 또는 며칠이 지나면 무리에 속한 모든 정찰병 꿀벌이 특정 위치에 동의하고, 벌 떼 전체가 몇 km나 떨어진 그 위치로의 비행을 시작한다.

린다우어가 이 관찰 결과를 스승인 카를 폰 프리슈에게 처음 보고했을 때 프리슈는 이렇게 외쳤다.

"축하하네! 자네는 이상적인 토론 과정을 관찰한 거야. 꿀벌들은 다른 정찰병 일벌들이 더 좋은 집 위치를 제시하면 생각을 바꾸는 것이 확실해 보이네."

꿀벌 무리의 민주적 의사결정

그로부터 한 세대가 지난 뒤 톰 실리Tom Seeley는 수십 년에 걸쳐 꿀벌 무리가 새로운 벌집 위치를 결정하는 과정에 대해 연구했다(실리의 저서 『꿀벌의 민주주의Honeybee Democracy』 참조). 그가 발견한 놀라운 사실은 꿀벌들의 합의 형성 과정이 중앙집중적 과정이 아니라는 것이었다. 실리는 꿀벌 무리의 한 개체가 여러 후보지에 대한 다양한 의견을 집결하지도 않고, 즉 그 과정에서 특정한 개체가 리더가 돼 순차적으로 개진되는 의견들을 한 번에 수렴하지도 않으며, 춤추는 개체들도 다른 개체들이 춤을 통해 나타내는 후보지들의 공간적 위치나 질을 비교하지 않는다는 사실을 발견한 것이다. 즉 이 과정에서 더 좋은 위치는 단순히 더 긴 춤으로만 표시되기 때문에 벌들의 최종 합의는 무리 안에서 무작위로 움직이는 벌들이 상대적으로 더 긴 춤에 노출될 확률이 높다는 간단한 원리에 의존한다는 뜻이다. 따라서 특정 벌이 더 긴 춤으로 표시한 더 나은 위치를 다른 벌들이 탐색한 다음 돌아와 다시 더 긴 춤을 춤으로써 결과적으로 점점 더 많은 개체들이 최적의 선택에 동의하는 눈덩이 효과가 발생한다.

하지만 서로 다른 위치를 선호하는 벌들 간에는 서로를 억제하는 상호작용도 존재한다. 특정 위치를 나타내는 춤을 추는 벌들이 다른 위치를 나타내는 춤을 추는 벌들과 마주치게 되면(벌은 서로의 몸에서 나는 냄새로 다른 위치를 나타내는 벌을 알아보는 것으로 추정된다) 이 벌들은 서로에게 '정지 신호stop signal'(약 350Hz의 소리를 내면서 다른 벌에게 머리를 부딪친다)를 보내 춤을 방해한다. 춤추는 벌들 간의 이런 상호 억제는 의사결정 과정에서 발생할 수 있는 교착상태를 깨고 합의 도출 속도를 높이는 데 도움이 되기도 한다.[18]

무리 이동을 위한 최종 결정은 무리 전체에 의해 이뤄지는 것이 아니라 정찰병 일벌들이 최초로 의결 정족수에 도달한 위치에서 이뤄진다. 즉 20~30마리의 정찰병 일벌이 후보지 중 한 곳에 동시에 모이면 이 일벌들은 무리에게로 돌아오고, 바로 무리 이동을 위한 작업이 시작된다. 이 정찰병 일벌들은 다른 정찰병 일벌들을 흔들거나, 가만히 있는 벌들 사이를 헤집고 다니는 등 원래의 벌집에서 벌 떼가 처음 출발할 때와 동일한 행동을 보여줌으로써 무리의 출발을 유도한다.

일단 벌 떼가 움직이기 시작하면, 이전에 목표 지점을 조사했던 경험이 있는 정찰병 일벌들이 스트라이커 벌의 역할을 수행하면서 벌 떼를 올바른 방향으로 유도한다. 이들은 무리의 위쪽과 앞쪽에서 눈에 띄는 고속 비행을 한 다음, 느리고 눈에 잘 띄지 않는 비행으로 떼 속으로 물러났다가 다시 올바른 방향을 가리키는 고속 비행을 시작하는 방식으로 무리를 이끈다. 신기하게도 인간의 무리도 이렇게 소수의 개체에 의해서 조종되곤 한다.[19] 이렇게 무리 이동이 이뤄질 때 무리에 속한 개체들은 가장 가깝거나 가장 눈에 띄게 움직이는 개체에 맞춰 자신의 움직임을 조정하기만 하면 된다(어떤 방향으로 얼마나 많은 개체가 이동하는지 셀 필요가 없다). 그 결과 이 소수의 개체가 의도한 움직임은 '무리'의 모든 개체들에게 빠르게 퍼지게 된다.

지능적인 무리 안의
아무 생각 없는 개체들?

개체들이 자신이 속한 집단을 위해 정보를 수집하거나 가이드를 하는 집단적 의사결정 과정에서 벌 떼 전체는 개별 구성원의 합보다 '더 많은 것을 알고 있는 것처럼' 보이는 시너지 효과를 나타낼 수 있다. 꿀벌 무리(또는 잘 기능하는 사회성 곤충들의 군집)의 행동은 매우 긴밀하게 통합되고 잘 조율되기 때문에 때로는 하나의 존재처럼 보일 수 있다. 이런 존재를 가리키는 말이 바로 '초유기체'다.

초유기체는 사회성 곤충 군집에서 각각의 역할을 하는 개체들을 다세포동물의 세포와 기관에 비유해 설명하는 용어다. 톰 실리가 그의 책 『꿀벌의 민주주의』에서 강조한 것처럼, 꿀벌 군집에 속한 각각의 정찰병 일벌은 동물의 뇌에서 세상에 대한 정보를 수집하고 처리하는 센서 또는 신경세포와 기능이 비슷하다. 특히 사회성 꿀벌은 모든 일벌이 같은 어미의 딸이라는 강한 연관성 때문에 이런 맥락에서 특수한 존재로 인식된다. 이렇게 강한 상호 연관성은 꿀벌 개체들이 서로 간의 정보 공유를 통해 이례적으로 많은 생존 방법을 습득하고, 이 책에서 우리가 다룬 다양하고 독특한 의사소통 형태들을 진화시킬 수 있도록 만들었다.

이와 관련된 관찰 결과들에 따라 사회적 곤충 집단에 속한 개체들은 무의식적인 기계이며, 지능적인 행동은 집단의 기능 중 하나인 자기 조직화에 의해서만 나타난다는 생각이 널리 퍼져 있다. 또한 무리 지능swarm intelligence은 개체의 지능과는 질적으로 다른 형태의 마음, 즉 '집단적 마음collective mind'에 의해 생성된다는 견해도 일부에서 제기되고 있다. 이런 상황에서 나는 '마음'과 '지능'이라는 용어가 가진 실제 심리학적 의미와 은유적 의미를 구분해야 한다고 생각한다.

마음 또는 지능은 살아 있는 생물체만 가질 수 있다. 인간 개체들처럼 사회성 곤충 개체들도 집단 조정을 촉진하는 사회적·인지적 능력을 가지고 있으며(물론 인간과 사회성 곤충이 이런 능력을 나타내는 과정과 그 과정의 결과 면에서 매우 다르기는 하다), 이런 능력은 집단을 구성하는 개체들뿐만 아니라 집단 전체에 도움이 될 수 있다. 인간과 벌 모두 개체가 해결할 수 없는 문제를 집단이 해결할 수 있으며, 실제로 개체 간 협력 없이는 해결할 수 없는 문제도 있다. 외부 개체들이 보기에는 인간도 벌과 마찬가지로 집단적 마음이 존재해야 가능한 무리 지능을 나타내는 개체로 보일 수 있다.

하지만 예를 들어 특정 벌집 후보지에 대한 기억은 해당 장소를 탐색했거나 지식이 풍부한 개체의 춤을 통해 학습한 일부 개체의 뇌에만 저장된다. 부텔레펜의 생각처럼 무리 이동과 관련된 독특한 감정적 상태가 존재한다고 해도 이 상태는 개체의 감정적 상태이지, 무리 전체의 감정적 상태가 아니다. 무리 자체는 자신이 무리라는 것을 인식하지 못한다. 따라서 집단적 마음이라는 것도 존재할 수 없다. 실제로 존재하는 것은 자신이 무리에 속한 개체라는 느낌밖에 없으며, 집단 내 개체수만큼이나 다양한 마음과 경험이 존재한다.

개체들은 협력을 할 수 있는 것은 분명하다. 인간이 집단적 노력을 통해 맨해튼의 초고층 건물을 짓는 것이 대표적인 예다. 하지만 지능, 마음, 인지는 개체의 뇌에만 존재한다. 우리는 이 책 곳곳에서 벌 개체 하나하나가 확실한 인지능력을 가진다는 사실을 살펴봤다. 사회성 곤충에서 관찰되는 집단적 문제해결 전략은 수많은 세대에 걸쳐 개체에서 진화한 것이지, 무리가 새로운 문제해결 방법을 생각낸 결과가 아니다.

이 장에서 우리는 벌이 새로운 먹이 채집 기술을 '발명'하고 서로에게서 학습하는 인지능력을 가지고 있으며, 이 인지능력이 새로운 기술의 문화 확산을 촉진했다는 것을 살펴봤다. 이런 인지능력이 여러 생물학적 세대에 걸쳐 지속될 수 있는지는 아직 입증되지 않고 있다. 온대지역의 호박벌과 꿀벌에서 볼 수 있듯이 겨울철에 활발한 먹이 채집 과정이 중단되면 몇 년이 지나도 문화 정보가 전파되지 않을 수도 있다. 따라서 1년 내내 비행 활동이 지속되는 열대지역의 사회성 벌들은 벌들 사이에서 일어나는 문화 확산에 대한 연구에 가장 적합한 후보일 수 있다.

이미 집단 내에 널리 퍼진 행동적 혁신 위에 새로운 행동적 혁신이 누적되는 문화적 현상이 벌들에게 존재할까? 예를 들어 줄을 당기는 기술을 습득한 벌이 나중에 이 기술을 완전히 다른 과제에 적용할 가능성에 대해 상상은 할 수 있지만, 이 기술이 벌이 마주하는 현실적 문제에 실제로 적용되기는 쉽지 않을 것이다. 따라서 야생동물에게 특정한 행동 능력이 없다는 것은 그 능력이 진화하기 어렵거나 동물의 지능이 부족하다는 증거가 아니라, 많은 경우 그 능력과 관련된 자연적 도전이 없었다는 사실을 반영하는 것일 수 있다.

지금까지 우리는 벌 개체들이 가진 다양하고 뛰어난 학습 능력에 대해 살펴봤다. 벌의 아주 작은 뇌에 어떻게 이런 능력이 모두 수용될 수 있을까? 다음 장에서는 이 의문에 대해 다룰 것이다.

9

벌 뇌의 다양한 능력

"뇌의 우수성은 분류학적으로 고등한 동물일수록 증가하는 것이 아니다. 실제로 어류나 양서류의 신경중추를 관찰하면 우리가 예상하지 못한 단순화 과정을 겪었다는 것을 알 수 있다. 어류나 양서류 회백질의 질량은 상당히 늘어났지만, 어류나 양서류의 뇌 구조는 벌이나 잠자리의 뇌 구조에 비해 엄청나게 평평하고, 거칠고, 원시적이다. 어류와 양서류의 뇌가 투박하고 큰 괘종시계라면 벌이나 잠자리의 뇌는 작지만 놀라울 정도로 정교하고 섬세한 고급 회중시계라고 할 수 있다. 언제나 그렇듯이 자연은 큰 생명체를 만들 때보다 작은 생명체를 만들 때 훨씬 더 놀라운 작품을 만들어낸다."

― 산티아고 라몬 이 카할(Santiago Ramón y Cajal)과 도밍고 산체스 이 산체스(Domingo Sánchez y Sánchez), 1915년

"**벌**의 뇌는 작고 단순하기 때문에 어떻게 작동하는지 쉽게 탐구할 수 있다."고 말할 수 있을까? 실제로 벌의 뇌는 작지만 이 작은 생체 컴퓨터에서 생성될 수 있는 행동의 복잡성 때문에 벌은 오랫동안 두뇌 작동 방식을 탐구하는 모델 시스템으로 사용돼 왔다. 이 장에서는 뇌과학 분야의 중요한 연구들이 인간을 비롯한 포유동물이 아니라 벌을 대상으로 먼저 이루어졌다는 사실을 살펴볼 것이다.

뇌 연구의 선구자인 산티아고 라몬 이 카할(1852-1934)은 곤충의 뇌가 일부 척추동물의 뇌보다 복잡하다는 사실에 주목했다. 그는 열한 살의 어린 나이에 화약을 제조하고, 폐품으로 상당한 크기의 대포를 만들어 새로 지은 이웃의 정원 문을 부수면서 일찍부터 실험가로서의 가능성을 보였다. 이 사건으로 그는 3일의 징역형을 선고받았지만 결국 1906년 노벨 의학·생리학상을 수상하며 신경과학의 창시자로 명성을 얻었다.

카할이 주창한 핵심 아이디어 중 하나는 신경계가 몸 전체의 연속적인 네트워크가 아니라 시냅스라는 연결 부분을 통해 서로 통신하는 개별 단위인 뉴런(신경세포)으로 구성돼 있다는 '뉴런 원칙 neuron doctrine'이다. 벌 뇌에 약 85만 개의 신경세포가 있는 데 반해 인간에게는 이보다 약 10만 배 많은(860억 개) 신경세포가 있다.[1] 하지만 신경세포 수는 지능이나 계산능력과 전혀 관련 없다. 예를 들어 트랜지스터 회로에 포함된 트랜지스터 개수와 회로의 복잡성은 아무 관계가 없다. 중요한 것은 회로의 개별 요소가 어떻게 연결돼 있는지다.[2]

벌 뇌에 있는 상대적으로 적은 수의 뉴런이 어떻게 연결돼 우리가 지금까지 살펴본 놀라운 인지능력을 만들어내는지 살펴보기 전에 곤충 뇌의 총체적인 신경해부학적 구조를 먼저 살펴보자.

벌의 뇌 구성

인간의 뇌처럼 벌의 뇌도 양측 대칭이다. 곤충의 뇌에서 가장 크고 중요한 부분은 '전대뇌protocerebrum'다. 전대뇌에는 겹눈을 통해 들어오는 정보를 처리하는 시엽optic lobe, 그리고 다양한 감각기관의 정보를 통합하고 학습과 기억에 중요한 역할을 하는 구조인 버섯체mushroom body가 포함돼 있다. 또한 전대뇌에는 중심복합체central complex라는 구조도 포함돼 있는데 이 중심복합체에는 동물이 편광 기반 하늘 나침반을 이용해 얻는 정보, 자신의 위치와 움직임에 대해 얻는 정보(경로 통합에 필요한 정보, 제6장 참조), 지형지물에 대한 정보를 통합하는 계산 중추가 포함돼 있다.[3] 또한 중심복합체는 다른 신경중추로 전달되는 운동 명령을 제어함으로써 다리와 날개의 움직임을 통제하기도 한다([그림 9-1]). 학자들 중에는 중심복합체가 곤충의 의식적 경험을 매개하는 신경구조라는 주장을 하는 사람도 있다.

쌍을 이루는 더듬이엽antennal lobe은 더듬이에서 들어오는 화학 감각 정보를 처리하는 후각 중계기 역할을 한다. 시엽은 3개의 신경절ganglia(신경 세포체와 신경 세포체 간 연결을 모두 포함하는 신경 다발. 다양한 계산 기능을 수행한다), 즉 잎새신경절lamina, 외수질medulla, 내수질lobula로 구성돼 있다. 곤충의 시각 시스템은 뇌의 약 절반을 차지한다. 시각 시스템이 뇌에서 이렇게 큰 비중을 차지하는 이유는 꽃의 시각적 패턴 인식 등 다양한 시각 인식을 해야 하기 때문이라고 생각할 수 있지만, 카할의 말처럼 장치의 크기는 기능과 전혀 관계가 없기 때문에 이 생각은 합리적이라고 할 수 없다. 곧 다루게 되겠지만, 사실 우리는 벌의 시엽이 왜 그렇게 커야 하는지, 심지어 왜 뇌 양쪽에 2개의 신경절이 아닌 3개의 신경절이 있어야 하는지, 벌의 신경 회로가 왜 그렇게 복잡한지 전혀 알지 못한다.

시엽과 더듬이엽은 둘 다 버섯체에 정보를 보낸다. 이 구조들은 프랑스 생물학자 펠릭스 뒤자르댕(1801-1860)이 지능이 다르다고 생각한 여러 곤충 종의 뇌 구조를 비교하면서 처음 발견했다.[4] 뒤자르댕은 곤충의 일부 행동에는 뇌가 필요하지 않다는 사실을 관찰했다. 예를 들어 곤충은 신경계가 분산돼 있기 때문에 목이 잘려도 걸을 수 있고, 심지어 날거나 착지할 수도 있다. 뒤자르댕은 집을 짓고 새끼를 키우며 '이미 본 장소와 사물에 대한 기억'을 가지고 있는 곤충과 이런 곤충을 비교했는데 놀랍게도 꿀벌의 경우 지능을 나타내는 한 가지 징후가 꽃 위치에 대한 의사소통이라고 제안했다(1850년 뒤자르댕이 어떻게 이런 생각을 하게 됐는지는 알 수 없다). 그는 꿀벌의 이

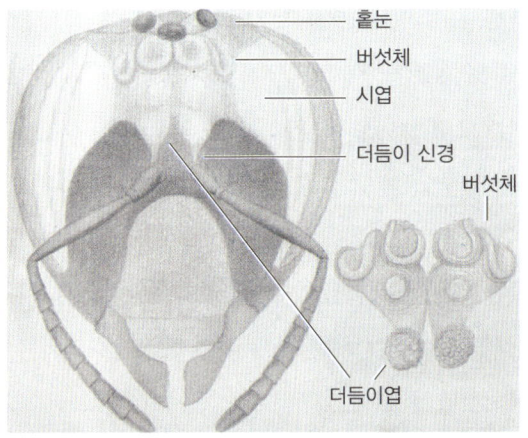

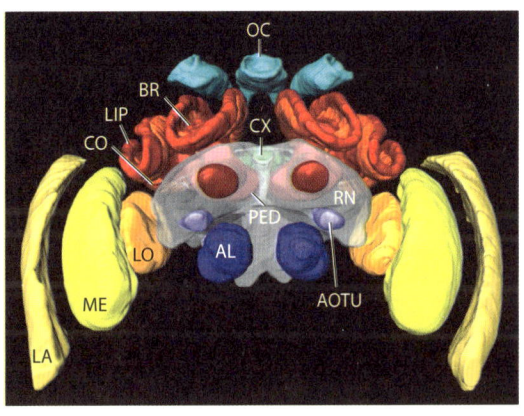

[그림 9-1] 꿀벌 뇌의 정면도(1850년 및 2021년). 위: 펠릭스 뒤자르댕(Félix Dujardin)이 세계 최초로 그린 벌의 뇌 구조. (뒤자르댕이 발견한) 버섯체의 주름(갓, calyx), 등쪽 홑눈 3개와 (후각 신경이 있는) 더듬이엽들이 보인다. 오른쪽 아래 구조는 버섯체와 더듬이엽 사구체(antennal lobe glomeruli)를 확대해 그린 것이다. 아래: 마이크로 CT를 통해 본 호박벌의 뇌 구조. 시엽(노란색)은 잎새신경절(LA), 외수질(ME), 내수질(LO)로 구성된다. 이 신경중추들은 후측시각결절(anterior optical tubercle, AOTU)을 통해 2개의 병렬 경로로 뇌의 다른 영역에 정보를 보낸다. 버섯체(빨간색)는 학습과 기억을 담당하는 신경 중추로 깃(collar, CO) 영역, 테두리(lip, LP) 영역, 기저 고리(basal ring, BR) 영역, 다리(pedunculus, PED) 영역으로 세분된다. 더듬이엽(AL)은 뇌의 첫 번째 후각 처리 중계 부위다. 맨 위쪽 구조가 홑눈(OC) 신경망(청록색)이다. 나머지 신경그물들(neuropil, RN)은 중심복합체(CX)를 드러내기 위해 투명하게 표시됐다.

9장 벌 뇌의 다양한 능력 253

런 모든 행동이 머리(뇌)가 없으면 불가능하다는 생각을 한 것이다(실제로 이 생각은 옳았다).

그 후 뒤자르댕은 다양한 곤충의 뇌를 해부해 뇌와 행동 능력의 상관관계를 연구했다. 그는 연구 대상 종들에서 상대적인 크기와 구조가 크게 다른 뇌 영역을 발견했고, 버섯과 비슷한 이 구조에 '결절체corps pédonculés'라는 이름을 붙였다. 하지만 결국 이 영역은 결절체라는 어색한 이름 대신 직관적으로 이해하기 쉬운 버섯체라는 이름으로 불리게 됐다. 뒤자르댕은 벌목 곤충의 버섯체에서 정교하고 규칙적인 주름을 발견했고, 이런 주름이 포유류의 피질에서 발견되는 주름과 비슷하다는 점에 주목했다([그림 9-1] 위). 뒤자르댕이 이 연구를 통해 내린 결론은 다음과 같다.

"지능이 본능을 지배하게 됨에 따라 곤충 뇌의 결절체와 더듬이 엽은 뇌의 전체 크기에 비해 상당히 커진다. 왕풍뎅이를 메뚜기, 맵시벌ichneumon wasp, 어리호박벌, 고독성 벌, 사회성 벌과 비교하면 알 수 있다. 사회성 벌의 경우 결절체가 뇌의 5분의 1, 몸 전체의 940분의 1을 차지하는 반면 왕풍뎅이의 경우는 결절체가 몸 전체의 3만 3,000분의 1에 불과하다."

곤충의 뇌 구조에 대한 뒤자르댕의 탐구와 세밀한 그림도 놀랍지만, 더 놀라운 것은 그가 절대적인 뇌 크기가 아니라 신체 크기에 비례한 상대적인 뇌 크기(뇌 대 체질량 비율)와 전체 뇌와 특정 뇌 영역의 상대적 크기를 비교하는 현재의 접근 방식을 100년 이상 앞서 시도했다는 사실이다. 또한 그는 자신의 측정 결과를 동물의 지능과 연결시키려고 시도하기도 했다. 하지만 현재의 많은 학자들처럼 뒤자르댕도 지능이 정확하게 무엇으로 구성되는지, 지능을 어떻게 측정할 수 있는지에 대해서는 확실하게 생각을 드러내지 않았다. 앞 단락에서 인용한 뒤자르댕의 결론에 따르면 버섯체의 부피는 사회성 벌에서 정점에 이르기 때문에 사회성 벌이 곤충 중 가장 지능이 높은 것으로 추정해야겠지만 뒤자르댕이 발표한 논문에는 사회성 벌의 버섯체가 고독성 벌보다 크다는 증거가 포함돼 있지 않다.

현재 우리는 집을 짓고 새끼에게 먹이를 제공하는 모든 벌목 곤충(고독성 벌 포함)의 버섯체가 다른 곤충에 비해 상대적으로 크고 주름이 많다는 것을 알고 있다(제5장 참조). 집이 없던 곤충에서 집(그리고 자신이 속한 무리)이 어디에 있는지 기억해야 하는 곤충으로 진화하면서, 집의 범위 내에서 적절한 영양분을 얻기 위해 사냥을 해야 하는 어려움이 버섯 몸체의 부피 증가와 맞물렸을 것으로 추정된다.

하지만 뒤자르댕의 생각과는 달리 사회성, 즉 꿀벌의 의사소통 시스템의 진화는 뇌 구조의 실질적 변화와는 밀접한 관련이 없는 것으로 보인다. 꿀벌의 춤 언어처럼 사회성과 확실하게 연관된 독특한 진화적 혁신조차도 전체적인 신경해부학 구조 면에서는 뚜렷한 상관관계가 없다.[5] 실제로 일벌의 뇌와 춤 언어가 없는 관련 종의 뇌를 구분할 수 있는 특정 '춤 모듈'은 존재하지 않는다. 예를 들어 사회성 벌과 고독성 벌(즉 춤추는 벌과 춤추지 않는 벌) 간의 확실한 신경생물학적 차이는 뇌 크기가 아니라 신경 회로의 미세한 세부사항에서 찾아야 한다.

벌의 뇌에 있는
신경세포 발견

미국 작가이자 생물학자 프레더릭 케니언Frederick Kenyon(1867-1941)은 벌 뇌의 내부 메커니즘을 최초로 탐구한 사람이다.[6] 1896년 벌 뇌의 수많은 신경세포를 염색해 그 특성을 규명한 그의 연구는, 세계 최고의 곤충 신경해부학자 닉 스트로스펠드Nick Strausfeld의 표현을 빌리자면 '초신성'과 같았다. 케니언은 다양한 신경세포 유형의 분화 패턴을 세밀하게 그려냈을 뿐만 아니라 어떤 생물체에서도 이런 신경세포가 뇌의 특정 영역에서만 발견되는 경향이 확실하다는 것을 발견했다.

케니언 세포는 케니언이 버섯체에서 발견한 구조다. 케니언 세포의 세포체(염색체와 DNA 해독 부분을 포함하는 뉴런의 일부)는 각 버섯체의 갓(버섯체 머리)으로 둘러싸인 주변 영역에 있으며, 갓의 측면 또는 하부에 몇 개의 세포체가 추가로 존재한다([그림 9-2]). 가지들이 촘촘하게 달린 구조(신경세포의 신호 '수신장치')가 버섯체 갓에 연결되고, 축삭axon(뉴런의 '정보 송신 출력 케이블')이 각 세포에서 버섯체 다리 부분(버섯체의 '줄기')으로 연결된다.

케니언은 이런 뉴런 몇몇에 대한 관찰을 기초로 이런 뉴런들과 비슷한 모양의 세포가 수만 개에 달하며, 각 버섯체의 다리 부분으로 출력이 병렬로 출력된다고 (정확하게) 추정했다. (실제로 각 버섯체에는 약 17만 개의 케니언 세포가 있다) 그는 더듬이엽(후각 입력을 처리하는 주요 중계기)과 버섯체 입력 영역(케니언 세포의 미세 수지상 구조가 있는 갓 부

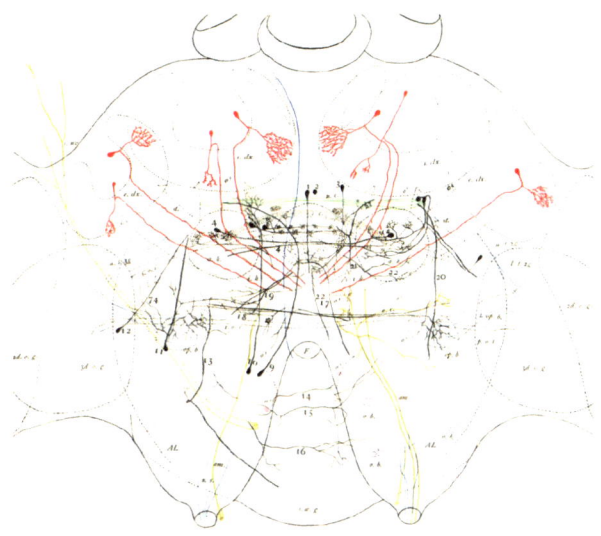

[그림 9-2] 여러 가지 유형의 뉴런이 있는 꿀벌 뇌의 정면도(F. Kenyon, 1896). 케니언 세포(빨간색, 버섯체 내부): 버섯체의 갓('clx') 영역에 있는 가지돌기 모양이 분명하게 보인다. 맨 왼쪽과 맨 오른쪽에는 내수질(제3시신경절), 외수질(제2시신경절)이 있다. 아래쪽에는 잘린 더듬이 신경과 더듬이엽('AL', 잘린 신경 바로 위쪽)이 보인다. 뇌 중심부에는 (전대뇌 다리 영역, 부채 모양의 세포체, 타원형 모양의 세포체가 포함된) 중심복합체가 있다(자세한 내용은 [그림 9-5] 참조). 뇌의 양쪽 두 반구를 연결하는 뉴런들은 까만색 선으로 표시돼 있다.

분)을 연결하는 뉴런을 발견했으며, 심지어 버섯체가 다중 감각 통합의 중심이라고 정확하게 제안했다.

케니언이 1896년에 그린 뇌 회로도([그림 9-2])의 정밀도는 감탄의 대상이다. 이 회로도에는 인식 가능한 여러 유형의 뉴런이 포함돼 있으며, 이들이 어떻게 연결될 수 있는지에 대한 몇 가지 제안이 포함돼 있다. 대부분의 많은 뉴런은 다 자란 나무처럼 가지를 넓게 뻗고 있다. 이 그림은 꿀벌 뇌에 있는 약 85만 개의 뉴런 중 약 20

개만 보여주고 있는데도 매우 복잡해 보인다. 현재 우리는 각각의 뉴런이 수많은 미세한 가지를 통해 다른 뉴런과 최대 1만 개의 연결 부분(시냅스)을 만들 수 있다는 것을 알고 있다. 꿀벌 뇌에는 10억 개의 시냅스가 존재할 수 있으며, 시냅스의 효율성은 경험에 의해 변경될 수 있으므로 학습과 기억을 통해 뇌의 정보 흐름을 바꿀 수 있는 가능성은 거의 무한하다. 케니언의 연구 결과를 본다면 곤충의 뇌가 단순하다거나 뇌 크기에 대한 연구가 뇌 내부의 정보 처리의 복잡성에 대해 어떤 식으로든 정보를 제공할 수 있다고 주장할 수는 없을 것이다.

케니언도 현재의 수많은 초보 과학자들이 겪는 불안감을 겪었던 것 같다. 과학적 업적에도 불구하고 그는 정규직 일자리를 구하는 데 어려움을 겪었고, 여러 기관을 옮겨 다니며 재정적 어려움에 계속 직면했다. 결국 그는 정신이 나간 것처럼 보였고, 1899년 동료들에게 "비정상적이고 위협적인 행동"을 했다는 이유로 체포됐으며, 그해 말 정신병원에 영구적으로 감금돼 재활의 기회조차 얻지 못한 채 40여 년이 지난 후 닉 스트로스펠드의 말처럼 "사랑받지 못하고 잊힌 채 홀로" 그곳에서 사망했다.

벌의 뇌에서 일어나는
시각 정보 처리

케니언은 자신의 연구가 대서양 건너편의 카할에게 영향을 미쳤다는 것을 전혀 알지 못했을 것이다. 카할은 케니언의 발견에서 영감을 얻어 곤충의 신경계를 더 자세히 탐구한 사람이다. 그는 동료인 도밍고 산체스와 함께 꿀벌을 비롯한 여러 곤충 종의 시각 시스템(잎새신경절, 외수질, 내수질)에 초점을 맞춰 연구를 진행했다.[7]

곤충의 겹눈은 수천 개의 눈구멍으로 이뤄지며, 각각의 눈구멍 외부에는 홑눈이라고 부르는 육각형 수정체가 달려 있다. 겹눈에는 다양한 파장의 빛에 반응하는 광수용체가 포함돼 있다. 꿀벌 종류에 따라 홑눈의 수는 1,000개에서 약 1만 6,000개까지 다양하다(꿀벌 일벌의 홑눈 수는 약 5,500개다. 제1장 참조). 자외선과 파란색 빛을 수용하는 광수용체는 축삭(뉴런 케이블)을 외수질('긴 시각 섬유')로 보내고, 녹색광 수용체는 잎새신경절('짧은 시각 섬유')로 축삭을 보낸다. 시신경절은 '기둥들(카트리지들)'로 구성돼 있다. 예를 들어 잎새신경절과 외수질에는 홑눈 수만큼 카트리지가 있다. 내수질에는 카트리지 수가 비교적 적다. 외수질과 내수질은 둘 다 축삭을 뇌 중심부로 보낸다. 시신경절에 있는 기둥들은 각각의 기둥에 동일한 유형의 뉴런이 포함돼 있기 때문에 반복적인 구조를 이룬다.

뉴런의 유형이 다양하다는 사실에 놀란 카할은 이렇게 말했다.

"곤충 망막의 복잡성은 놀랍고 당황스럽다. 다른 동물에서는 이런 복잡성을 관찰한 적이 없다. 현미경으로도 관찰하기 힘들 정도로 섬세한 이 모든 조직학적 요소들의 무한한 수와 정교한 조절 메커니즘을 생각하다 보면 그 복잡성에 압도당하게 된다."

현재 우리는 간단한 생물체인 초파리만 해도 150종 이상의 뉴런을 가진다는 것을 알고 있다(꿀벌의 경우 아직 정확한 수치를 알 수는 없지

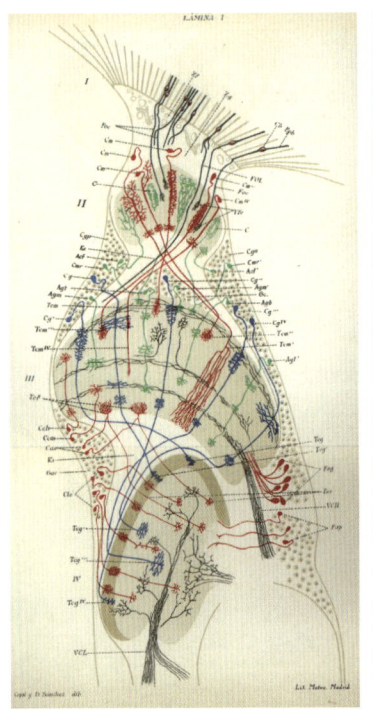
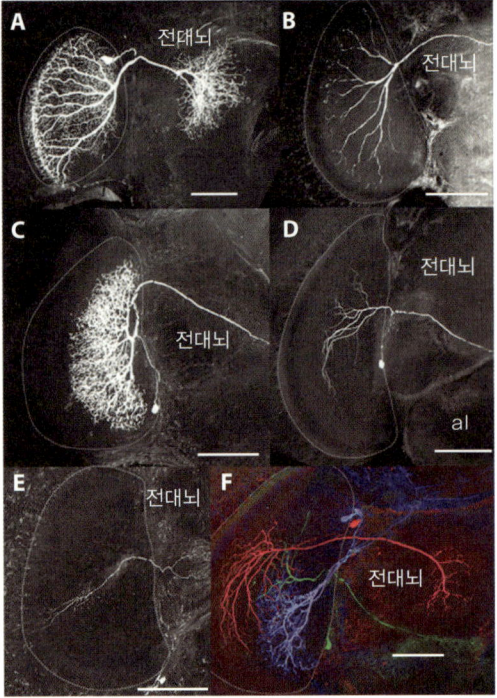

[그림 9-3] 꿀벌의 시각 시스템에 있는 다양한 유형의 뉴런(카할·산체스의 1915년 논문에서 발췌). **왼쪽**: 꿀벌 시각 시스템의 뉴런 유형 상단의 부채꼴 모양 영역이 망막이다. 세 가지 음영으로 표시된 각각의 부분이 신경중추인 잎새신경절, 외수질, 내수질이다. 이 신경중추들이 교차하는 신경 교차 부분(chiasma)이 두 군데 보인다. 서로 다른 뉴런의 유형은 서로 다른 색깔로 표시됐다. 세포체는 신경세포의 입력 및 출력 영역이 연결된 신경 중계 영역 외부에 있다. **오른쪽**: 형광 염료로 표시된 호박벌의 시신경절 중 하나인 내수질에 있는 뉴런이 뇌의 중심부인 전대뇌('prot')에 연결돼 있다. 일부 뉴런은 매우 넓은 분지 패턴(A와 C)이기 때문에 눈 전체에서 신호를 수신하는 반면, 일부 뉴런은 '기둥형' 패턴(E)이기 때문에 눈과 뇌 사이에 있는 몇 개의 홑눈('픽셀'에 해당)이 제공하는 정보만 전달할 수 있다. (단위: 100μm)

만 그 수치가 매우 높을 것으로 예상된다. 이에 비해 인간의 망막에 있는 뉴런의 종류는 100개 미만이므로 곤충의 망막과 비교하기 힘들다). 곤충의 경우 (종에 따라 다소 차이가 나기는 하지만) 외수질에 있는 기둥 하나에도 수십 종의 뉴런이 있다([그림 9-3]).

이런 뉴런의 대부분은 망막에서 중뇌로의 정보 흐름에 수직 방향으로 연결돼 있으며, 일부는 서로 인접한 홑눈에서 신호 비교를 통해 명암 감지 및 강화 기능을 수행한다. 생물체의 테두리 형태를 파악해 정체를 인식한다는 것은 결국 색의 대비를 인식하는 것이다. 또한 일부 뉴런은 '수용 영역'이 넓어 예를 들어 장면의 평균 밝기를 측정해 눈 전체가 얻는 정보를 통합하는 역할을 한다. 이런 뉴런들은 외수질을 층층이 쌓인 것처럼 보이게 하는데, 꿀벌의 경우 외수질에 8개 층이 있는 반면, 내수질에는 각각 여러 개의 신경 교차 연결로 이루어진 6개의 줄무늬가 있다(인간의 망막에는 이러한 측면 연결이 단 2개 층으로만 이뤄진다).[8]

외수질과 내수질에는 '단순 특징 탐지 뉴런simple feature detectors'이라고 할 수 있는 다양한 뉴런이 포함돼 있다. 이 뉴런들은 장면이나 물체의 특징(색깔, 밝기, 움직임 등)을 분석한다. 예를 들어 벌의 내수질에는 '가장자리 방향 감지 뉴런'이라는 뉴런이 두 종류 존재한다. 시각 뉴런의 특성을 측정할 때 연구자들은 일반적으로 관심 있는 뉴런 내부 또는 그 위에 미세 전극을 배치하고 동물에게 다양한 색상의 빛, 다양한 방향으로 움직이는 점, 짧게 깜박이는 자극과 지속적인 자극, 다양한 방향과 다양한 속도로 움직이는 막대 등 시각 자극을 주어 뉴런의 반응 특성을 파악한다.

내수질의 가장자리 방향 감지 뉴런은 눈앞에서 수평으로 움직이는 자극에 강하게 반응하지만, 특히 수직에서 약 +110도 또는 −110도 각도로 기울어진 방향에 가장 강하게 반응한다.[9] 이 뉴런은 다른 유사한 가장자리 방향에도 반응하지만 강도는 덜하다. 꽃을 포함한 대부분의 시각 신호에는 가장자리가 있으며, 이러한 뉴런은 꿀벌이 가장자리를 스캔할 때 다소 강하게 반응한다. 이 두 가지 유형의 가장자리 방향 감지 뉴런의 조합이 매우 다양한 시각 패턴을 인식하는 데 매우 큰 역할을 한다는 것을 곧 알게 될 것이다.

단순 특징 탐지 뉴런의 기능

연구자들은 지난 수십 년 동안 벌에게 일반적으로 꽃이 제시하는 것보다 훨씬 더 복잡한 온갖 종류의 까다로운 패턴을 제시하는 방법으로 연구를 진행해 왔다. 예를 들어 4개의 사분면으로 구성된 흑백 원형 패턴과 각 사분면마다 여러 줄무늬의 방향이 다른 패턴을 제시하는 식이다. 벌은 이러한 과제를 성공적으로 수행할 수 있다. 하지만 그렇다고 해서 벌이 복잡한 이미지를 완전하게 기억한다고 말할 수 있을까?

우리 팀의 마크 로퍼Mark Loper는 구글 딥마인드의 크리산타 페르난도Chrisantha Fernando와 함께 벌의 뇌를 모델링한 인공신경망을 구축했다. 이 인공신경망은 두 가지의 단순 특징 탐지 뉴런, 즉 특정 방향으로 흐르는 선이나 가장자리에 특히 민감한 두 종류의 내수질 뉴런만으로 만들어진 것이었다. 이 알고리즘은 4개의 사분면으로 나뉜 원과 각 사분면에서 다른 각도로 이어지는 줄무늬 같은 복잡한 시각적 패턴을 인식할 수 있었다. 그렇다면 벌도 이러한 복잡한 시각적 패턴을 저장할 수 있다고 생각할 수 있다. 뉴런의 신호를 기억하는 것만으로, 즉 실제 패턴을 인식하지 않고도 '가상 이미지'를 기억에 저장할 수 있다는 사실이 밝혀진 것이다.

이 모델에 따르면 이러한 단순 특징 탐지 뉴런을 사용해 경험적 테스트에서 발견한 것보다 실제로 더 나은 성능을 발휘할 수 있다는 것을 알 수 있다. 이런 모델은 매우 단순함에도 불구하고 복잡한 시각 처리를 해냈다. 이 모델은 수십 가지 유형의 내수질 뉴런 중 두 가지 유형만 사용하며, 실제 신경 회로의 복잡한 연결성에 비해 모델의 시냅스(뉴런 간 접점) 수는 극히 적다.

벌의 시각 시스템에서 뉴런 유형의 다양성과 복잡성은 인지 작업에 필요한 회로가 극도로 단순하다는 사실과 극명한 대조를 이룬다.[10] 예를 들어 벌이 계산할 항목을 하나씩 순차적으로 검사하는 경우, 간단한 4개의 뉴런 네트워크로 벌의 계산능력을 구현할 수 있다(제6장 참조).[11] 컴퓨터 과학자들에게 특정 인지능력을 구현할 수 있는 가장 간단한 신경망에 대해 묻는다면, 예를 들어 지형지물에 대한 순차적 학습, 경로 통합 또는 자신의 행동 결과 예측(의식과 유사한 현상)은 일반적으로 수십 개에서 최대 수백 개의 뉴런으로 가능하다는 대답이 돌아올 것이다.[12] 따라서 벌의 뇌와 인지에 대한 가장 큰 미스터리는 "꿀벌처럼 뇌가 작은 동물이 어떻게 그렇게 영리한 일을 많이 할 수 있을까?"가 아니라 그 반대, 즉 "왜 다른 동물은 벌의 뇌보다 큰 뇌를 필요로 할까?"여야 한다.

단일 뉴런의 학습 가능성

벌이 꽃의 특징(색깔이나 냄새)을 학습하려면 꽃꿀에 포함된 설탕 보상에 반응하는 신경 경로를 가져야 한다. 란돌프 멘첼의 제자 마틴 해머Martin Hammer는 꿀벌의 뇌에 이런 신경 경로가 단일 신경세포 형태로 존재한다는 것을 발견하고, 그 신경세포에 VUMmx1 ventral unpaired median maxillar 1([그림 9-4])이라는 이름을 붙였다. 이 뉴런은 꿀벌의 뇌에서 가장 광범위하게 분지된 신경세포 중 하나로 보이며, 이 뉴런의 세포체는 식도하 신경절 subesophageal ganglion(벌의 설탕 수용체로부터 입력을 받는 입 주변 부분)에 위치한다. 이 뉴런은 가지들(그리고 이 뉴런의 정보)을 더듬이엽과 버섯체의 갓 부분으로 보내며, 버섯체는 (더듬이엽으로부터) 후각 정보와 (외수질과 내수질로부터) 시각 정보를 추가적으로 수용한다.

마틴 해머는 이 뉴런을 전기적으로 자극하면 벌이 설탕 보상을 받았다고 생각하도록 속일 수 있다는 사실을 발견했다. 즉 꿀벌은 실제로 보상받지 않고도 꽃 냄새에 대해 학습할 수 있었다. 실험자가 VUMmx1 뉴런을 자극하여 벌이 특정 냄새를 맡게 하면 벌은 실제로 설탕 보상을 받은 것처럼 냄새를 학습할 수 있다. 이 뉴런이 꿀벌의 보상 경로를 대표하는 유일한 뉴런이라는 확실한 증거는 없지만, 적어도 이 뉴런의 실험적 전기 자극이 꿀벌이 코로 단맛을 찾

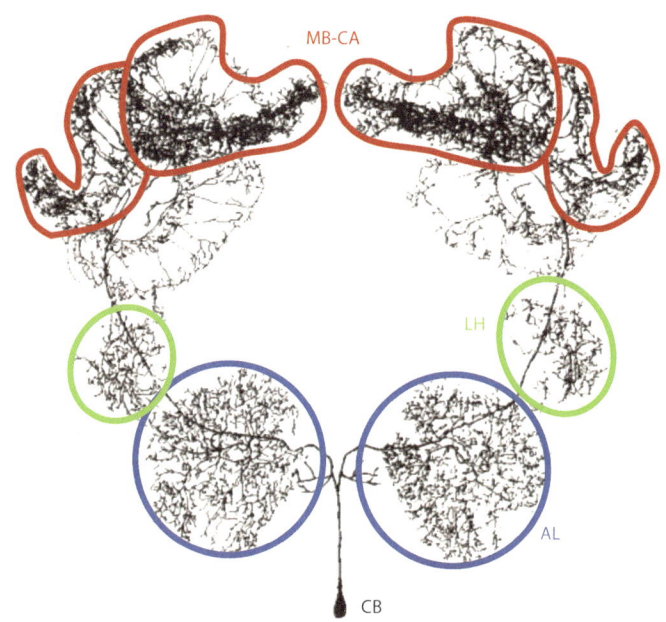

[그림 9-4] 벌의 뇌에 있는 '보상 뉴런'의 정교한 구조. VUMmx1이라는 이름이 붙여진 이 뉴런은 뇌의 여러 영역에 '단맛 신호'를 보낸다. 이 뉴런의 세포체(CB)는 뇌의 식도하 신경절에 있으며, 이 뉴런의 가지들은 더듬이엽(AL), 측면 뿔 영역(LH), 버섯체의 갓 부분(MB-CA)으로 뻗어 나간다. 이 뉴런을 인위적으로 자극하면 꿀벌은 설탕을 맛봤다고 '생각'할 수 있으며, 꿀벌은 이 착각을 동시에 제시된 냄새와 연결하는 방법을 배울 수 있다. (해머의 허락하에 재구성한 그림)

는 것과 같은 효과를 낸다는 것은 그럴듯해 보인다. 이에 비해 포유류의 도파민 보상 시스템에서는 수만 개의 신경세포가 모두 동일한 메시지를 전달한다. 곤충의 뇌에는 이런 과잉이 존재할 여지가 없으며, 어떤 경우는 실제로 단일 세포에 의해 특정 기능이 매개될 수도 있다.[13]

하지만 단일 뉴런이 이런 기능을 하는 것이 위험하지는 않을까?

만약 그 단일 뉴런에 예기치 않은 일이 발생하면 어떻게 될까? 하나의 기능이 백업 없이 단 하나의 메커니즘에 의해 뒷받침된다면 그 손상은 의심할 여지 없이 재앙을 불러올 것이다. 또한 일벌은 진화를 통해 이런 상황에 대비하기에는 수명이 너무 짧을 수도 있다.

해머의 이 획기적인 발견은 1993년 〈네이처Nature〉에 실렸다. 당시 동료와 후배 과학자들은 해머가 학계에서 확실히 성공의 길을 걸을 거라고 생각했다. 하지만 그렇지 않았다. 그는 이 획기적인 논문 발표 이후 몇 년 동안 정규직 자리를 확보하는 데 실패했고, 우울증에 시달렸으며, 자신의 과학적 능력을 의심하기 시작했다. 그는 다른 대학 교수직에 지원했다가 거절 통보를 받는 것을 힘들어했다. 해머는 논문을 쓰기 위해 극도로 긴 시간 동안 일했고, 이런 악순환은 그의 사생활과 가정생활에 심각한 타격을 입혔다. 마틴 해머는 1997년 9월 24일 마흔 번째 생일을 열흘 앞두고 교통사고로 사망했다. 유서는 발견되지 않았지만 주변에 다른 차량이 없는 상황에서 안전벨트도 매지 않은 채 고속으로 나무를 들이받은 상황으로 미루어볼 때 극단적 선택을 한 것으로 보인다.

버섯체, 벌의 정보 저장용 하드디스크

시각 및 후각 감각 말초에서 들어오는 신경 전선은 버섯체의 케니언 세포에 연결되며, 현미경을 이용하면 연결 부분인 미세 사구체 microglomeruli(시냅스 복합체)를 볼 수 있다(다음 장의 [그림 10-7]). 중요한 사실은 마틴 해머가 발견한 VUMmx1 보상 뉴런도 버섯체의 동일한 입력 영역에 연결된다는 점, 즉 '설탕' 신호를 전달하는 감각 경로와 꽃 색깔과 향기를 전달하는 감각 경로가 모두 이 영역으로 수렴된다는 점이다. 이보다 훨씬 더 중요한 사실은 학습 과정에서 보상 경로와 자극(꽃 색깔 등) 둘 다로부터 신호가 수용되면 미세 사구체를 통한 연결이 새로 형성되거나 강화될 수 있다는 점, 즉 이 연결이 '가소성'을 가진다는 점이다. 따라서 버섯체는 신경 정보 저장 장치라고 할 수 있다.[14]

버섯체가 엄청난 정보를 저장하는 하드디스크가 될 수 있는 이유는 버섯체가 기계학습에서 사용되는 원리, 즉 '팬 아웃, 팬 인 아키텍처fan-out, fan-in architecture'를 사용한다는 사실에 있다.[15] 더듬이엽에서 나오는 신경 '전선'(후각 경로)의 수는 수백 개에 불과하지만 이들은 17만 개의 케니언 세포에 연결되고, 이 케니언 세포들은 행동 반응이 선택되고 조정되는 중뇌 영역에 연결되는 400개의 버섯체 바깥 뉴런에 의해 '판독'된다. 감각기관에서 버섯체로 신호를 전달하는 감각 투영 뉴런과 케니언 세포 간의 연결은 상대적으로 드물며, 각 케니언 세포는 약 10개의 감각 투영 뉴런으로만 신경을 전달하는 것으로 알려져 있다. 그 결과 하나의 감각 자극이 들어올 때마다 케니언 세포의 극히 일부만 활성화되는 소위 '희소 코드sparse code'가 생성된다. 이 희소 코드는 특이성이 높기 때문에 벌이 본 2개의 유사한 시각적 장면조차도 케니언 세포의 활성화 패턴이 완전히 달라질 수 있다. 이러한 유형의 코딩으로 인해 메모리 용량이 매우 커진다.

이 현상은 개미의 지형지물 탐색 이론으로 설명할 수 있다. 이 이론을 제시한 연구자들은 360개의 시각 투영 뉴런과 2만 개의 케니언 세포로 구성된 '팬 아웃' 아키텍처를 모델링했다. 케니언 세포 수는 꿀벌보다 훨씬 적었지만, 이 모델은 개미의 복잡한 자연환경에서 350개의 사실적인 시각적 장면을 저장할 수 있었으며, 개미는 각각의 장면을 혼동하지 않았다. 기억된 시각적 장면 수가 80개에 불과했을 때 컴퓨터로 모델링된 '개미'는 장면을 기억한 위치에서 25cm 떨어진 곳에서도 최소한의 오류율로(확률보다 약 7배 낮게) 각 장면을 인식할 수 있었다.[16] 다시 말하지만 이러한 모델은 실제 신경 회로를 극단적으로 단순화한 것이므로 꿀벌(및 개미)의 실제 기억 능력은 이보다 훨씬 높을 가능성이 있다는 점에 유의해야 한다.

따라서 곤충은 뇌가 작기 때문에 기억 용량이 작다거나 벌은 "한 가지만 기억할 수 있다."는 것은 틀린 말이다.

간단한 뇌 회로를 이용한 복잡한 학습

고전 심리학을 공부한 뒤 내 연구실에서 박사과정 연구를 수행하던 페이 펑Fei Peng은 이 개미 연구를 진행하면서 뇌 모델링 기술을 연마했다. 그 후 그는 벌의 버섯체 모델을 만들어 벌의 복잡한 꽃 냄새 학습 능력이 어떻게 생겨나는지 탐구했다. 특히 꿀벌은 잠재적으로 상충될 수 있는 여러 가지 꽃 냄새를 접할 때 고도로 차별화된 방식으로 반응할 수 있다. (어떤 냄새는 보상과 관련 있고, 어떤 냄새는 보상이 없거나 혐오스러운 음식과 관련 있을 수 있다). 이와 관련된 심리적 현상 중 하나가 '정점 이동peak shift' 현상이다.

정점 이동 현상이란 동물이 이전에 보상받았던 냄새에 반응할 뿐만 아니라 보상 자극과 비슷하지만 보상이 없는 냄새와 더 멀리 떨어져 있는 냄새에 더 강하게 반응하는 현상이다. 벌은 이전에 경험한 하나의 자극에만 반응하는 것이 아니라 다양한 향기에 대한 정보를 결합해 가장 좋은 냄새가 어떤 냄새인지 추론한다는 점에서 이는 규칙 학습의 한 형태로 간주돼 왔다.

또한 벌은 부정적 및 긍정적 '패턴화 차별patterning discrimination' 현상을 나타내며, 두 가지 냄새가 혼합된 경우 한 가지 방식으로 반응하고 각각의 구성 냄새에 대해서는 그 반대 방식으로 반응하는 방법을 쉽게 학습한다. 예를 들어 긍정적 패턴 학습의 경우 벌은 장미 냄새와 제라늄 냄새의 조합에서는 보상을 예측하지만 이 두 냄새를 따로따로 제시하면 장미 향이나 제라늄 향 모두에서 보상을 예측할 수 없다는 것을 학습할 수 있다. 벌의 이런 학습 능력은 단순한 연상 학습 능력보다 더 높은 수준의 지능으로 간주돼 왔다.[17]

페이 펭은 꿀벌의 더듬이엽에서 돌출된 뉴런과 버섯체의 케니언 세포 사이의 시냅스가 냄새와 설탕 보상 간의 학습 연상에 의해 변경될 수 있다는 확립된 사실과 꿀벌 뇌에서 후각 정보 처리에 대해 알려진 세부 정보를 기초로 버섯체 모델을 구축했다. 그 결과 놀랍게도, 앞서 설명한 복잡한 학습 현상을 생성하기 위해 모델의 어떤 측면도 '조정'하지 않았음에도 불구하고 모델에서 이러한 현상이

'튀어나왔다'. 버섯체 모델은 입력된 것보다 훨씬 더 복잡한 연산을 수행했던 것이다.

페이는 '단순한' 연상학습을 매개하는 뉴런 회로가 보다 다양한 '지능적인' 형태의 학습도 해낼 수 있으며, 이 회로에 멀티태스킹 능력이 부여되지 않았음에도 불구하고 이 회로가 다양한 학습 능력을 효과적으로 멀티태스킹할 수 있다는 사실을 발견한 것이다. 이 연구 결과는 '고등한 수준의 인지'로 간주되는 학습 형태가 '단순한' 연상학습보다 계산적으로 더 복잡하다는 생각에 의문을 제기한다. 더 중요한 의미는 연상학습이라는 기본적인 과제를 해결하기 위해 진화한 신경 구조가 추가적인 진화적 미세 조정 없이도 더 지능적 형태의 학습을 자발적으로 생성할 수 있음을 이 연구가 보여준다는 사실이다.

정교한 경로 탐색 장치로서의 곤충의 중심복합체

버섯체 외에도 여러 감각 경로가 모이고 기억을 저장하는 곤충 뇌의 또 다른 중요한 구조는 중심복합체다. 이 아름답고 규칙적인 구조가 모든 곤충에 공통적으로 존재하며, 서로 매우 다른 생활방식을 가진 곤충들에서도 유사하게 구축돼 있다는 사실은 곤충 전반에 걸쳐 버섯체의 기능이 적어도 어느 정도 유사하며, 공통 조상으로부터 물려받은 것이라는 추정을 가능하게 한다.[18]

중심복합체는 곤충의 뇌에서 유일하게 짝을 이루지 않는 구조로, 이름에서 알 수 있듯이 기하학적으로나 기능적으로 감각 통합과 행동 선택 측면에서 뇌의 중심 위치에 있다. 중심복합체는 주로 '부채꼴 몸체fan-shaped body'와 '타원체ellipsoid body'(이 둘을 합쳐 '중심체central body'라고 부른다. [그림 9-1], [그림 9-2] 참조), '전대뇌교protocerebral bridge', '쌍결절paired noduli'의 네 부분으로 구성된다. 다른 동물의 뇌 구조(그리고 곤충의 시신경절 구조)가 그렇듯이 중심체는 기둥들, 즉 내부 배열이 매우 반복적인 국소 신경망 기둥들로 구성돼 있다. 16개의 기둥이 전대뇌교와 중심체를 관통하며, 기둥 사이에도 여러 층의 교차 연결이 있다. 곤충을 대상으로 한 연구에 따르면 중심복합체는 태양나침반 사용, 경로 통합, 지형지물 기억 등 방향과 위치 탐색에서 매우 중요한 역할을 한다.

중심복합체의 일부 구성 요소는 신경 회로의 구조와 기능 간의 긴밀한 상호작용을 보여주는 예이기 때문에 특별한 주의를 기울일 가치가 있다. 전대뇌교에 있는 뉴런은 태양의 방향을 부호화해 시간에 따라 보정되는 신경생물학적 나침반을 형성한다(태양나침반을 이용하려면 반드시 시간을 알아야만 한다). 그렇다면 태양이 보이지 않을 때는 벌이 어떻게 행동할까?

우리는 제3장에서 벌이 편광에 민감하다는 사실을 살펴본 바 있다. 하늘의 편광 패턴은 태양과 함께 예측 가능한 방식으로 움직이기 때문에 벌은 태양 자체가 구름에 가려져 있어도 태양나침반 단서를 이용할 수 있다. 전대뇌교의 각 기둥에 있는 뉴런은 편광의 한 가지 주된 편광 면에만 민감하지만 인접한 기둥의 뉴런은 각각 다

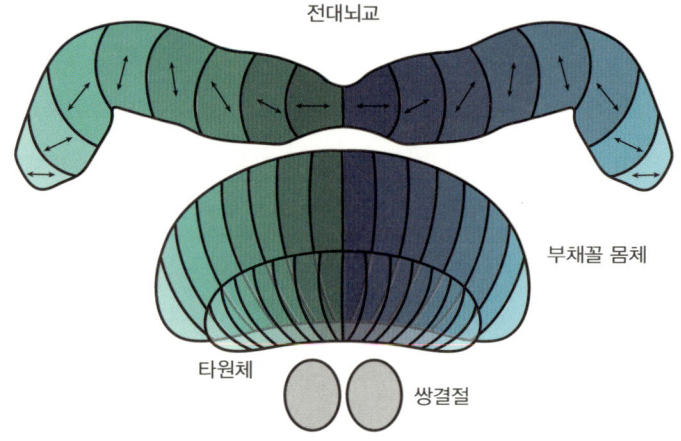

[그림 9-5] **곤충의 중심체와 중심체의 주요 부분.** 전대뇌교(PB), 부채꼴 몸체, 타원체, 쌍결절. 전대뇌교에 있는 신경세포들은 편광의 서로 다른 방향(양방향 화살표로 표시됨)에 맞춰 조정된다. 따라서 전대뇌교에는 편광 방향 지도가 포함된다고 할 수 있다. 전대뇌교, 부채꼴 몸체, 타원체는 기둥들로 구성된다. 전대뇌교 내 특정 기둥들에 있는 뉴런은 부채꼴 몸체 또는 타원체의 특정 기둥들과 연결되는 경향이 있다.

른 주된 편광 면에 반응한다([그림 9-5]). 따라서 전체적으로 전대뇌교는 정교한 나침반 장치를 포함하고 있다고 할 수 있다.

전대뇌교 밑에 있는 부채꼴 몸체의 주요 기능 중 하나는 시각적 패턴 기억이다. 초파리에서는 적어도 특정 뉴런 층이 지형지물을 보는 눈 영역과 무관하게 지형지물의 특징을 암호화하고 기억하는 것으로 보인다. 따라서 전대뇌교와 부채꼴 몸체는 곤충이 지형지물과 나침반 단서를 연결해 벌이 익숙한 파노라마를 보면서 집으로 돌아가는 정확한 방향을 선택할 수 있게 해준다.

타원체 역시 방향감각에 중요한 기능을 하는데, 곤충이 다른 방향으로 몸을 움직일 때 타원체 둘레를 중심으로 신경 활동 피크(범프bump)가 회전한다. 이 범프는 곤충이 어둠 속에서 걸을 때 정확한 이전 방향을 나타내기도 하는데, 이는 타원체가 동물이 스스로 생성한 움직임에 대한 정보를 이용한다는 뜻이다. 타원체는 외부 감각 입력이 없을 때도 방향을 유지할 수 있게 해줄 뿐만 아니라 어둠 속에서 새로운 방향으로 방향을 바꾸기로 결정할 때 나침반 방향을 계속 업데이트한다. 쌍결절에 있는 뉴런들은 이동 거리를 측정하는 역할을 한다([그림 9-5]).

요약하면 중심복합체는 이동 거리, 방향(외부 감각 신호와 자체 생성된 움직임 둘 다를 이용한다), 지형지물에 대한 정보를 수집한다. 또한 중심복합체에는 경로 통합(구불구불한 길을 따라 새로운 꽃 자원을 찾은 벌이 집으로 곧장 돌아갈 수 있도록 경로를 찾기 위해 이전에 이동한 모든 거리 구간과 회전한 각도에 대한 데이터를 통합하는 기능. 제6장 참조)과 같은 복잡한 기능을 지원하는 다목적 탐색 도구가 포함돼 있다.

중심복합체에 벌의 의식이 존재할 가능성

중심복합체는 외부 자극, 내부 상태 및 과거 경험에서 얻은 정보를 통합하기 때문에 곤충 주변의 익숙한 공간과 자아를 나타내는 일종의 신경 모델이 될 수 있다. 이런 관점에서 벌 연구자들은 중심복합체가 곤충의 의식을 지원하는지에 대해 논의하기도 했다.[19] 이 주제에 대한 심리적 측면은 제11장에서 자세히 살펴볼 것이다. 신경생물학적 측면에서 중앙복합체가 의식과 유사한 기능을 매개한다는 생각은 포식기생 말벌이 먹이의 목표 지향적인 행동, 즉 자신에 의한 동기부여 행동을 모두 박탈하는 것처럼 보인다는 관찰 결과에 기초한다.

예를 들어 에메랄드는쟁이벌Ampulex compressa은 다리와 날개의 움직임을 제어하는 흉부 신경중추에 독침을 쏘아 먹잇감을 마비시키는 일반적인 방법 대신 바퀴벌레의 중심복합체 주변에 독침을 쏜다. 이 부위를 쏘인 바퀴벌레는 마비되지도, 감각을 잃지도 않지만 마음대로 움직일 수 없는, 일종의 좀비로 변한다. 이 상태에서도 바퀴벌레는 여전히 걸을 수 있으며, 에메랄드는쟁이벌은 무기력해진 바퀴벌레를 자신의 굴로 걸어가게 만들고, 바퀴벌레는 굴 안에서 이 벌의 유충에게 산 채로 먹히면서 서서히 죽게 된다. 이렇게 포식기생 말벌의 독을 이용해 심리학적·신경생물학적 효과를 내는 현상을 연구하면 곤충의 마음에 대해 많은 것을 밝혀낼 수 있을 것으로 보인다.[20]

동물이 의식을 가지려면 신피질neocortex이 포함된 매우 큰 뇌가 필요하다는 생각은 틀린 생각이다. 예를 들어 침팬지에게는 인간에서 언어 능력을 지원하는 뇌 영역인 브로카Broca's area 영역과 베르니케 영역Wernicke's are이 있지만 침팬지는 언어를 구사하지 못한다. 따라서 뇌의 특정 영역의 존재 여부가 인지능력의 존재에 대해 알려주는 것은 아무것도 없다고 할 수 있다. 또한 비슷한 행동 능력이라도 동물에 따라 완전히 다른 신경 회로에 의해 구현될 수 있으며, (자신이 한 행동의 결과를 예측하는 것 같은) 기본적인 의식과 비슷한 능력은 곤충의 뇌 크기에 비해 엄청나게 많은 수가 아닌 수천 개의 뉴런만으로도 구현될 수 있다.²¹

벌의 뇌파

"곤충은 생각할 수 있을까?"라는 의문의 답을 찾으려고 할 때는 곤충의 뇌에서 자발적 활동이 일어나는지 먼저 생각해 보아야 한다. 동물의 의식에 대해 연구할 때는 '뇌 내부'에서 생성되는 모든 활동, 즉 외부 자극 없이 일어나는 활동 또는 외부 자극과 무관한 활동에 대한 탐구를 먼저 해야 한다는 뜻이다. 외부 자극이 없는 상태에서의 이런 뇌 활동은 동물이 환경의 특정 측면에 주의를 집중해 실제로 어떤 일이 일어나기 전 그 일이 일어날 수 있을 것이라고 예측할 때 발생한다.

주의력은 동물이 중요한 자극(벌의 경우는 익숙한 꽃)에 집중하고, 중요하지 않은 자극(낯선 꽃)은 무시할 수 있게 해준다. 하지만 주의력은 단순히 어떤 대상을 선택하는 데 사용하는 필터 이상의 역할을 한다. 벌은 뇌의 깊은 곳 어딘가에서 자신이 무엇을 찾고 있는지 알고 있어야 하며, 이 정보를 감각기관에 더 가까운 필터링 메커니즘에 전달한다. 호주의 신경과학자 브루노 밴 스윈더런Bruno van Swinderen 연구팀은 조작할 수 있는 가상현실 환경 안에 벌을 넣고 뇌 활동을 측정한 결과 벌의 신경 활동 패턴이 벌이 주의를 기울이는 대상에 따라 다르며, 벌이 특정한 자극을 선택하기 전에 벌의 뇌 상태가 특정한 상태로 변화한다는 사실을 발견했다.[22]

여기서 중요한 것은 곤충이 잠을 자고 있든, 깨어 있든 여러 가지 유형의 신경 진동 neural oscillation ('뇌파')을 보인다는 것을 연구팀이 관찰했다는 사실이다. 의식에 대한 연구에서 이 사실이 중요한 이유는 무엇일까?[23]

인간의 경우 의식은 특정 주파수의 뇌파와 관련 있다. 의식적인 경험이 일어나기 위해서는 여러 가지 뇌 구조들(감각 영역, 기억 중추, 동기부여와 행동 선택 등을 지원하는 구조들)로부터 정보가 통합되어야 한다.[24] 특정 유형의 신경 진동은 이러한 뇌 영역들의 신경 활동을 동기화해 각 영역의 정보를 일관된 지각으로 엮어내는 기능을 하는 것으로 알려져 있다. 따라서 곤충에게서 이런 신경 진동이 발견됐다는 사실, 특히 곤충이 잠자는 동안에도 뚜렷한 진동파의 단계가 관찰됐다는 사실은 의식 연구 측면에서 매우 흥미로울 수밖에 없다. 벌의 뇌 회로는 "결코 꺼지지 않는다."는 사실이 밝혀진 것이다.

벌의 수면은 세 단계로 나뉜다. 가장 깊은 수면 단계는 머리, 흉부, 복부가 이완되고 더듬이가 움직이지 않으며, 근육의 긴장도와 체온이 감소하고 외부 자극에 대한 반응 역치가 증가하는 단계다.[25] 독특한 모양으로 웅크린 자세도 이 단계의 특징이다. 놀랍게도 이 수면 단계에서 벌을 냄새에 노출시키면 벌의 기억 속에서 전날의 경험들이 통합되는 일이 벌어진다. 벌에게도 인간처럼 꿈꾸는 상태에서 기억을 되살리는 수면 단계가 있을까? 꿈은 기억을 통합하는 기능뿐만 아니라 기억과 생각의 조각을 확률적으로 섞어 새로운 형태의 생각으로 만드는 기능도 있기 때문에, 벌이 꿈을 꾼다면 현실 세계의 가능한 시나리오나 익숙한 문제에 대한 대안적인 해결책을 꿈에서 탐색할 가능성도 있다.[26]

비슷한 뇌, 다른 생활방식

생활방식이 매우 다른 곤충 종들이 뇌 구조는 매우 비슷한 경우가 많다는 관찰 결과는 꽤 흥미롭다. 곤충들의 인상적이고 독특한 행동 능력 또는 인지능력은 신경 기질에 기초하는 것이 확실해 보임에도 불구하고 신경해부학적 구조에서 곤충들의 신경 기질이 가지는 차이점을 찾아내기는 쉽지 않다. 예를 들어 최근 곤충의 사회적 인지에 관한 가장 인상적인 발견 중 하나는 엘리자베스 티베츠 Elizabeth Tibbets와 동료들에 의한 망나니쌍살벌 Polistes wasp의 얼굴 인식 능력 발견이다.[27] 간단히 설명해 보자. 말벌의 일부 종은 각 개체가 뚜렷한 얼굴 표식을 가진 매우 작은 군집에서 생활한다. 군집은 몇몇 암컷 말벌에 의해 만들어지는데, 이 과정에서 암컷 말벌은 결투를 통해 서열을 확립한다. 마지막 결투에서 승리한 말벌이 승자로서 번식을 독점하는 구조다.

　같은 군집의 말벌은 서로를 인식하고, 경쟁자와의 싸움을 통해 서열을 결정한 후 군집의 서열에서 자신의 위치를 파악한다. 이런 싸움은 부상이나 죽음을 초래할 수 있으므로 반복하지 않는 것이 최선이며, 그러기 위해서는 서열에서 자신의 위치를 알아야 한다.

또한 이 말벌들은 관찰을 통해 다른 개체의 싸움 능력에 대해 학습하며, 심지어 '전이적 추론transitive inference'을 하기도 한다.[28] 즉 이 말벌들은 개체 A가 B보다 강하고, B가 C보다 강하다는 것을 관찰하면 A도 C보다 강하다고 추론한다.

이런 능력(곤충 중 이런 능력을 가진 다른 곤충은 없을 것이다)에도 불구하고 이 말벌들의 시각 시스템과 얼굴 인식을 하지 않는 말벌들의 시각 시스템에서 뚜렷한 차이점은 거의 발견되지 않았다. 영장류에 속하는 동물의 뇌에서도 이런 차이점은 거의 발견되지 않는다. 예를 들어 인간의 뇌는 다른 영장류의 뇌와 비교했을 때 인지능력에서 분명한 차이를 보이지만 적어도 대략적인 구조 측면에서 보면 영장류의 뇌를 확장한 버전으로 보인다.

이는 감지하기는 어렵지만 비교적 진화하기 쉬운 신경 회로의 미세한 조정에 의해 행동이나 인지와 관련된 중요한 진화적 혁신이 이뤄질 수 있다는 생각을 가능하게 한다. 대부분의 인지 연산은 상당히 작은 신경 회로 내에서 수행될 수 있기 때문에, 특정 형태의 지능을 진화시켜야 한다는 선택압력이 있다면 해당 종에서 그런 지능이 나타날 가능성이 높다. 야생동물에게 특정한 행동 능력이 없는 것은 그 능력이 '진화하기 어렵거나' 종의 지능 수준이 적절하지 않다는 증거가 아니라, 관련된 자연적 도전이 없었기 때문에 나타난 현상일 수도 있다. 예를 들어 사회성 벌이 서로를 개별적으로 인식하지 못하는 이유는 뇌가 작아 인식 능력을 가질 수 없기 때문이 아니라 군집 내 개체가 너무 비슷하고 너무 많아서 얼굴 인식이 유용하지 않기 때문일 수 있다.[29] 신경 회로의 작은 변화만으로도 행동

능력에 큰 변화를 가져올 수 있는데, 이는 부분적으로는 기존 회로를 약간의 수정만으로 활용할 수 있는 경우가 많기 때문이다.

벌의 뇌를 연구한 결과 우리는 아주 작은 뇌라도 인지, 환경 탐색 및 규칙 추출, 미래 예측, 효율적인 정보 저장 및 검색을 할 수 있다는 사실을 알게 됐다.[30] 이 장과 그 이전 장에서 우리는 꿀벌의 다양한 감각, 학습 능력 그리고 신경계에 대해 살펴봤다. 하지만 그 과정에서 우리는 벌을 어느 정도 상호교환이 가능한 존재로 취급하면서 벌 개체의 개별적 심리에 대해서는 다루지 않았다.[31] 하지만 심리적 특성은 본질적으로 개인의 경험과 개별적으로 유전된 행동양식을 기반으로 하며, 개체들 각각의 심리적 특성은 모두 다르다. 다음 장에서는 벌이 개별적인 '성격personality'을 가지고 있다고 말할 수 있는지 생각해 보자.

10

벌들의 성격 차이

"우리는 곤충이, 항상 그런 것은 아니지만 같은 종의 꽃을 여러 번 연속적으로 방문하는 것을 확실하게 선호한다는 것을 관찰했다. … 어떤 경우 호박벌은 서로 다른 두 종의 꽃을 꽃 색깔과 상관없이 번갈아 방문하기도 했다. 호박벌은 같은 시간대에 한 종의 꽃을 여러 번 연속적으로 방문한 뒤 다른 종의 꽃을 여러 번 연속적으로 방문하고, 그 뒤 다시 처음에 방문했던 꽃을 방문하는 과정을 반복하곤 했다. 호박벌은 이렇게 서로 다른 두 종의 꽃을 번갈아 방문할 수 있다는 점에서 다른 종류의 벌보다 약간 더 지능적이다. 하지만 호박벌은 3종 이상의 꽃을 동시에 다루기는 힘들 것이다."

— 로버트 크리스티(Robert Christy), 1884년

반려동물을 키우는 사람이라면 같은 종에 속한 동물이라도 개체에 따라 심리학적 특성, 즉 개성individuality이 다르다는 것을 잘 알고 있을 것이다. 이런 특성은 개체의 경험이나 유전적 소인(부모로부터 물려받은) 또는 이 두 가지 조합의 결과일 수 있다. 하지만 대부분의 사람은 같은 종에 속한 곤충은 개체 간 차이가 없으며, 곤충 개체들은 '성격'이 없을 것이라고 생각한다.[1]

무척추동물 개체들의 심리 차이를 체계적으로 연구한 최초의 과학자는 찰스 터너Charles Turner다. 그는 25세 되던 1891년 거미줄 구축에 관한 논문을 발표했는데, 이 논문에서 그는 거미줄을 짜는 개체들(거미들)이 특정한 기하학적 문제에 대처하는 방식이 서로 매우 다르다는 관찰 결과를 제시하면서 거미 한 마리 한 마리가 자신의 계획에 따라 서로 다른 방식으로 거미줄을 짠다는 점을 강조했다. 그 후 터너는 거미, 개미, 바퀴벌레 등 다양한 무척추동물에게서 이런 개체 간 차이를 발견했고, 평생 이 주제에 대해 연구했다.

우리는 지난 몇 년 동안의 연구를 통해 벌의 경우도 개체마다 심리학적 특성이 다르며(한 개체를 대상으로 동일한 심리 테스트를 반복할 때마다 그 개체는 대부분 일관된 반응을 보였다) 사회성 종에 속하는 벌의 경우는 군집마다 심리학적 특성이 다르다는 것을 알게 됐다(군집은 유전적으로 연결된 개체들의 집단이므로 이는 별로 놀라운 일이 아니다). 개체들은 감각기관이 미세하게 다르기 때문에 환경의 다양한 요소들을 다르게 인식하며, 뇌 구조도 미세하게 다르기 때문에 감각 정보를 저장하고 사용하는 방식도 다르다. 또한 개체별 지능 차이는 벌이 자연환경에서 얼마나 잘 적응하는지에 중요한 영향을 미치며, 군집의 개체 간 차이는 분업의 효율성에 영향을 미친다.[2]

이런 개체 간 차이와 집단 간 차이는 유전될 수 있다. 예를 들어 학습 속도가 특히 빠른 개체들로 구성된 군집은 빠른 학습 속도라는 특성을 다음 세대에게 물려줄 수 있다. 어떤 심리적 특성이 유전되는 경우 그 심리적 특성은 진화의 원재료가 될 수 있다. 유전될 수 있는 변이가 없다면 자연선택도 일어날 수 없다. 예를 들어 진화는 다리가 7개인 곤충을 쉽게 만들어내지 않는다. 곤충에게 다리가 하나 더 있는 것은 이점이 될 수 있다고 생각할 수도 있지만 일반적으로 볼 때 시간이 지나면서 다리가 7개인 돌연변이 곤충이 다리가 6개인 곤충보다 생존을 효율적으로 하는 경우는 거의 없으며, 이런 변이(특성)는 유전되지 않는다. 반면 벌의 학습 능력 같은 심리적 능력은 유전이 가능한 특성이며, 이는 학습과 관련된 특성이 불과 몇 세대 만에 빠르게 진화할 수 있다는 뜻이다.

이 장에서는 개체 간 차이가 모두 유전되는 것은 아니라는 사실도 살펴볼 것이다. 생식기능이 없는 일벌과 여왕벌은 감각 시스템, 뇌 구조, 행동 면에서 엄청난 차이를 보인다.[3] 하지만 일벌과 여왕벌의 이런 차이는 DNA가 서로 다르기 때문에 발생하는 차이가 아니다. 일벌과 여왕벌은 유전적으로 동일하기 때문이다. 일벌과 여왕벌의 차이는 후성유전적 차이epigenetic difference, 즉 환경적 요인에 의한 차이다(신기하게도 일벌과 여왕벌의 차이는 유충 때 먹는 먹이에 의해 발생한다). 이 장은 사회성 벌 군집에 속하는 개체들의 개별적 특징을 연구할 수 있게 해주는 몇 가지 기술에 대한 설명으로 시작할 것이다.

마이크로칩을 이용한 벌의 '성격' 연구

번호표 등을 벌에 부착하는 방식으로 개체 식별을 가능하게 만드는 순간([그림 10-1] 참조) 벌의 속성에 대한 완전히 새로운 시각이 열린다. 이런 방법을 사용하면 같은 종이라도 개체에 따라 행동하는 방식이 매우 다르다는 것을 쉽게 알 수 있다. 예를 들어 어떤 벌은 다른 벌보다 더 공격적이고, 어떤 벌은 더 열심히 일하며, 어떤 벌은 더 똑똑하고, 어떤 벌은 성급하고 엉성한 결정을 내리는 반면 어떤 벌은 더 신중하게 행동한다. 최근에는 반려동물 마이크로칩이나 교통카드에 사용되는 RFID^{radio frequency identification}(무선 주파수 인식)처럼 새로운 기술을 통해 이러한 개체 간 차이를 정량화하는 것이 쉬워졌다.

호박벌 군집의 모든 일벌에게 태그를 부착하고 각 개체의 활동을 모니터링한 결과, 여름철 북극권 북쪽의 영구적인 일광 아래서도 호박벌은 매일 뚜렷한 일주기 리듬을 가지며, 밤에는 몇 시간씩 휴식을 취한다는 사실이 발견됐다.[4] 여름이 매우 짧아 군집 구축을 몇 주 만에 끝내야 하는 북극 지역에서도 수면은 벌에게 매우 중요하다. 이 상황에서 벌은 새로운 여왕벌과 수컷들을 기를 수 있는 자원을 확보하기 위해 최대한 짧은 시간 안에 열심히 일해야 한다는 압박을 느낀다.

하지만 벌의 평생 활동 패턴을 모니터링한 결과, 벌의 먹이 채집 활동 패턴은 시간적 측면에서 개체에 따라 매우 큰 차이가 있는 것으로 나타났다.[5] 어떤 개체는 몇 주 동안 낮 시간 내내 일했고, 어떤 개체는 이른 아침에만 일했으며, 어떤 개체는 하루에 한 번만 먹이 채집 비행을 했다. 수명이 다할 무렵 일부 개체는 '죽음의 춤death dance'을 추기도 했다.[6] 초파리에서도 관찰되는 이 춤은 곤충 개체가 죽기 직전 불규칙하고 거칠게 계속 움직이는 것을 말하는데 이 춤은 아마도 신경 기능이 와해돼 죽음이 임박했음을 나타내는 것일 수 있다([그림 10-1]).

동일한 유전자, 다른 결과: 벌 군집에서 일어나는 특화

사회성 곤충 군집의 가장 놀라운 특징 중 하나가 (군집 전체가 원활하게 작동하기 위해 개체들이 여러 가지 일 중 하나를 전문적으로 수행하는) 분업이라는 사실은 이미 오래전부터 알려져 있다. 이런 분업의 극단적인 예는 일벌과 여왕벌의 이형성dimorphism에서 찾을 수 있다. 즉 개체들의 행동 차이는 군집 내에서 개체들이 하는 '일'이 서로 다르기 때문에 발생하는 것이다.

[그림 10-1] 번호표와 마이크로칩을 이용하면 개체 간 뚜렷한 차이를 관찰할 수 있다. **왼쪽 위**: 꿀벌 일벌에게 번호표를 부착하면 대부분의 개체가 며칠 동안 같은 꽃밭을 반복해서 방문하지만 개체마다 시간적 패턴과 행동 순서가 다르다는 것을 알 수 있다. **왼쪽 아래**: 호박벌과 꿀벌에 RFID 태그를 부착하면 개체들의 활동 패턴을 자동으로 기록할 수 있다. **오른쪽**: 호박벌 두 개체의 활동을 더블플롯 '액토그램(actogram)'으로 나타낸 그림(막대 높이가 활동 정도를 나타낸다). 벌들은 먼저 12시간 밝음/12시간 어둠 조건(그래프에서 회색 부분이 어두운 시간을 나타낸다)에서 테스트된 다음, (북극 지역에서 나타나는) '한밤중 태양(midnight sun)' 환경과 같은 영구적 조명 조건하에서 다시 테스트됐다. **오른쪽 위**: 주로 아침에 몇 시간 동안 먹이 활동을 하지만 영구적 조명 조건에서도 여전히 리드미컬한 (하지만 빈도는 낮은) 활동을 하는 일벌의 액토그램. **오른쪽 아래**: 낮 시간 내내 매우 활발하게 활동했고, 영구적 조명 조건하에서도 짧은 리듬을 보인 일벌의 액토그램. 이 일벌은 죽기 직전 불규칙하고 거칠게 계속 움직이는 '죽음의 춤'을 더 강렬하게 추었다.

꿀벌 여왕벌과 일벌은 유전적으로 차이가 없다. 여왕벌과 일벌의 운명이 갈리는 이유는 여왕벌 애벌레는 '로열젤리royal jelly'라는 특별한 먹이를 장기간에 걸쳐 대량으로 제공받는 사실에 있다. 영양이 풍부한 이 물질의 화학적 성분에 대해서는 아직 완전하게 밝혀지지 않은 상태다. 로열젤리는 어린 육아 벌nurse bee 입에 있는 분비샘에서 생성된다. 모든 유충은 처음에는 로열젤리를 먹지만 일벌 유충은 곧 꽃가루와 꿀을 먹는 식단으로 전환하는 반면, 여왕벌 유충은 성충이 될 때까지 계속 로열젤리를 먹는다. 일벌과 여왕벌의 형태적, 행동적, 심리적 차이가 발생하는 이유는 바로 이 성장 과정에서의 섭식 차이에 있다([그림 10-2]).

여왕벌은 몇 년 동안 살면서 하루 최대 2천 개의 알을 생산한다. 여왕벌은 꽃을 방문하거나 군집을 구축하거나 유지하는 활동을 하지 않기 때문에 일벌과는 행동 목표가 완전히 다르다. 일벌의 마음은 대부분 꽃을 찾아다니는 데 몰두하는 반면, 여왕벌은 번데기에서 깨어나자마자 라이벌 여왕벌과 치명적인 결투를 벌여야 하기 때문에 일벌과는 완전히 다른 심리를 가지고 있다. 결투에서 살아남은 여왕벌은 집을 떠나 1~5회의 짝짓기 비행을 해 수벌drone(수컷 꿀벌) 수백 마리가 대기하고 있는 장소로 이동한다. 이 장소는 벌집에서 최대 몇 km 떨어진 장소일 수 있다. 여왕벌은 평균 12마리의 수벌과 짝짓기를 하며, 짝짓기를 마친 수벌은 폭발적인 사정으로 인해 생식기가 파열돼 곧 죽는다. 짝짓기를 마친 여왕벌은 원래 살던 벌집으로 돌아간 뒤 바로 산란을 시작한다. 여왕벌은 이듬해 벌들이 새로운 여왕벌을 키우지 않는 한 다시는 집을 떠나지 않는 것이

[그림 10-2] 여왕벌과 일벌은 유전적으로 구별할 수 없지만 해부학적, 생리적, 심리적으로 서로 다르다. 여왕벌(번호표가 부착된 개체)과 일벌은 집단에서 수행하는 다양한 기능 면에서 차이를 보인다. 여왕벌을 돌보는 일벌은 여왕벌에게 먹이를 주고 끊임없이 만지면서 핥아주는데 이 과정에서 일벌은 여왕벌의 아래턱 페로몬을 맡게 되고, 그로 인해 난소 발달이 억제된다.

보통이다. 만약 이듬해 새로운 여왕벌이 길러지면 늙은 여왕벌은 수많은 일벌과 함께 새로운 보금자리로 이동한다.

여왕벌의 긴 수명과는 대조적으로 일벌의 수명은 몇 주 정도밖에 안 된다. 그 기간 동안 일벌은 벌집 방 청소(번데기에서 나온 후 처음 며칠), 유충이나 여왕벌 돌보기(대략 3~20일차), 밀랍으로 벌집 짓기(대략 7~20일차), 벌집 입구 지키기(대략 3주차까지), 꽃꿀, 꽃가루, 물, 수지 같은 먹이 채집(대략 2~3주차) 등의 일을 맡아 하게 된다. 일벌은 불임이기 때문에 성행위를 하지 않는다.

여왕벌과 일벌은 감각기관도 크게 차이 난다. 일벌의 겹눈에는 여왕벌에 비해 홑눈이 60% 더 많으며, 일벌의 더듬이에는 여왕벌보다 후각 센서가 70% 더 많다. 모리스 마테를링크(제1장, 제8장 참조)는 여왕벌의 머리가 "상당 부분 비어 있다."고 언급하기도 했다. 여왕벌이 수명, 역할, 행동, 감각기관, 뇌 구조 등 많은 부분에서 일벌과 다른 유일한 이유는 성장 과정이 다르기 때문이다. 이 차이는 환경이 개체의 운명에 어떤 영향을 미치는지 보여주는 극단적인 예다.

개체가 일생 동안 살면서 한 종류의 일에서 다른 종류의 일로 전환하면 개체의 뇌 구조도 달라진다. 예를 들어 벌집 내 임무에서 먹이 사냥으로 전환하는 일벌은 공간적 먹이 사냥 환경과 보상 꽃의 특징에 대한 많은 양의 정보를 기억해야 하기 때문에 뇌의 버섯체가 상당히(15~20%) 커진다.[8] 이러한 성장의 일부는 벌이 먹이를 구하기 위해 벌집을 떠나야 하는 나이가 되기 전에 이뤄진다. 이는 벌의 선천적 발달 프로그램이 기억 저장 용량을 증가시켜 야외 비행을 위해 뇌를 준비시킨다는 것을 나타낸다.

감각기관의 개체별 민감도 차이가 분업에 미치는 영향

개미, 벌, 흰개미 같은 곤충이 이루는 집단의 성공은 분업과 전문화 그리고 그에 따른 군집의 효율성에 기인하는 경우가 많다. 실제로 이런 곤충 군집에 속한 개체들은 고도로 전문화돼 있기 때문에 군집을 방어하거나, 유충을 돌보거나, 잔해물을 제거하거나, 먹이를 채집하는 일들은 모두 분업 시스템에 의해 이뤄진다.

하지만 알을 낳는 여왕벌이나 흰개미 중 '병정개미' 같은 예를 제외하면 전문화 형태가 뚜렷하지 않은 경우가 많으며, 실제로 잠재적으로 수행할 수 있는 작업 측면에서 이런 곤충은 거의 전능한 수준에 이른다. 일반적으로 개체들은 오랫동안 반복적으로 어떤 일을 수행하지만 필요에 의해 다른 일을 수행할 수도 있다는 뜻이다. 예를 들어 군집 방어나 먹이 사냥을 위해 더 많은 개체가 필요한 경우, 현재 다른 일을 하는 개체들이 하고 있는 일을 빠르게 포기하고 더 중요한 일을 맡을 수 있다. 19세기 초 스위스 과학자 프랑수아 위베르(제4장 참조)는 개체들의 이런 역할 전환이 강력한 의사결정권을 가진 한 개체가 하는 할당에 의해 이뤄지는 것이 아니라 곤충 군집의 매우 간단한 자기 조직화self-organization에 의해 이뤄진다는 획기적인 이론을 제시한 바 있다.[9]

위베르는 꿀벌이 벌통 내 환경을 조절하는 방법, 그중에서도 꿀벌이 질식을 피하기 위해 벌통의 통풍을 잘 유지하는 방법에 주목했다. 그는 벌통 내 산소 농도가 낮아지면 더 많은 꿀벌이 가만히 서서 환기를 위해 날개를 펄럭거리며, 공기가 극도로 답답할 때는 모든 꿀벌이 날개를 펄럭거리는 것을 관찰했다. 위베르는 정상적인 환경에서는 소수의 일벌만이 벌집 입구부터 내부까지 전략적으로 보이는 위치에 배치돼 이런 부채질 행동을 하는데, 이들 사이에 뚜렷한 의사소통이 이루어지지는 않는다고 생각했다.

위베르는 꿀벌이 유해한 냄새에 민감한 정도가 서로 다르며, 가장 민감한 꿀벌이 가장 먼저 부채질을 시작한다는 가설을 세웠다.[10] 위베르는 그럼에도 불구하고 상황이 악화되면 더 많은 개체가 내성 한계치에 도달해 부채질을 시작한다고 봤다. 이렇게 함으로써 벌통의 모든 영역에서 환기 작업에 적절한 수의 일벌을 분산적으로 할당할 수 있기 때문이다. 위베르는 이 우아한 가설을 직접 테스트할 수는 없었는데, 그 이유는 당시 벌 개체 각각에 식별 장치를 부착할 수 방법이 없었기 때문이다. 현재는 꿀벌 군집이 여러 중요한 작업의 상대적 긴급성에 따라 일꾼을 할당하는 유연한 방식은 적어도 부분적으로는 각자의 필요를 나타내는 자극에 대한 개개인의 다른 민감도에 의해 매개된다는 충분한 실험적 증거가 있다.

이런 형태의 분산적 노동 할당 시스템을 설명하기 위해 미국의 사회성 곤충 생물학자 제니퍼 페웰Jennifer Fewell은 여러 사람이 모여 살지만 항상 같은 사람만 설거지를 하게 되는 집을 비유로 사용했다.[11] 왜 항상 같은 사람이 설거지를 하게 되는 것일까? 사람마다 싱크대에 쌓여 가는 설거짓거리라는 자극에 대한 민감도가 다르기 때문이다. 민감도가 가장 높은 사람이 먼저 작업을 수행해 자극을 제거하기 때문에 다음으로 민감한 사람은 임곗값에 도달하지 못할 가능성이 높다. 즉 최고의 '설거지 전문가'가 휴가를 떠나지 않는 한, 그다음으로 깔끔한 감각을 가진 사람이 행동에 나서려면 설거지 더미가 약간 더 커져야 할 것이다.

이런 현상은 어떤 한 의사결정자의 할당이나 모든 집단 구성원의 상황 평가 없이도 발생할 수 있다. 여기서 중요한 사실은 전문화가 경험에 의해서도 영향을 받는다는 점이다. 임곗값에 가장 먼저 도달한 사람이 그 일을 가장 많이 경험하게 되고, 결국 그 일을 가장 잘 해내는 사람이 되어 노동 전문화의 개인차를 더욱 공고히 할 수 있다(곤충 군집에서도 마찬가지다).

카를 폰 프리슈는 꿀벌의 미각에 관한 155쪽 분량의 논문에서 '개별성Individualität(개성)'이라는 제목의 두 쪽짜리 섹션을 통해 꿀벌 개체의 감각 임곗값을 처음으로 언급했다.[12] 프리슈는 꿀벌이 저농도 설탕 용액이나 염산처럼 맛이 좋지 않은 물질이 첨가된 용액을 받아들일 준비가 되어 있는지 테스트했다. 그는 최대 24일 동안 개별 꿀벌을 관찰한 결과 일부 꿀벌은 견딜 수 있는 최소 단맛 수준이 독특하고 일관되게 까다롭거나 산이나 쓴 물질에 특이하게 민감하다는 사실을 발견했다. 예를 들어 한 개체는 프리슈가 시도한 모든 맛에 극도로 민감한 반응을 보이기도 했다.

그 후 미국 곤충학자 로버트 페이지Robert Page는 꿀벌이 태어난 지 몇 시간밖에 되지 않았을 때 이미 설탕에 대한 민감도 차이가 나타나며, 이는 몇 주 후에 개체가 꽃가루나 꿀을 채집할지 여부를 결정한다는 사실을 발견했다.[13]

몸의 크기, 감각 시스템, 전문화 정도의 개체별 차이

꿀벌의 경우 한 군집 내 일벌의 크기가 거의 같지만 호박벌의 경우 일벌의 크기가 매우 다양하다. 실제로 호박벌 일벌의 크기는 파리 정도 크기에서 여왕벌 정도 크기까지 최대 10배 이상 차이가 난다. 벌은 번데기에서 나온 후에는 성장하지 않으므로 한 군집이나 꽃에서 볼 수 있는 같은 종의 호박벌의 크기 차이는 나이와 관련 없으며, 이런 차이는 애벌레가 성장하는 동안 섭취하는 영양의 양 차이 때문에 발생한다. 벌은 다리가 없는 무력한 애벌레 상태로 벌집에 머무는 동안 모든 성장을 마친다.

호박벌 군집의 경우 몸 크기에 따라 엄격한 분업이 이뤄지지는 않는다.[14] 하지만 가장 작은 일벌은 밀랍을 만들거나 새끼를 기르는 등 벌집 내 업무에 더 많이 참여하는 반면, 큰 일벌은 집을 떠나 꽃을 찾아다니는 일을 하는 경향을 보인다. 내가 지도한 박사과정 학생 요하네스 슈패테는 동료 박사과정 학생인 아냐 바이덴뮐러Anja Weidenmüller와의 공동연구를 통해 서양뒤영벌Bombus terrestis(호박벌의 일종) 종의 경우 몸이 가장 큰 일벌이 일도 가장 효율적으로 한다는 사실을 밝혀냈다.[15] 이 효율성은 몸이 큰 일벌이 물리적인 힘이 강해 더 잘 날아다니고 꽃을 더 잘 다룰 수 있기 때문에 발생하기도 하지만, 몸집이 큰 일벌일수록 감각기관도 뛰어나기 때문에 발생하는 결과이기도 하다.

슈패테는 몸이 큰 호박벌이 단지 눈만 더 큰 것이 아니라는 사실

[그림 10-3] 몸이 큰 호박벌 일벌은 눈도 크기 때문에 빛을 더 민감하게 받아들이고 시각의 해상도도 높다. 작은 호박벌(왼쪽)과 큰 호박벌(Bombus terrestris, 오른쪽)의 겹눈을 전자현미경으로 찍은 모습. 작은 그림들은 이 벌들의 겹눈 중앙 부분에 있는 홑눈의 면적 차이를 보여준다. 큰 호박벌은 눈이 더 크고 감도와 시각 해상도가 높아 멀리서도 꽃을 더 잘 감지할 수 있다. (한 줄짜리 흰 막대는 50μm, 두 줄짜리는 500μm를 나타낸다)

도 발견했다. 큰 눈은 더 높은 빛 감도를 전달하는 더 큰 면(더 큰 렌즈)을 가지고 있어 다른 대부분의 꽃가루 매개자들이 아직 잠들어 있을 이른 새벽같이 주변이 어두운 환경에서도 먹이를 찾을 수 있다. 또한 슈패테는 호박벌 눈의 광학 장치를 통해 광선을 비추는 정교한 기술을 이용해 큰 호박벌은 더 많은 '픽셀'(큰 일벌에게는 4천 개 이상의 홑눈이 있지만 작은 일벌에게는 3천 개 미만의 홑눈이 있다)을 볼 수 있고, 먼 거리에서 작은 호박벌이 잘 볼 수 없는 작은 꽃들을 잘 볼 수 있다는 사실도 알아냈다. 실제로 몸 크기가 커질수록 벌의 눈은 더 커지고 해상도가 높아진다. 예를 들어 몸 크기가 33% 증가하면 꽃을 감지하는 정확도는 두 배로 증가한다([그림 10-3]).

슈패테는 몸집이 큰 꿀벌일수록 후각이 더 예민하다는 사실도 발견했는데 이는 더듬이에 후각 센서가 많고, 밀도가 높기 때문이다.[16] 기공판(후각 센서 중 가장 흔한 유형)의 수는 가장 작은 일벌의 경우 약 700개에서 가장 큰 일벌의 경우 약 3,500개까지 다양하며, 밀도는 2,400~3,200/mm2로, 이는 큰 일벌이 훨씬 더 먼 거리에서 꽃향기를 감지할 수 있음을 뜻한다. 다시 말해 일부 애벌레가 먹이에 더 잘 접근하게 되는 (적어도 부분적으로는 무작위적인) 과정은 성충이 세상을 인식하는 방식에 뚜렷한 차이를 가져오고, 나중에 작업 전문화를 결정하는 결과를 낳는다.

경험이 전문화에 미치는 영향

인간 사회에서와 마찬가지로 사회성 벌의 경우도 '직업'의 선택이나 특정 작업에서의 효율성은 감각 임곗값에 의해 결정되는 타고난 성향, 즉 '재능'에 의해 전적으로 결정되지는 않으며, 경험을 통한 기술의 연마에 의해서도 결정된다. 실제로 사회성 곤충이 수행하는 거의 모든 과제, 즉 먹이 종류 인식과 먹이 처리(제7장 참조) 또는 벌집 구축처럼 본능에 기초해 수행되는 것으로 보이는 과제(제4장 참조)가 학습과 연관된다는 것을 보여주는 증거는 이미 충분히 확보된 상태다. 초기 작업 성공 경험이 나중에 일벌이 선택하는 '직업'을 어느 정도 결정할 수 있다는 직접적인 증거는 침입 개미 raider ant (다른 개미집을 공격해 새끼를 잡아먹는 개미)에서 찾을 수 있다.

실제로 오세레아 비로이 Oceraea biroi라는 종의 일개미들은 모두 유전적으로 동일하기 때문에 노동 전문화 차이는 환경적 요인이 작용한 결과로 생각해야 한다는 것을 보여주는 실험이 진행된 적이 있다.[17] 이 실험에서 연구자들은 이 일개미 중 일부는 계속 주변 환경을 탐색하지만 먹이를 찾을 수 없도록 만들었다. 시간이 지나면서 이 일개미들은 먹이를 찾기 위한 노력을 줄이기 시작했고, 마침내 대부분 집 안에 머물면서 전문적으로 무리를 돌보는 개미가 된 반면, 더 성공한 (유전적으로 동일한) 친척 개미들은 외부 세계에서 계속 먹이를 찾았다. 이 경우 성공과 실패의 경험이 전문화를 결정했다고 볼 수 있다.

따라서 인간과 마찬가지로 사회성 곤충에서도 과제 전문화는 특정 과제에서 성공했는지 여부에 대한 자기 평가의 결과일 수 있다. 하지만 인간과 달리 벌은 과제 수행에 대한 다른 사람의 피드백이 없을 가능성이 높다. 어떤 벌도 다른 벌에게 "야, 넌 먹이 사냥을 정말 못한다!"라고 말하지는 않을 것이다. 꿀벌의 경우 특정 과제에서 개인적으로 경험한 성공 여부가 개체가 장기적으로 군집에서 맡게 되는 직무를 결정한다는 직접적인 증거는 아직 없지만, 개미 연구를 통해 이러한 가능성을 살펴볼 가치가 있다.

개체마다 다른
먹이 활동 루트

뉴욕주립대학교에서 박사후 연구원으로 일하기 시작한 1994년의 일이다. 당시 내 지도교수였던 제임스 톰슨 James Thomson 은 야생화를 찾아다니는 호박벌 개체들을 분류해 광범위하게 관찰한 결과 호박벌의 먹이 탐색 행동이 매우 다양하다는 사실을 알게 되었고, 이 사실을 기초로 호박벌의 행동에서 나타나는 개체 간 차이에 대한 연구를 하도록 권했다.[18] 우리는 꿀벌이 일련의 꽃(또는 꽃밭)을 (다소) 안정된 순서로 방문하는 '트랩라인trapline'에 주목했다(제6장 참조). 서로 다른 벌이 완전히 동일한 조건에서 스스로 트랩라인을 탐색하고 형성하도록 내버려두면 각각의 벌은 모두 동일한 패턴을 보이지 않으면서 문제를 해결하는 고유한 개별 시그니처에 도달하게 된다([그림 10-4]).

우리 팀은 최초 비행부터 꽃 자원 발견과 이용, 죽음에 이르기까지 개별 호박벌의 전체 먹이 사냥 과정을 레이더로 추적하면서 나중에 현장 조건에서 이러한 개별 시그니처를 조사했다. 제6장에서 우리는 두 번의 초기 탐색 비행 이후 평생 동안 단 두 곳의 먹이 장소만 방문한 개체에 대해 다룬 적이 있다. 하지만 모든 벌이 이렇게 특정한 먹이원의 위치에 충실하지는 않다. 예를 들어 레이더로 추적된 한 호박벌은 일생 동안 단 한 곳에도 정착한 적이 없다. 이 벌은 다른 벌이 정기적으로 이용한 꽃밭을 계속 이용하지도 않았기 때문에 먹이를 상대적으로 적게 채집했고, 거의 모든 비행 활동이 탐험적 성격을 나타냈다([그림 10-4]의 아래쪽 그림).

이 개체는 벌집의 공동 식료품 저장고에 많은 기여를 하지는 않았지만 이 대담한 탐험가들이 때때로 매우 훌륭한 자원을 우연히 발견해 군집에 큰 이득을 주었는지도 모른다. 이러한 고도로 개별적인 공간적 먹이 탐색 패턴은 부분적으로 우연적(확률적) 과정의 결과일 수 있다. 예를 들어 꿀벌이 탐색 중 실제로 유용한 꽃밭을 발견했는지 여부와 순서는 무작위적(확률적) 과정의 결과일 수 있다.

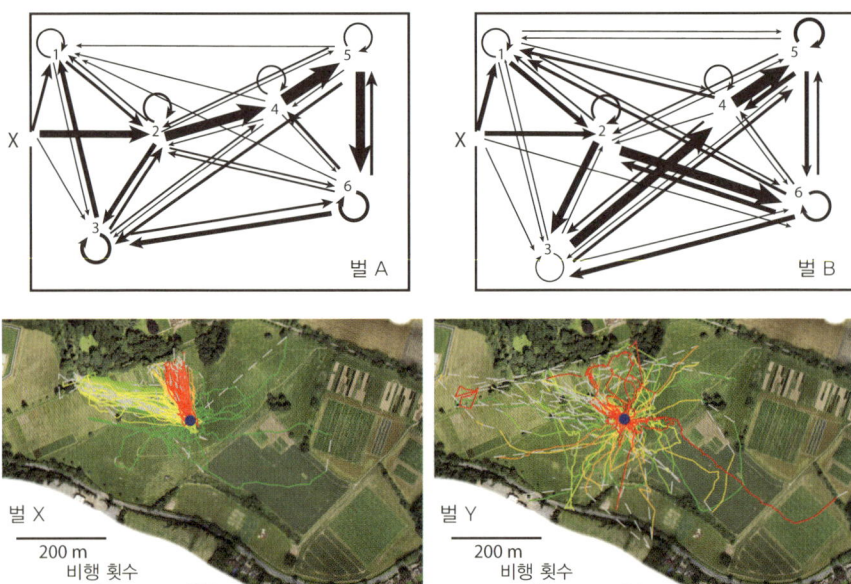

[그림 10-4] 실험실 비행 경기장(위)과 자연 먹이 조건(아래)에서 일벌의 공간적 먹이 탐색 전략의 개별성. 위: 6개의 인공 꽃(위치는 1~6번으로 번호가 매겨져 있음)에서 벌이 먹이를 찾는 경로를 보여준다. 비행 경기장의 윤곽선(105cm×75cm)은 얇은 직사각형으로 표시돼 있다. 화살표 굵기는 40회의 순차적인 먹이찾기 비행 동안 각 궤적이 촬영된 빈도에 해당한다. 원형 화살표는 벌이 방금 방문한 꽃을 재방문한 경우를 나타낸다. 두 꿀벌은 똑같은 먹이 탐색 상황에 직면했지만, 벌집 입구에서 직진하는 경로로 이동하다가 먼 벽에 도달하면 우회전하는 등 매우 개별화된 선호 순서를 보였다. 꿀벌 B는 3번 꽃에서 4번 꽃으로, 2번 꽃에서 6번 꽃으로 이동하는 경로를 선호했는데, 이는 꿀벌 A가 거의 이용하지 않는 경로였다. 아래: 같은 여름 동안 자유 비행 조건에서 벌 두 마리가 평생 동안 비행한 모든 비행경로. 파란색 원은 벌집 위치를 나타내며, 각 벌의 초기 비행은 녹색, 생애 마지막 비행은 빨간색으로 표시됐다.

속도와 정확성의 맞교환에서 보이는 개성

인간을 제외한 동물에서 개체 차이가 최초로 관찰된 심리적 특성 중 하나는 속도와 정확성의 맞교환 현상과 관련 있다(제7장 참조).[19] 1913년 찰스 터너Charles Turner는 미로 탐색 훈련을 받은 바퀴벌레 중 어린 개체는 빠르고 실수를 잘하는 경향이 있는 반면, 나이가 많은 개체는 느리지만 실수를 적게 하는 것을 관찰했다. 일반적으로 유사한 색상, 패턴 또는 숫자 2개를 구별하는 것 같은 어려운 변별 작업에서는 정확성에 중점을 둘 수 있지만 검사 시간이 길어지거나 속도가 느려질 수 있으며, 이 경우 정확도가 떨어질 수 있다.

터너는 호박벌의 경우 연령에 따른 차이는 발견되지 않았지만 어떤 호박벌은 일관되게 빠르고 엉성한 반면, 어떤 호박벌은 신중하고 느리지만 정확한 의사결정을 내리는 등 개체마다 이 문제를 해결하는 방식에 차이가 있다는 것을 발견했다.[20] 속도나 정확성에 대한 선호도가 다른 개체는 생태적 조건에 따라 문제해결 능력이 달라질 수 있기 때문에 군집 전체 차원에서는 다양한 전략을 가진 다양한 개체를 보유하는 것이 가장 좋을 수 있다([그림 10-5]).

꿀벌의 이러한 속도와 정확도의 맞교환 행동은 꽃색을 구별할 때뿐만 아니라 포식자를 감지할 때도 발견됐다. 결론적으로 말하면 개체에 따라 속도와 정확성에 비중을 두는 정도가 다르다고 할 수 있다. 일벌의 이런 다양성은 군집 전체에 도움을 줄 수 있다.[21]

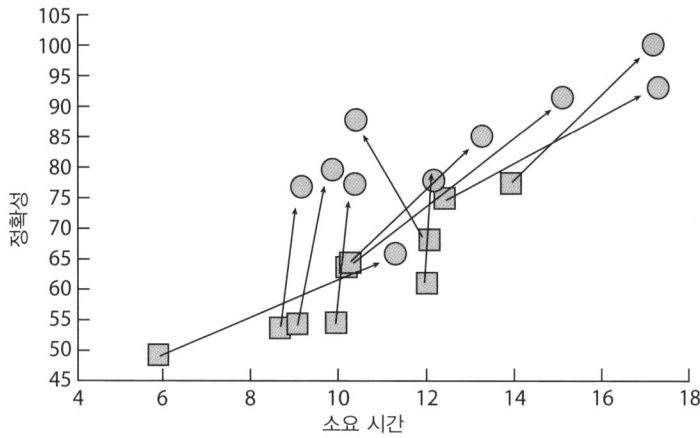

[그림 10-5] 호박벌은 현명하게 선택하거나 빠르게 선택할 수는 있지만, 현명하고 빠르게 선택할 수는 없다. 비슷한 색깔의 두 꽃을 구별하는 호박벌의 반응 시간과 정확도 간의 개체 간 상관관계. 각 기호는 하나의 실험 조건에서 한 호박벌 개체의 평균 수행 능력을 나타낸다. 이 두 꽃 중 하나는 설탕 용액 보상을 제공했고, 다른 하나는 보상을 제공하지 않았는데(사각형은 보상이 아닌 물이 있는 꽃을 나타낸다) 이 경우 호박벌은 정확한 선택을 위해 더 많은 시간을 투자했다. 잘못된 꽃을 선택했을 때 퀴닌 용액(원 표시)처럼 쓴 용액으로 벌에게 불이익을 주자 모든 호박벌의 정확도가 높아졌다. 화살표는 두 가지 실험 조건에서 개별 꿀벌의 평균값을 연결한다.

개체 간 지능 차이

꿀벌의 학습 행동을 연구하기 위한 실험을 수행하다 보면 다른 개체보다 더 빨리 또는 매우 효율적인 방식으로 또는 실험자가 전혀 예상하지 못한 방식으로 문제를 해결하는 '천재 개체genius individuals'를 한두 마리 발견하게 된다. 야생에서 호박벌의 먹이 사냥 효율성을 측정한 실험(아래 '지능을 이용한 생존 능력 향상' 섹션 참조)에서 우리는 집을 떠날 때와 돌아올 때 각 꿀벌의 무게를 측정해 무게 차이로 꿀을 얼마나 많이 수집했는지 판단했다. 우리는 벌이 집을 떠날 때와 먹이 사냥을 마치고 돌아올 때 각각 검은색 플라스틱 용기에 집어넣어 무게를 재는 방법을 이용했다.[22]

대부분의 벌은 우리 포획에 거부감을 보였고, 일부는 가벼운 공격성을 보이기도 했지만 결국 이 절차에 익숙해졌다. 하지만 한 개체는 실험자가 벌통에서 몇 m 떨어진 곳에 용기를 올려놓아도 검은색 용기로 곧장 날아가곤 했다. 이 벌은 용기를 일종의 '대중교통 수단'으로 인식하고 그 안에 있으면 집으로 돌아가게 될 것이라고 기대한 것이다.

문제해결에 탁월한 혁신성을 보이는 개체는 일반적으로 행동이 가장 가변적이며, 따라서 다른 개체보다 더 탐구적인 모습을 보인다.[23] 독일 신경과학자 비욘 브렘프스Björn Brembs는 이런 방식으로 지능은 행동의 가변성과 연결되어 있으며, 완전히 하드와이어링되고 예측 가능한 행동이 멸종으로 가는 확실한 경로라는 것을 보여주는 설득력 있는 이론을 구축했다. 예를 들어 어떤 동물종이 포식자와 마주쳤을 때 완전히 예측 가능한 방식으로 행동한다면 포식자는 결국 이를 알아채고 먹잇감을 쉽게 잡아먹을 수 있을 것이다. 신경계에 어느 정도(무제한은 아니라도) 노이즈가 있다는 것은 행동에 항상 어느 정도의 가변성이 있다는 것을 뜻한다. 행동의 가변성이 더 강한 개체는 문제에 대해 더 많은 해결책을 실험하고, 따라서 궁극적으로 더 효율적으로 문제를 해결할 것이다.

이 생각은 유리판 아래 놓인 인공 꽃에 접근하기 위해 줄을 당겨야 하는 호박벌을 대상으로 한 실험에서 확실하게 검증됐다(제8장 [그림 8-3] 참조). 대부분의 꿀벌(이 경우 100마리 이상)은 단계별 훈련이 필요하거나 다른 꿀벌이 이 과제를 해결하는 것을 관찰한 후에야 스스로 문제를 해결했다. 하지만 그중 두 개체는 자발적으로 과제를 해결했으며, 비디오 녹화 결과 이들은 다양한 자세로 다양한 위치에서 유리판 아래로 발을 뻗어 끈을 잡고 꽃이 움직일 때까지 지칠 줄 모르는 탐험가의 모습을 보였다.

실험 대상의 특별한 혁신이나 통찰력을 요구하지 않는 다른 실험에서는 개체 간 차이가 질적이라기보다는 양적인 차이에 가깝다. 이런 실험을 통해 연구자는 동일한 과제에서 학습 속도를 정량해 비교함으로써(예를 들어 어떤 인공 꽃은 보상을 제공하고 어떤 인공 꽃은 그렇지 않다는 학습을 시킴으로써) 개체의 성과를 수치화할 수 있다.[24] 또한 시간이 지남에 따라 개별 꿀벌의 학습 진행 상황을 추적하고 경험에 따라 어떻게 개선되는지 측정함으로써 수학적 도구를 사용해 각 꿀벌의 학습 행동을 곡선으로 표현할 수도 있고(제7장 [그림 7-2] 참조) 이를 통해 각 개체의 학습곡선의 기울기를 수치로 정확하게 표현할 수도 있다.[25]

사람들이 일상생활에서 '가파른 학습곡선steep learning curve'을 언급할 때는 일반적으로 도전 과제가 까다롭다는 뜻이다. 하지만 실제로는 그 반대다. 학습곡선이 가파르다는 것은 성과가 빠르게 향상된다는 뜻, 즉 과제가 학습하기 쉽거나 개체가 매우 영리하다는 뜻이다. 학습곡선의 기울기가 완만하다는 것은 성과가 점진적으로만 향상된다는 의미로, 과제가 어렵거나 개체의 학습이 특별히 빠르지 않다는 뜻이다. 이런 테스트를 통해 개체의 학습 성과에 뚜렷한 차이가 있음을 알 수 있다([그림 10-6] 참조).[26]

또한 보상을 주는 꽃 색깔에 대한 학습과 같이 한 가지 특정 과제를 잘 수행하는 개체는 시각적 패턴 변별 학습과 꽃 냄새를 구별하는 학습도 더 잘하는 경향이 있다. 한 가지 유형의 인지 과제를 특히 잘하는 사람은 다른 유형의 인지 과제도 잘하는 경향이 있다는 관찰은 인간에게 익숙한 것으로, 일부 심리학자들은 단일 요인이 다양한 과제에서 능력을 결정한다고 믿기도 한다. '영역 일반적 학습domain-general learning'이라는 용어가 가진 뜻이 바로 이 뜻이다. 영역 일반적 학습에서는 다양한 과제에서의 능력 간 상관관계를 'G요소general intelligence(일반 지능)'로 측정한다.[27] 이런 측정에 대해서는 다양한 동물에서 연구되어 왔지만 벌은 아직 연구되지 않고 있다.

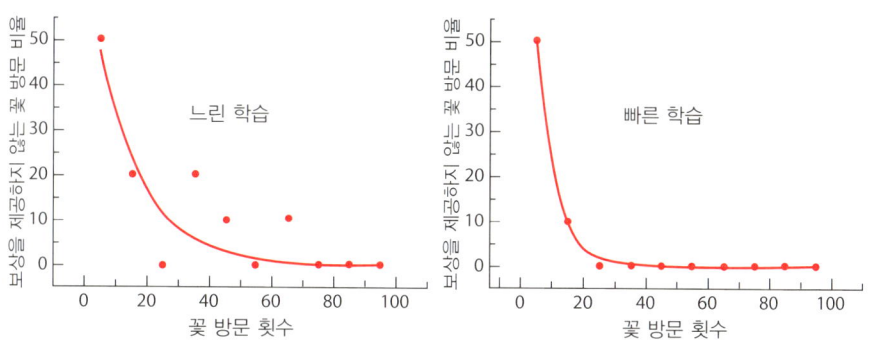

[그림 10-6] 호박벌 두 개체 간 큰 학습 성과 차이를 보여주는 그래프. 이 실험에서 호박벌은 노란색 인공 꽃은 보상이 있고 파란색은 보상이 없다는 것을 학습했다. 두 벌은 처음에는 보상이 있는 꽃과 보상이 없는 꽃을 각각 50%씩 방문하다 경험이 쌓이면서 결국 보상이 없는 꽃을 방문하는 횟수를 0으로 줄이지만, 그 속도는 달랐다.

오스카 포크트:
호박벌의 뇌와 레닌의 뇌

개인의 심리와 지능의 차이는 뇌의 전체 구조가 아니라 뇌의 내부 회로 차이에 의한 것이 확실하다. 뇌의 어떤 특성이 개인의 지능을 결정하는지에 대한 질문은 한 세기가 훨씬 넘도록 과학자들을 매료시켜 왔지만, 이 질문은 대부분 인간과 관련된 것이었다. 하지만 인간의 차이를 연구한 선구자 중 한 명인 오스카 포크트(1870-1959)가 어린 시절 호박벌을 관찰하면서 개인별 뇌 차이를 연구하는 데 영감을 얻었다는 사실을 아는 사람은 많지 않다.[28] 고등학교 재학 중 같은 종에 속한 호박벌 개체들의 몸 색깔이 서로 다르다는 것을 관찰한 그는 개체의 변이와 선택에 관한 다윈의 이론을 공부하면서 호박벌의 털색이나 인간의 뇌에서 발생하는 변이가 진화와 관련 있을 것이라고 생각했다.

그 후 포크트는 세계적으로 유명한 신경과학자가 됐고, 인간의 뇌 해부학적 변이에 대한 관심을 바탕으로 천재성과 신경해부학 구조와의 상관관계를 연구했다.[29] 또한 포크트는 이런 연구가 널리 알려진 뒤인 1924년 소련 지도자 레닌이 뇌졸중으로 사망하자 모스크바로 초청돼 레닌의 뇌를 조사했다. 레닌의 뇌를 3만 번도 넘게 절개해 관찰한 뒤 그의 뇌 내 특정 피질층에 신경세포가 유난히 많다는 사실을 발견한 포크트는 레닌에 대해 '엄청난 연상 능력의 소유자'라는 평가를 내렸다.

이 평가는 매우 기회주의적으로 보이며, 레닌 추종자들을 기쁘게

하기 위해 내려진 것이 분명하다. 실제로 이 평가는 뇌의 세포 구조에 대한 그의 아내 세실 포크트-무그니어Cécile Vogt-Mugnier(1875-1962)의 선구적이고 엄밀한 연구 결과(그들을 노벨상 후보로 만든 연구 결과)가 거의 반영되지 않은 것이었다.

결국 포크트와 그의 아내는 노벨상을 타지 못했다. 이 부부가 보인 소련과의 관계, 좌파적 정치관 그리고 유대인 과학자들에 대한 동정심 때문이었다. 또한 이 부부는 1933년 나치가 집권한 후 나치의 표적이 되기도 했다. 나치 친위대가 그의 연구소와 집을 수차례 잔인하게 습격한 후 오스카 포크트는 1935년 아돌프 히틀러로부터 강제 은퇴를 명령하는 친필 서한을 받았다. 포크트는 자신이 설립한 세계적으로 유명한 카이저 빌헬름 뇌연구소 소장직을 나치 안락사 프로그램 희생자의 뇌를 연구하는 나치당원 후고 슈파츠Hugo Spatz에게 넘겨야 했다.

뇌 구조와 지능 면에서의 개체 간 차이

이후 포크트 부부는 독일 남부 슈바르츠발트로 이주해 개인 자금으로 연구를 계속했고, 인간의 뇌와 쉽게 관찰할 수 있는 (호박벌 등의) 동물 뇌의 유전적 변이에 관한 논문을 계속 발표했다.[30] 안타깝게도 이들은 동물을 대상으로 한 연구에서는 레닌 뇌에 대한 연구에서처럼 지능을 뒷받침하는 신경 기질을 찾아내지는 못했다. 우리는 벌의 색깔 학습 속도가 개체에 따라 다른 것이 뇌 구조 차이 때문인지 연구함으로써 이들이 알아내지 못한 것들을 알아내기로 했다.[31]

색깔 학습 능력은 벌의 먹이 채집 능력과 관련 있을 수 있으며('지능을 이용한 생존 능력 향상' 섹션 참조), 다른 종류의 학습들과도 상관관계가 있다. 하지만 포크트가 레닌의 뇌를 대상으로 했던 연구에서처럼 신경세포의 크기를 측정하는 것만으로는 신경세포 간의 연결, 즉 시냅스 변화를 통해 매개되는 연상학습 능력에 대해 알 수 있는 것이 거의 없다.

제9장에서 살펴보았듯이 버섯체는 벌의 뇌에서 가장 중요한 연상 중추다. 수많은 축삭돌기들이 시각 중추(시엽)에서 뻗어 나와 최종적으로 버섯체로 이어지며, 버섯체의 고유 세포인 케니언 세포와 연결을 형성한다. 시각 정보를 처리하는 버섯체의 동일한 입력 영역('깃' 영역)에는 벌의 입에서 달콤한 보상이 감지될 때 신호를 보내는 신경 보상 경로의 말단도 존재한다. 감각 입력(시각 정보 및 보상 신호)과 케니언 세포 간의 연결 부분은 미세 사구체라는 시냅스 복합체다([그림 10-7]). 이러한 연결은 가소성을 가지기 때문에 시각 정보가 보상과 일치하는 경우 학습을 통해 그 수와 연결 강도가 모두 변화할 수 있다. 따라서 버섯체의 깃 영역에 미세 사구체 밀도가 높은 벌은 학습을 통해 강화할 수 있는 연결 지점이 더 많기 때문에 더 나은 학습자가 될 수 있다고 가정하는 것이 합리적이다.

실제로 특수 현미경 장비로 벌의 뇌를 자세히 들여다본 결과 미세 사구체 밀도가 높은 꿀벌은 학습 속도가 빠를 뿐만 아니라 기억력도 오래 지속되는 것으로 나타났다. 오스카 포크트의 말을 빌리

자면 이들이야말로 '엄청난 연상 능력의 소유자'다. 흥미롭게도 이 뇌 영역의 미세 사구체 밀도는 경험의 결과로 더욱 증가했는데, 특히 몇몇 색은 보상과 관련 있는 반면 다른 색은 그렇지 않다는 것을 꿀벌이 학습해야 할 때 더욱 증가했다. 따라서 가장 빠른 학습자는 처음부터 더 많은 미세 사구체를 가지고 있고(경험의 결과로 더 많은 연결이 빠르게 강화될 수 있다) 경험이 축적됨에 따라 더 많은 미세 사구체 연결을 구축하는 학습자일 수 있다.

지능을 이용한 생존 능력 향상

벌은 개체 간에 '성격' 차이가 있듯이, 군집 간에도 '성격' 차이가 있다. 실제로 양봉하는 사람들은 어떤 벌통은 유난히 공격적인 반면 어떤 벌통은 꿀을 잘 생산할 수 있다는 사실을 잘 알고 있다. 사육 꿀벌이든, 호박벌 같은 야생 꿀벌이든 벌의 군집은 행동을 결정하는 많은 유전적 요인을 공유하는 고도로 연관된 개체들로 이루어진 가족이기 때문에 이러한 차이는 놀랄 일이 아니다. 앞 섹션에서 살펴본 바와 같이 단일 군집 내 개체들은 뚜렷한 행동 차이를 보일 수 있지만, 군집 간에는 그보다 더 큰 차이가 있다. 각 군집에는 같은 종의 다른 군집과 구별되는 고유한 행동 특징이 있다. 여기에는 공격성 같은 심리적 요소뿐만 아니라 학습 속도 같은 다양한 인지적 측면도 포함된다.

1980년대에 란돌프 멘첼 연구팀의 크리스천 브랜즈Christian Brandes

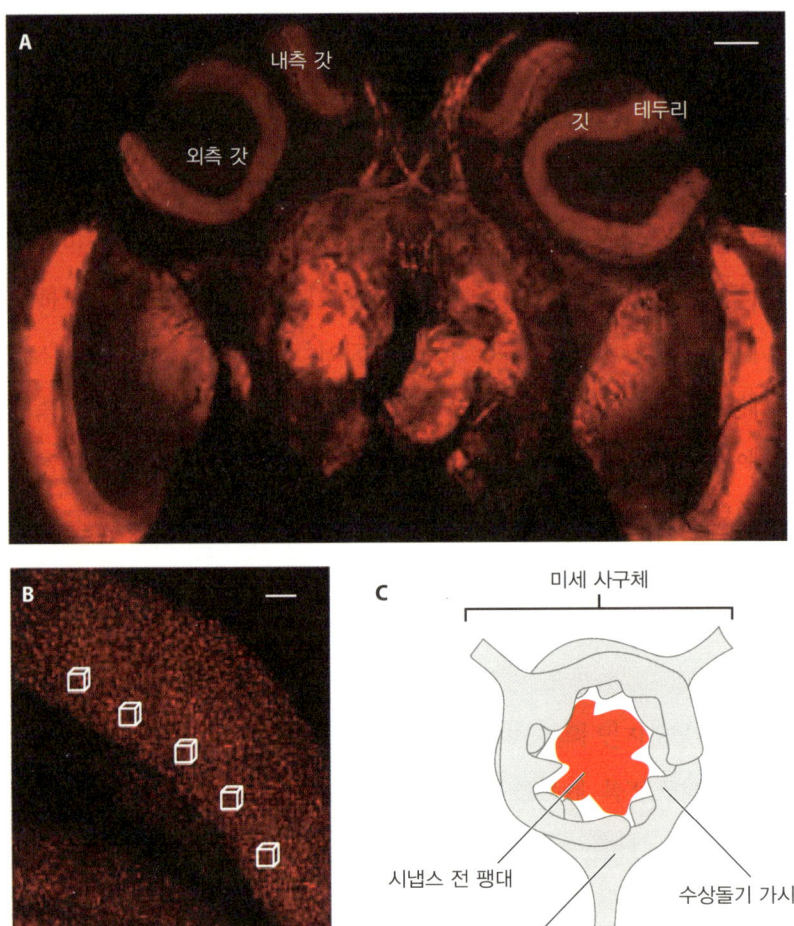

[그림 10-7] 호박벌의 학습 능력은 뇌 내 연결점들의 밀도에 의해 결정된다. A: 시냅스(뉴런 사이의 연결 부분)가 붉은색으로 표시된 호박벌 뇌의 정면도(눈금 막대: 150μm, lCA(외측 갓), mCA(내측 갓). B: 버섯체의 깃 영역(눈금 막대: 20μm). 빨간색 점 하나가 미세 사구체(시냅스 복합체) 하나를 나타낸다. 흰색 윤곽선은 우리가 미세 사구체 개수를 세기 위해 선택한 영역을 나타낸다. 미세 사구체 수가 많을수록 학습이 더 잘 이뤄진다. C: 감각 신경 세포(빨간색)의 시냅스 전 팽대(축삭의 말단)와 케니언 세포(회색)의 입력 영역(수상돌기)의 위치를 나타내는 그림.

는 학습 속도가 빠른 일벌 군집의 자손과 학습 속도가 느린 일벌 군집의 자손을 선택적으로 교배하는 방법으로 학습을 잘하는 개체와 그렇지 않은 개체를 만들어내는 데 성공했다.[32] 이는 꿀벌의 학습 능력이 유전적 기반을 갖고 있고, 유전적이며, 선택의 대상이 될 수 있다는 것을 직접적으로 증명한 실험이다. 통제된 실험실 조건에서 몇 세대에 걸쳐 학습 행동에 변화가 일어난다면 이는 야생의 훨씬 더 엄격한 조건에서도 선택이 작용할 수 있다는 것을 뜻한다. 자연선택은 포식자로부터 도망치거나, 질병에 대처하거나, 눈에 띄는 정보를 빠르게 처리하는 데 실패하는 것을 용납하지 않기 때문이다. 정보를 받아들이는 속도가 느리다는 것은 날개나 발이 느린 것만큼이나 불리한 조건이다.

실험실 환경에서 학습을 빠르게 하는 개체가 야생에서도 그럴 것이라는 생각은 매우 당연해 보인다. 하지만 개체 간 학습 속도는 얼마나 차이가 날 수 있을까? 1990년대 중반까지만 해도 우리는 동물의 학습 능력이 실제 생태 조건에 어떻게 적응하는지에 대해 거의 알지 못했다. 따라서 우리는 호박벌을 대상으로 학습 능력의 변화와 먹이 사냥 수행 능력 사이에 직접적인 연관성을 입증할 수 있는지 알아보고자 했다. 우리는 12개 군집에 속한 일벌을 대상으로 꽃 색깔 학습 과제를 통해 한 가지 색깔은 단맛이 나는 보상과 연결되고, 다른 색깔은 그렇지 않은 과제를 수행하도록 만들었다.

학습곡선([그림 10-6] 참조)은 통제된 실험실 조건에서 각각의 벌 개체를 대상으로 측정됐으며, 우리는 각 군집에서 충분한 수의 벌을 테스트한 후 동일한 군집을 야외에 배치해 넓은 비행 범위에서 적합한 꽃을 찾고 학습해야 하는 실제 문제에 직면하도록 만들었다.[33] 또한 우리는 집을 떠날 때와 돌아올 때 각 개체의 무게를 측정해 비행을 통해 수집한 꽃꿀의 순중량 증가량을 파악했다.

결과는 놀라웠다. 학습 속도는 거의 5배까지 차이가 났고, 학습 속도가 가장 느린 개체들이 속한 군집은 학습 속도가 빠른 개체들이 속한 군집이 수집한 것보다 평균 40%나 적은 양의 꽃꿀을 수집했다. 이는 학습 속도가 빠르면 자연조건에서 상당한 이점을 얻을 수 있음을 나타낸다. 반면 가장 느리게 학습하는 군집의 개체들도 완전히 빈손으로 집으로 돌아가지는 않았으며, 이는 학습 속도가 가장 빠른 개체들이 꽃꿀을 모두 고갈시키지 않는다는 것을 뜻한다.

학습 속도가 느린 개체가 멸종하지 않은 이유

자연선택이 빠른 학습자를 선호한다면, 왜 야생에는 느린 학습자가 아직도 남아 있을까? 연상학습을 빠르게 하는 것이 어떤 불이익을 가져오기 때문에 느린 학습자들이 여러 세대 동안 자연에서 살아남을 수 있는 것일까?

우리는 이 의문에 대해 여러 각도에서 살펴봤다. 예를 들어 우리는 빠른 학습이 너무 긴밀한 연상으로 이어져 이전에 학습한 우발적 상황이 역전될 때 이 역전이 새로운 정보 습득에 방해가 될 수 있는지 궁금했다. 우발적 상황의 역전이란 이전에 보상이 많았던 꽃 종이나 꽃밭이 과도하게 이용돼 고갈되거나, 이전에 보상이 적었던 다른 종의 꽃꿀 분비가 증가해 먹이가 풍부해진 경우를 말한다. 하지만 연구 결과, 학습 속도가 빠른 개체들은 역전된 상황도 빠르게 인식하는 것으로 밝혀졌다. 또한 색깔을 잘 학습하는 호박벌은 모양과 냄새를 학습하는 데도 뛰어난 것으로 나타났다. 다시 말해 한 가지 작업과 다른 작업의 수행 능력 사이에는 균형이 없는 것처럼 보이지만 똑똑한 개체는 모든 작업에서 잘 수행하는 경향이 있었다.[34]

이런 연구 결과를 종합하면 야생에서 학습 속도가 느린 개체가 지금까지 멸종하지 않고 살아남은 이유가 더 큰 미스터리로 남는다. 빠른 학습이 야생에서 매우 유리하고 불이익을 수반하지도 않는다면 왜 느린 학습자가 여전히 존재할까? 한 연구 결과에 따르면 학습 속도가 빠른 벌은 학습 속도가 느린 벌보다 일생 동안 활동하는 날이 더 적고, 이 효과는 매우 뚜렷해 실제로 '멍청한' 개체가 일생 동안 군집의 먹이 활동에 더 많이 기여한다. 아마도 똑똑한 벌의 먹이 활동 감소는 빠른 학습에 따른 에너지 소모의 결과였을 것이다.[35]

이 장에서 우리는 벌이 개체 수준과 군집 수준에서 감각 시스템, 행동, 학습에 엄청난 차이가 있다는 것을 확인했다. 벌을 개체의 선호도, 학습 능력, 기억력을 지닌 독특한 '개성'을 지닌 존재로 보는 것은 꿀벌 보호 필요성에 대한 새로운 관점을 제시한다. 2016년 런던 시민들(그리고 다른 도시의 주민들)은 잉글리시 라벤더 Lavandula angustifolia, 독수리풀Echium vulgare, 꼬리풀Veronica spicata처럼 꽃가루 매개자에 더 친화적인 꽃을 더 많이 심도록 장려하는 '런던 꽃가루 매개자 프로젝트London Pollinator Project'를 시작했다. 이런 꽃들을 심는 것은 도시 팽창과 산업화 그리고 사람들이 크고 보기 좋게 개량됐지만 벌에게는 전혀 쓸모없는 꽃들을 심는 경향 때문에 영양분을 얻기가 힘들어진 벌에게 매우 큰 도움이 된다.

우리는 과학자들과 지역사회를 연결한다는 차원에서 3개 종에 속하는 벌 2,000여 마리에 각각 두 자리 또는 세 자리 번호를 쓴 라벨을 부착했다. 우리는 이스트런던의 퀸메리대학교 캠퍼스에 벌들의 보금자리를 마련했고, 라벨 붙은 벌들은 런던 전역의 정원, 공원, 발코니에서 자유롭게 먹이를 찾을 수 있었다. 사람들은 벌이 특정 정원으로 반복해서 돌아오는 것을 볼 수 있었고, 벌집에서 8km 떨어진 곳에서도 라벨이 부착된 벌을 목격했다고 우리에게 알려줬다. 이 프로젝트는 사람들이 라벨 달린 벌을 정원에서 관찰하면서 벌이 특정 꽃밭을 선호하고 기억하는 개체라는 것을 인식하게 만들기 위함이었다. 동물을 익명의 개체가 아닌 개별적 존재로 바라보면 동물과의 유대감이 형성되고 멸종위기 동물 보호에 도움을 주는 것이 왜 중요한지 더 깊이 이해할 수 있다.

결과는 고무적이었다. 이 프로젝트는 언론의 큰 관심을 받았고, 인터랙티브 웹 페이지에는 런던 시민들의 많은 댓글이 달렸으며, 이는 이제 시민들이 수분 매개 곤충을 단순히 농작물의 수분을 위해 필요한 익명의 상품이 아니라 독특한 삶의 이야기를 가진 개별적 존재로 이해하고 있음을 나타낸다. 많은 사람이 친숙한 벌이 비교적 짧은 수명을 다하고 더 이상 정원에 찾아오지 않을 때 아쉬움을 느낀다고 말했다. 다음 장에서는 벌의 '내면의 삶'에 대해 알아보고 벌이 주변 세계를 느끼고 주관적으로 경험하는지, 즉 의식적인 인식이 있는지에 대한 질문을 탐구하면서 벌 보호의 필요성에 대해 더 깊이 다룰 것이다.

11

벌에게 의식이 있을까?

"어미 벌은 한 번에 1만 마리의 개체를 생산한다. 이 1만 마리의 개체가 내가 생각하는 것보다 훨씬 더 어리석다고 해도 살아남기 위해서는 어떤 방식으로든 스스로를 조직화해야 할 것이다.… 겉모습과 내면이 완벽하게 같으며 생명력이 있는 자동인형(automaton) 1만 개를 같은 방에 배치한다면… 이 자동인형들에게 자신의 존재를 의식하는 데 필요한 최소한의 감정, 자신의 존재를 이어가려는 의도, 해로운 것을 피하려는 의지, 유용한 것을 얻으려는 의지가 있다면 이 자동인형들은 규칙적이고, 균형이 잘 맞고, 비슷한 행동을 하면서 동시에 대칭성, 힘 그리고 완벽함을 추구하려는 행동을 할 것이다."

— 찰스 보닛(Charles Bonnet), 1764년

벌은 고통을 느끼는 것 같은 주관적인 경험을 하고 자신의 존재를 의식할 수 있을까? 우리는 제2장과 제3장에서 어떤 의미에서 모든 경험은 주관적이라는 것, 즉 감각기관은 현실을 그대로 나타내는 '객관적인' 정보를 뇌에 전달하지 않으며, 진화 과정을 통해 특정 동물의 필요에 맞게 획득된 감각기관에 의해 걸러진 정보를 뇌로 보낸다는 것을 알게 됐다. 예를 들어 전자기 복사 파장 380nm 이하와 600nm 이상에서 정점에 이르는 반사율 곡선을 가진 양귀비꽃이 우리에게는 붉게 보이지만, 벌은 자외선은 감지하지만 붉은빛을 감지하지 못하기 때문에 양귀비꽃이 완전히 다르게 보인다는 것을 실험을 통해 알고 있다. 하지만 우리는 벌이 실제로 어떻게 자외선을 감지하는지, 즉 벌이 주관적으로 자외선을 어떻게 느끼는지는 알 수 없다. 모든 주관적 경험은 외부자가 알 수 없는 경험이기 때문이다.

따라서 다른 개체의 주관적 경험에 대해 알기 위해 우리는 상식과 확률에 의존할 수밖에 없다. 완전히 모르는 사람이라도 우는 사람을 보면 화가 나는 감정적 경험을 겪었다고 믿을 만한 충분한 이유가 있다(물론 이 사람이 가짜로 우는 것일 수도 있지만 합리적 추론에 의하면 그렇다는 뜻이다). 신경과학자들은 쥐가 미로를 학습하는 동안 전날과 동일한 순차적인 뇌세포 활성화 패턴을 밤에 '재생replay'한다는 사실을 발견했다. 따라서 쥐가 잠을 자면서 기억한 경험을 '다시 겪고' 있다는 추론을 하는 것이 합리적이다. 의식의 특징은 외부 자극이 없을 때도 개체가 자서전적 기억autobiographical memory에 접근할 수 있게 해준다는 데 있다. 예를 들어 개가 발을 다쳐 신음 소리를 내고 다친 발을 보호하기 위해 절뚝거릴 때 그 개는 자신에게 손상을 입힌 대상을 반사적으로 피하는 간단한 행동만 하는 것이 아니라 상처가 자신에게 아프게 느껴진다는 주관적 경험도 하고 있는 것이 분명하다.

지금부터는 벌에게 이런 주관적 경험과 의식이 존재할 가능성에 대해 살펴볼 것이다. 물론 우리의 이런 노력은 본질적으로 추측 차원에서 이뤄지겠지만 추측은 과학의 최전선에서 매우 중요하다. 내 박사후 과정 지도교수였던 제임스 톰슨은 자유로운 추측의 미덕에 대해 언급하면서 제시 윈체스터Jesse Winchester(캐나다의 유명한 포크송 가수)가 오래전에 부른 노래를 인용한 적이 있다. 톰슨은 특히 이 노래 가사 중 "어차피 살얼음 위를 걸어가야 한다면 춤추면서 즐겁게 걸어가세."라는 부분을 좋아했다. 나는 톰슨의 생각이 옳다고 생각한다. 존 러벅이 개미의 언어를 탐구하기 위해 전화기를 이용한 실험을 할 때 조롱을 두려워했다면 페로몬을 이용한 개미들의 의사소통 방식을 발견하지 못했을 것이다(제3장 참조).

이야기를 본격적으로 시작하기 전에 벌의 의식이 인간만큼 풍부하고 세밀하다고 주장하는 사람은 아무도 없다는 점을 분명히 말하고 싶다. 나는 벌이 어릴 적부터 죽음에 이르기까지 삶의 궤적에 대해 숙고하거나, 자신의 감정 상태를 분석하거나(예를 들어 "오늘은 기분이 좀 우울해서 먹이를 찾으러 나가지 않을 테야." 같은 생각을 하거나), 다른 벌의 마음을 추측한다고 생각하지는 않는다. 다만 나는 벌이 주변의 사물과 생명체에 대해 인식하고, 적어도 가까운 미래를 내다보고 그에 따라 계획을 세울 수 있으며, 어떤 형태의 감정을 경험하고 '자신'과 '다른 개체'를 기본적으로 구분할 수 있을 것이라고 추측할 뿐이다.

벌은 고통을 느낄까?

카를 폰 프리슈는 벌이 주관적인 고통 경험을 하지 못하며, 꽃꿀을 빨고 있을 때 복부 전체가 잘려도 반사 반응조차 보이지 않는다고 생각했다. 그는 벌의 경우 외골격이 장착돼 있기 때문에 이런 반응을 보일 필요가 없다고 생각했다. 과학자들은 실험 대상 동물이 자신에게 가해지는 침습적 행위에 대해 전혀 느끼지 못한다고 생각하곤 하지만 이것은 착각이다.[1]

손상 자극damaging stimulus(몸에 손상을 입히는 자극)에 대한 동물의 반응을 분석하려면 '기본적인 통각 수용basic nociception'과 '통증 지각pain perception'을 구분해야 한다(통증 지각에 대해서는 뒤에서 자세히 설명할 것이다). 통각 수용은 조직 손상(또는 조직 손상의 위협)을 나타내는 강한 기계 감각 자극에 대한 민감성을 뜻한다.[2] 프리슈는 벌(그리고 외골격을 가진 다른 동물들)이 통각 수용 능력이 전혀 없다고 생각했다. 메뚜기나 지렁이가 낚싯바늘에 찔리는 것을 본 적이 있다면 이 생각이 터무니없다는 것을 잘 알 것이다. 현재는 무척추동물 대부분(그리고 모든 곤충)이 조직 손상을 감지하는 특수한 감각 메커니즘과 통각 수용 시스템, 기계 감각 인식을 위한 분리된 신경 경로를 가지고 있다는 것이 확실하게 밝혀진 상태다.[3]

손상 자극에 적절히 반응하려면 손상 부위에 통각 수용체가 있어야 한다. 벌이 복부를 절단해도 반응하지 않는다면 그 이유는 절개 부위에 적절한 수용체가 없기 때문일 수 있다. 통각 수용체가 필요하지 않거나 통각 수용체가 조직 손상에 대해 할 수 있는 일이 거의 없는 부위에는 통각 수용체가 없을 수 있다. 사람이 몸 안에서 종양이 상당히 커졌을 때도 통증을 거의 느끼지 못하는 이유는 사람의 몸 안에는 비교적 통각 수용체가 적게 분포하기 때문이다. 실제로 현대 의학이 발달하기 전까지 사람들은 몸 안의 위협 요소보다 몸 밖의 위협 요소에 더 신경을 썼다. 벌이 자연에서 허리를 공격당할 확률은 매우 낮기 때문에 통각 수용체가 허리 부분에 분포하지 않는 것이라고 생각할 수 있다.

게다가 프리슈가 만든 먹이통에는 야생 꽃이 제공하는 보상의 수천 배에 달하는 보상 가치(인간 세계에서는 로또 당첨에 해당)가 포함되어 있다는 점을 고려할 때 벌이 먹이를 먹을 때 통각 신호가 변조되었을 가능성도 있다. 이런 비정상적인 먹이를 발견하면 벌은 신체 손상에 대한 감각 신호를 무시하는 비정상적인 '유포리아euphoria' 상태에 빠질 수도 있다(사소한 보상으로 인한 감정 상태 변화에 대해서는 뒤에서 다룰 것이다). 만약 이 설명에 동의하지 않는다면, 즉 벌이 자신의 몸에 해를 끼칠 수 있는 자극을 감지하지 못한다고 확신한다면 엄지와 검지로 벌 한 마리를 잡은 뒤 그 손가락으로 벌을 눌러보자. 벌도 빠르게 반응할 것이고, 당신의 손가락도 빠르게 통증을 느낄 것이다.

프리슈의 주장과는 달리 자연적인 갑옷(외골격)을 가진 특권층이라 할지라도 통각은 생존에 필수적이므로([그림 11-1]) 곤충을 포함한 대부분의 동물은 어떤 형태로든 통각 감각을 가진다. 척추동물과 마찬가지로 곤충도 상처 입은 부위가 회복 기간 동안 보호되면 상처 치유 과정이 촉진된다.[4] 곧 우리는 벌이 유해한 자극으로부터 학습하며, 모의 포식자의 공격을 받은 결과로 오랫동안 지속되는 행동과 심리의 변화를 나타내는 것을 알게 될 것이다. 하지만 벌을 비롯한 다양한 곤충에서 통각 수용은 주관적인 통증 경험 없이도 발생할 수 있다고 생각할 수도 있을 것이다.

통증은 상황, 주의력, 과거 경험에 따라 통각과의 연관성이 조절될 수 있는 주관적이고 불쾌한 감각이라는 점에서 '단순한' 통각과는 다르다. 통각과 통증 사이의 이러한 연관관계는 우리도 경험을 통해 쉽게 알 수 있다. 여름에 즐겁게 산행을 마치고 돌아왔는데 누군가 내 무릎을 가리키며 "심하게 긁혔네."라고 말하는 상황을 생각해 보자. 나는 전혀 눈치채지 못했는데 다른 사람이 상처 부위를 가리키며 주의를 환기시키자 갑자기 상처 부위가 아파 오기 시작한다. 전투에서 심각한 부상을 입은 병사들이 안전한 곳으로 돌아온 후에야 통증을 느끼기 시작한다는 연구 결과도 있다. 안전한 곳으로 돌아오는 동안에는 몸에서 분비되는 아편성 물질이 통증을 억제했기 때문이다.[5]

몸은 이런 물질을 언제 분비해야 하는지 알고 있으며, 당시의 최

[그림 11-1] 벌은 이 상황에서 불안감을 느낄까? 벌은 거미줄을 치는 거미 같은 포식자의 공격을 받을 때가 많다. 통각은 탈출 반응과 방어 행동(물기, 쏘기)을 모두 유발하는 데 매우 중요하다. 벌은 (항상 그런 것은 아니지만) 대부분 포식자의 공격을 피할 수 있으며, 그럼으로써 포식 위협과 관련된 요소를 피하는 방법을 배울 기회를 갖게 된다. 최근 한 연구에 따르면 포식자와 관련된 자극이 벌에게 '불안과 비슷한' 감정적 상태를 유발할 수 있다.

우선 순위는 임박한 추가 부상의 위협에서 벗어나는 것이었기 때문에 통증을 거의 느끼지 못했던 것이다. 따라서 경직되고 반사적인 통각 시스템은 대부분의 동물에게 거의 쓸모가 없다는 것이 분명하다. 심각한 위협과 부상으로부터 탈출하고 학습하는 데 생물학적으로 유용한 시스템에는 상황에 따라 고통의 감각과 강도를 조절할 수 있는 능력이 포함된다.

통증의 주관적 측면

통증은 주관적이기 때문에 객관적 측정이 불가능하며, 자신이 아닌 다른 사람이 통증에 대해 평가할 수도 없다. 개가 발을 다친 예에서 관찰 가능한 동물의 행동을 통해 동물이 통증을 느낀다고 생각하는 것처럼, 이런 추론은 다쳤을 때 소리를 내지 않거나 인간에게 고통을 나타내는 신체 자세를 보이지 않는 곤충 같은 동물에게도 적용될 수 있어야 한다. 곤충은 포유류처럼 몸짓 언어로 통증을 표현할 수 없기 때문에 우리는 통증을 나타내는 생리적·심리적 지표에 주목할 수밖에 없다. 예를 들어 우리는 통증 지각이 개체에 의해 조절될 수 있다는 것을 알고 있으며, 동물이 상황에 따라 어떻게 적대적인 기계 감각 자극 또는 부상에 반응하는지도 측정할 수 있다.[6]

꿀벌의 경우 통증 반응이 조절된다는 증거가 있다. 꿀에는 엄청난 영양분이 들어 있고, 벌집에도 단백질과 지방이 풍부하기 때문에 곰이나 설치류, 오소리, 스컹크 등 많은 동물이 벌집을 습격한다. 대형 포식자의 공격에 대한 대부분의 동물의 자연스러운 반응은 포식자에게 먹히지 않기 위해 도망치는 것이다. 하지만 지켜야 할 집이 있다면 도망치는 것만으로는 안 되고 맞서 싸워야 한다. 꿀벌은 독샘poison gland과 침을 이용해 적에게 고통스러운 독을 주입할 수 있기 때문에 반격할 준비가 잘돼 있다. 꿀벌은 거미의 공격같이 잠재적으로 해를 끼칠 수 있는 자극으로 인해 개체가 위협을 느낄 때만 침을 쏘는 것이 아니라, 벌집 입구 근처에 곰 같은 커다란 위협이 출현했을 때도 사회적으로 조율된 선제공격을 하면서 침을 쏠 수 있다. 이런 상황에서 벌집 입구에 있는 경비 벌은 침입자를 공격하기 위해 많은 수의 일벌을 모집하라는 신호를 보내는 냄새인 경보 페로몬을 방출한다.

하지만 이 경보 페로몬은 경비 꿀벌을 더 공격적으로 만드는 데 그치지 않고 신체적 피해에 둔감하게 만들기도 하는 것으로 추정된다.[7] 이는 곰을 성공적으로 방어하는 데 필수적인 메커니즘일 가능성이 있다. 적을 공격하는 꿀벌은 군집을 위해 자신의 목숨을 희생해야 하기 때문이다. 생명체가 만들어낸 걸작 중 하나인 꿀벌의 침에는 침입자의 피부 안쪽에 박히도록 만드는 가시가 있어 곰이 자신을 공격한 꿀벌을 털에서 떼어내더라도 침은 곰 피부에 그대로 남아 있게 된다. 또한 이 침에는 독샘과 독샘의 수축을 조절하는 신경중추도 그대로 붙어 있기 때문에 침은 통증을 유발하는 화학물질을 공격자의 피부에 계속 분비한다.

복부에 위치한 중요한 기관, 즉 침과 독샘 그리고 신경중추가 떨어져 나가면 꿀벌은 사망하게 된다. 꿀벌은 위협이 가해지는 상황에서 대부분의 동물이 피하려고 하는 죽음을 선택하는 것이다. 이 상황에서 경보 페로몬은 꿀벌의 몸에서 내인성 진통제를 분비하게 만들어 전투 중 부상을 감지하지 못하게 만드는 것으로 보인다. 아르헨티나의 꿀벌 과학자 호세 누네스Josué Núñez와 그의 연구팀은 경보 페로몬 성분인 IPA(이소프로필알코올)에 많이 노출될수록 꿀벌은 전기충격에 적게 반응하며, IPA에 일정 수준 이상으로 노출되면 대부분의 꿀벌이 전기충격에 전혀 반응하지 않게 된다는 사실을 발견했다. 이것은 IPA가 정상적인 탈출-생존 반응을 역전시켜 경비 벌들을 두려움 없는 자살 공격자로 만든다는 것을 보여주는 발견이다.

이 내인성 진통제의 화학적 특성은 지금도 밝혀지지 않은 상태다. 모든 척추동물에서 통증 감각을 조절하기 위해 존재하는 것으로 보이는 내인성 오피오이드(아편제) 시스템endogenous opiate system은 무척추동물에는 존재하지 않는다.[8] 그럼에도 불구하고 아편제(및 아편제 길항제)는 곤충에서 효과가 입증된 바 있으며, 비아편제 수용체에 결합해 이런 효과를 내는 것으로 보인다. 아편제와 비슷한 알라토스타틴allatostatin(무척추동물에 존재하는 신경 호르몬의 일종)을 기반으로 하는 다른 내인성 시스템이 곤충에게서 이런 역할을 할 가능성도 있다.[9] 하지만 화학물질과 그 수용체의 특성이 무엇이든 손상 자극 또는 손상 위협 자극에 꿀벌이 반사 반응을 넘어서는 수준의 반응을 보이는 것만은 분명하다. 동물이 상황에 따라 이런 반응을 자신에게 유리하도록 조절할 수 있다는 것은 통증 지각의 특징 중 하나다.

포식자와의 조우 후 장기간 지속되는 심리적 변화

수분 매개 곤충은 집 안과 주변에서만 포식자의 위협에 직면하는 것이 아니라 꽃에 있을 때도 같은 위협에 직면한다. 앉아서 기다리는 포식자인 게거미는 카멜레온처럼 몸 색깔을 바꾸는 방법으로 (꽃에 앉는) 수분 매개 곤충을 사냥한다.[10] 하지만 게거미와 벌은 힘과 속도 면에서 거의 비슷하다. 따라서 대부분의 경우 벌은 게거미가 독니(독이 있는 이빨)로 자신의 외골격을 뚫기 전에 게거미를 피할 수 있다. 하지만 벌은 본능적으로 게거미의 손아귀에서 벗어난 뒤에도 꽃을 계속 방문하려고 할 수도 있다. 게거미의 공격에서 살아남은 벌이 자신이 공격받았던 꽃과 같은 종의 꽃을 피하는 법을 학습한다면 그 학습은 조금 더 정교하기는 하지만 거의 쓸모없는 학습일 것이다. 벌은 귀중한 먹이원을 완전히 버리는 사치를 누릴 수 없기 때문이다. 따라서 벌은 꽃을 계속 방문할 수 있도록 하는 동시에 포식 위험을 최소화하는 적응 방법을 이용할 가능성이 매우 높다.

내 연구실의 박사후 과정 연구자 톰 잉스Tom Ings는 게거미의 공격이 벌에게 미치는 심리적 영향을 연구한 결과, 공격당한 벌이 자신이 겪게 될 불쾌한 주관적 경험이 미칠 심리적 영향을 예측해 정교하고 장기적인 행동 변화를 보인다는 것을 발견했다. 우리는 일종의 로봇 게거미를 만들었는데 이 로봇은 실제 게거미와 같은 크기로, 스펀지 패드로 만든 전자기파 집게로 짧은 시간(2초) 동안 호박벌을 잡을 수 있도록 만들어졌다. 우리는 실제 게거미처럼 이 로봇 게거미가 인공 꽃과 같은 색깔을 띠도록 만들었다(비교를 위해 인공 꽃과 다른 색깔을 띠는 로봇 게거미를 이용한 별도의 실험도 이뤄졌다). 이 로봇 게거미들은 인공 꽃 위에 놓였고, 벌은 이 인공 꽃에서 꽃꿀을 채집했다. 벌은 위험한 꽃과 위험하지 않은 꽃을 순차적으로 여러 번 방문했다.

실험 결과 호박벌은 게거미를 발견한 꽃을 피하는 법을 빠르게

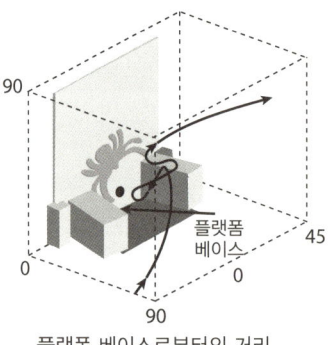
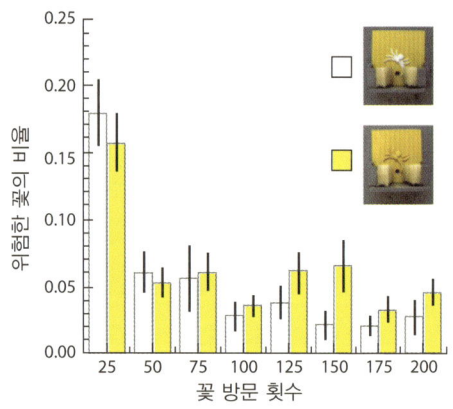

[그림 11-2] 호박벌이 게거미의 포식 위협에 대해 학습하는 방법. 위: 게거미는 꽃 위에 앉아 꽃 색깔로 몸 색깔을 바꿔 위장한 채 벌을 기다릴 수 있다. 벌의 반응은 실험실에 있는 로봇 게거미(왼쪽 아래 그림)를 이용해 측정할 수 있다. 옅은 회색 사각형은 실물 크기의 로봇 게거미가 부착된 인공 꽃이다(벌은 이 사각형 안에 있는 검은 구멍을 통해 꽃꿀을 먹는다). 플랫폼 베이스 위에는 벌을 해치지 않고 포획할 수 있는 스펀지 패드 2개가 놓여 있다. 이 스펀지 패드는 솔레노이드(solenoid: 도선을 촘촘하게 원통형으로 말아 만든 전자기장 생성 장치)가 생성한 전자기장으로 벌을 포획할 수 있다. 이런 전자기장 '공격'을 경험한 벌은 그 후 모든 꽃을 주위 깊게 살펴본다(까만색 화살표는 벌의 전형적인 궤적을 나타낸다). 오른쪽 아래: 꽃 방문 횟수가 늘어나면서 벌은 게거미가 앉아 있는 꽃을 점점 더 많이 피했다. 하지만 벌은 여전히 게거미가 눈에 잘 보일 때(게거미가 노란색 꽃 위에서 흰색을 띠고 있을 때)보다 위장하고 있을 때(게거미가 노란색 꽃 위에서 노란색을 띠고 있을 때) 더 많은 오류를 범했다.

배우는 것으로 나타났다(게거미가 꽃과 같은 색을 띠고 있을 때는 게거미가 꽃과 다른 색을 띠고 있을 때보다 학습 시간이 더 걸리긴 했다). 하지만 호박벌은 이 경험 이후 꽃에 접근하는 방법을 근본적으로 바꿨다. 호박벌은 비행하면서 몇 초 동안 꽃을 살펴보기 시작했다. 그뿐만 아니라 숨겨진 위협을 찾기 위해 완벽하게 안전한 꽃을 탐색한 후에도 꽃에 접근하지 않는 '거짓 경보 false alarm'을 보내기도 했다.[11]

학습이 끝나고 24시간 후에도 호박벌은 같은 행동을 보였다. 게거미가 없는 상황에서도 같은 행동을 한 것이다. 따라서 호박벌의 이런 반응은 불쾌한 경험을 피하는 단순한 행동보다 훨씬 더 복잡한 행동이라고 할 수 있다. 벌은 공격으로부터 배우고, 미래의 공격 위험을 최소화하기 위해 행동을 조정하며, 실제로 포식자가 없을 때도 포식자의 '환영 ghost'를 보면서 불안과 비슷한 심리적 상태를 (벌의 기준으로 볼 때) 오랫동안 유지한다([그림 11-2]).

감정적 기초

이런 감정 상태를 더 깊게 탐구하기 위해 영국의 행동 생물학자 멜리사 베이트슨 Melissa Bateson은 미국의 벌 과학자 제럴딘 라이트 Geraldine Wright와 함께 척추동물의 감정 상태에 대한 기존의 연구 결과들을 기초로 벌의 감정 상태를 밝혀내기 위한 실험을 진행했다.

꿀벌에게 던져진 질문은 "이 잔이 반쯤 찼을까, 아니면 반쯤 비었을까?" 같은 것과 비슷한 것이었다. 불안하거나 우울한 감정 상태에 있는 사람(또는 성격이 불안한 사람)은 이 질문에 잔이 반쯤 비었다고 대답할 가능성이 높다. 이와 마찬가지로 부정적 감정 상태에 있는 동물은 긍정적 감정 상태에 있는 동물보다 모호한 자극에 대해 '비관적' 판단을 내리는 경향이 있다.

라이트와 그녀의 팀은 벌이 두 가지 냄새가 9:1로 섞인 냄새를 설탕 보상과 연결하도록 학습시키고, 1:9로 섞인 냄새를 벌이 싫어하는 퀴닌 용액과 연결하도록 학습시켰다. 그 후 연구자들은 벌에게 애매모호한 중간 자극(예: 두 냄새가 1:1로 섞인 냄새)을 제공했다. 이 실험에 앞서 연구자들은 벌들의 절반을 '진동 혼합기vortecizer(액체를 섞는 데 사용하는 실험실 도구)'에 집어넣어 벌들이 포식자의 공격을 받는 상황을 시뮬레이션했고, 나머지 절반은 진동 혼합기에 넣지 않았다. 그 결과 진동 혼합기에서 흔들린 경험이 있는 벌은 '비관적인' 인지적 편향을 나타내는 것으로 보였다. 흔들린 경험이 있는 벌은 그런 경험이 없는 벌에 비해 애매모호한 자극을 더 적게 받아들였기 때문이다.

우리는 이와 비슷한 실험을 통해 "이 잔이 반쯤 찼을까, 아니면 반쯤 비었을까?" 같은 질문에 직면한 벌에게서 긍정적 감정 상태가 유도될 수 있을지 연구했다([그림 11-3]). 이 실험에서 우리는 일부 호박벌에게는 테스트 영역에 들어가기 전 '깜작 보상(설탕 용액)'을 제공했고, 다른 호박벌에게는 보상을 제공하지 않았는데 보상받은 벌은 그렇지 않은 벌보다 애매모호한 자극을 보상과 더 많이 연결시킴으로써 확실히 긍정적인 인지 편향을 나타냈다.[12]

이 연구는 생존과 관련된(아마도 생존에 필수적일) 감정 상태가 반드시 복잡한 계산이나 큰 뇌에 의존하지 않는다는 것을 확실하게 보여주는 것이라고 할 수 있다. 자연선택은 두려움을 모르는 개체, 새끼를 잃는 것에 무관심한 어미, 사회적 환경에 있는 것을 '보상과 연결시키지 않는' 사회성 동물에게 가혹한 것 같다. 이는 최소한의 기본적인 감정을 갖는 것이 동물에게 가장 중요한 '생존 키트'가 될 수도 있다는 뜻이다.

한편 인간처럼 곤충이 기분을 변화시키는 향정신성 물질을 찾는 것으로 보인다는 관찰에 기초한 곤충의 감정 연구도 이뤄지고 있다.[13] 예를 들어 수컷 초파리는 사정ejaculation(정액 분출)을 보상으로 여기는데 교미 기회를 박탈당하면 자연에서 발효된 과일에 있는 알코올을 찾기 시작한다.[14] 벌은 꽃꿀에 카페인이나 니코틴이 미량 포함된 꽃을 우선적으로 찾는다. 대부분의 식물 잎에는 카페인이나 니코틴이 들어 있다. 이 물질들의 쓴맛 때문에 초식동물이 접근하지 못하도록 만들기 위해서다.[15] 이 물질들은 매우 적은 양이 꽃꿀로 흘러 들어가기도 하는데 이 현상은 우연적인 현상이 아닌 것으로 보인다. 이 물질들이 꽃꿀로 흘러 들어가면 꽃가루 매개자들이 보상이 만족스럽지 않아도 이 물질들 때문에 꽃으로 돌아온다는 점에서 식물에게 유리하기 때문이다.

물론 이런 향정신성 물질이 꽃가루 매개자의 중독 행동 같은 행동을 일으키는 이유는 향정신성 물질이 꽃의 특징에 대한 학습을 촉진하는 신경 회로에서 시냅스 연결에 영향을 미치기 때문이라고 '간단하게' 설명할 수도 있을 것이다. 하지만 현재 우리가 벌의 감정 상태에 대해 알고 있는 것을 고려하면 벌이 인간과 같은 이유로 이

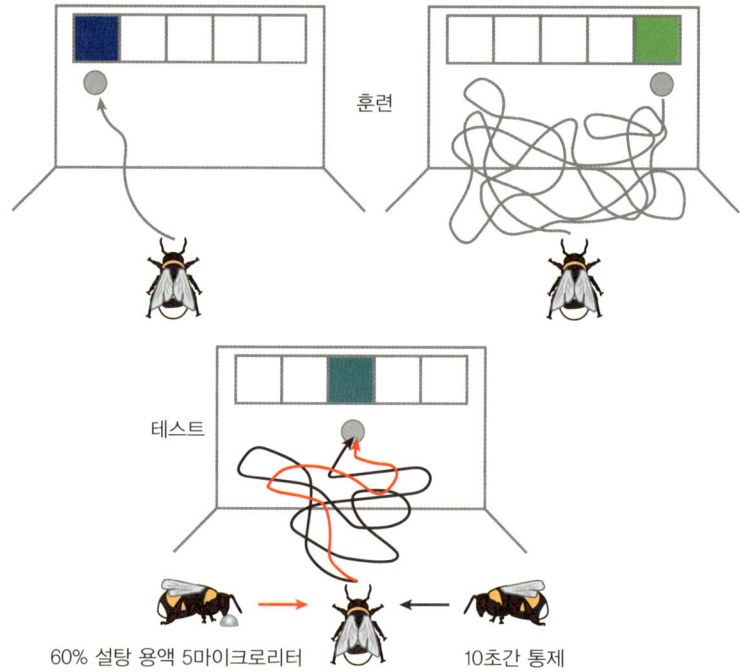

[그림 11-3] **호박벌의 긍정적인 감정 편향.** 벌들은 비행 경기장 뒤쪽 벽에서 왼쪽에 있는 파란색 표적이 설탕물을 나타내며, 오른쪽의 녹색 표적은 그렇지 않다는 것 그리고 뒤쪽 벽에 붙은 5개의 표적 중 하나만 선택할 수 있다는 것을 학습했다. 훈련이 끝난 후 벌들은 벽에 파란색 표적이 있는 경우 그 파란색 표적에 바로 접근했다(왼쪽 위). 이와는 반대로 벌들은 벽에 녹색 표적이 있는 경우는 망설이는 행동을 확실하게 보였다(오른쪽 위). 벽 중간 부분에 ('애매모호한') 청록색 자극이 주어지자(아래) 벌들은 파란색 표적으로 날아가는 시간과 녹색 표적으로 날아가는 시간의 중간 정도 되는 시간 동안 망설였다. 하지만 실험에 들어가기 전 적은 양의 설탕 용액(5마이크로리터)을 깜짝 선물로 받은 벌들은 애매모호한 표적(청록색 표적)을 더 '유망한' 표적으로 판단해 그 표적을 더 빨리 받아들였다(빨간색 화살표). 이 벌들은 깜짝 선물을 받지 않고 10초 동안 통제된 후 경기장에 투입된 벌들에 비해 애매모호한 표적을 더 긍정적인 방식으로 판단했다.

러한 물질을 찾고 있다는 생각, 즉 벌이 실제로 기분을 변화시키고 있다는 생각은 매우 설득력 있다고 할 수 있다.

의식 진화의 기초는 내부 생성 자극과 외부 생성 자극의 구별 능력일까?

현재 일부 학자들은 의식의 구성 요소들이 동물이 처음 출현한 시기와 거의 비슷한 시기, 구체적으로는 생명체의 진화 과정에서 절지동물과 척추동물이 처음 분화된 시기인 캄브리아기(5억 4,100만~4억 8,500만 년 전)에 출현했을 것이라고 본다. 이 주장은 동물이 자기 생성적이고 의도적인 움직임을 가지려면 어떤 형태로든 기본적인 자기 인식이 요구되기 때문이라는 논리에 기초한다.

동물이 움직이기 시작하면 보이는 것들이 계속 바뀐다. 물론 움직이지 않아도 외부 세계가 변화하면 보이는 것이 바뀔 수 있다. 이렇게 보이는 것들이 바뀌면 동물은 보이는 것들의 변화가 외부 환경의 변화인지 자신의 의도적인 움직임에 의한 변화인지 판단해야 한다. 망막에 비친 이미지가 갑자기 45도 기울어졌을 때 이 기울어짐의 원인이 자신이 머리를 기울인 행동에 있다는 것을 안다면 아무 문제가 발생하지 않는다. 하지만 머리를 움직이지 않았는데도 이미지가 45도 기울어진다면 이는 지진 때문일 수도 있기 때문에 빨리 움직이는 것이 좋을 것이다.

동물은 '원심성 신경 복사efference copy' 메커니즘을 이용해 자신의 움직임과 외부의 움직임을 구분할 수 있다. 원심성 신경 복사 메커니즘이란 감각 변화가 자신의 움직임에 의한 것인지, 외부의 힘에 의한 것인지 동물이 구분할 수 있도록 해주는 동물 내부의 신호 시스템으로, 동물은 이 시스템에 기초해 정상적인 조건에서 자발적으로 고개를 돌리거나 몸 전체를 돌릴 때 환경이 다르게 보일 것이라고 예측할 수 있으며, 자신의 행동이나 의도의 결과로 다음에 무슨 일이 일어날지 예측할 수 있다. 이 시스템은 먹이를 찾기 위해 움직이면서 적극적으로 주변 환경을 탐색하는 최초의 동물들에게 이미 필요했을 것이고, 이 동물들의 촉각 센서와 화학감각 센서를 정교하게 만들었을 것이며, 포식자를 경계하는 데도 중요한 역할을 했을 것이다. 이렇게 기본적인 수준에서도 자신과 타자와의 구분은 필수적이다(이 구분은 일종의 자기 인식에 의해 가능했을 것이다).

동물은 눈이 진화함에 따라 더 먼 거리에 있는 대상을 인식할 수 있게 됐지만 특정 자극이 내부에서 생성된 자극인지, 외부에서 생성된 자극인지 구분해야 하는 기본적인 문제는 여전히 남아 있다. 예를 들어 어떤 물체가 내 시야에서 빠르게 커진다면 그 물체는 나를 향해 빠르게 다가오고 있는 것이다(그 물체는 포식자일 수도 있고, 자동차일 수도 있다). 이렇게 나에게 다가오는 자극에 대한 자연스러운 반응은 회피적인 행동을 취하는 것이다. 하지만 이런 행동이 반사적인 행동이라면 벌은 꽃에 내려앉을 수 없을 것이다. 벌이 목표물에 접근함에 따라 꽃은 점점 더 커지는데, 이것은 다가오는 자극이다. 하지만 벌은 외부 세계의 무언가에 의해 팽창이 발생하는 것이 아니라 자신의 의도적인 행동에 의해 발생한다는 것을 '알고 있기' 때문에 그 자극을 위협적이라고 느끼지 않는다. 나는 동물에게서 의식을 진화시킨 것은 자신이 생성한 시각적 움직임과 자신의 의식적인 지각과 상관없이 외부 요소들이 생성한 시각적 움직임의 차이를 계산하는 능력이라고 본다.[16]

호박벌의 자기 인식

동물의 자기 인식을 연구하는 데 가장 흔하게 사용되는 방법은 거울을 이용하는 것이다. 실험자들은 동물의 이마에 색깔 표지를 붙이고 나서 거울을 보여준다.[17] 이 표지를 없애려고 이마에 손을 대는 동물은 '자신'을 인식한다고 여겨지지만, 벌의 경우는 얼굴의 특징이 개체에 따라 별로 차이가 나지 않기 때문에 이 테스트는 벌에게 효과가 없다. 하지만 호박벌이 자신을 인식한다는 증거는 좁은 틈을 통과하기 전에 자신의 신체 크기를 고려한다는 연구 결과에서 얻을 수 있다.

우리는 제10장에서 같은 군집에 속한 호박벌의 몸 크기가 매우 다양하다는 사실을 살펴봤다. 벌은 번데기에서 나오면 자라지 않기 때문에 성체 크기는 죽을 때까지 그 상태가 유지된다. 꽃을 방문하는 호박벌은 장애물과 충돌하지 않고 울창한 초목을 통과해서 날아가야 한다. 따라서 우리는 호박벌의 비행을 이용해 호박벌이 자신의 몸 크기에 대해 알고 있는지 확실하게 알 수 있다.[18]

스리드하 라비Sridhar Ravi와 그의 연구팀은 최근 실험에서 벌들이 다양한 크기의 작은 구멍을 통해 날아가게 만들었다. 이 실험에서 벌들은 구멍을 통과하기 전 그 틈이 얼마나 큰지 조심스럽게 확인한 것으로 보였다. 구멍의 크기가 벌의 날개폭과 비슷하거나 작을 때 벌들은 몸을 기울이거나 옆으로 날아갔다. 이는 벌들이 자신의 몸 크기에 대해 어떤 형태로든 알고 있다는 뜻이다([그림 11-4]). 이 실험 결과는 인간을 비롯한 동물에서 자신의 신체 크기를 아는 것이 개인의 경험과 자기 인식의 핵심적 측면으로 간주된다는 점에서 주목할 만하다.[19]

연구의 다음 단계는 벌들이 복잡한 환경에서 안전하게 비행하기 위해 자신의 몸에 대해 어떻게 학습하는지에 관한 연구가 될 것이다. 벌들이 비행 활동을 시작한 후 시행착오를 통해서만 이 학습을 할 가능성이 있긴 하지만 시행착오를 통해서만 학습한다면 학습 과정에서 장애물과 충돌하면서 날개가 손상되는 치명적 피해를 입을 수밖에 없다. 하지만 벌들이 벌집에서부터 촉각을 이용해 자신의 몸 크기에 대해 학습한다면 후에 그 지식이 시각 시스템에 반영돼 이런 피해를 입지 않을 것이다.

다른 생명체와 자신의 구분

다른 개체와 자신의 구분은 짝짓기 파트너를 찾는 과정에서도 중요하다. 모든 동물은 자신이 속한 종의 구성원과 다른 종의 구성원을 구분할 수 있는 능력이 있다. 짝짓기 상대를 찾는 과정은 단순히 같

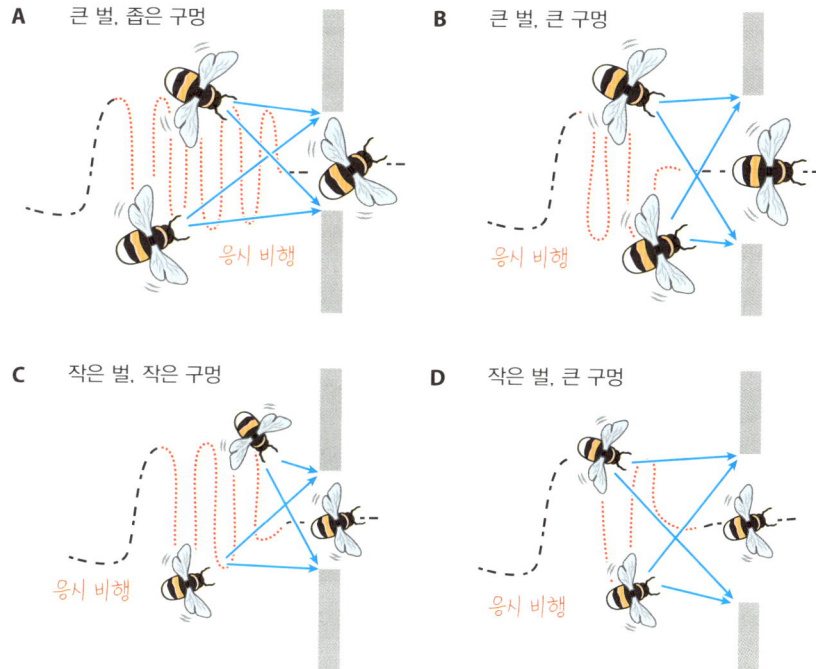

[그림 11-4] **구멍을 통과하는 벌들이 보여주는 자신의 몸 크기에 대한 지식.** 벌은 구멍에 접근 시 응시 비행(빨간색 궤적)을 하면서 다양한 각도에서 구멍을 살펴본다(파란색 화살표). 구멍 폭이 자신의 날개폭보다 크면(B와 D) 구멍의 중앙을 곧장 통과하지만, 구멍 폭이 날개폭보다 작아 충돌 위험이 있으면(A와 C) 구멍을 통과하기 전 자신의 몸 크기와 날개폭에 따라 몸의 각도를 조절한다.

은 종에 속한 다른 성体의 개체를 인식하는 일을 넘어서는 것이다. 예를 들어 근친교배를 피하기 위해 동물은 유전적으로 자신과 어느 정도 다른 개체를 찾아내야 한다.[20] 그러기 위해서는 (일반적으로 후각 단서에 의존해) 자신의 특성을 파악하고 있어야 하며, 이런 단서들을 이용해 잠재적 짝짓기 상대와 자신을 비교할 수 있어야 한다. 벌은 조상 때부터 이런 능력을 갖춘 것으로 보인다. 실제로 사회성 벌의 경비 벌은 같은 군집에 속한 벌과 다른 군집에서 온 침입자를 후각으로 구분하는데 이는 '자신'과 '타자'를 구분하는 능력이 확장된 결과라고 할 수 있다.

하지만 벌은 단순히 냄새를 비교하는 것만으로 다른 개체와 자신을 구분하지는 않는다. 벌은 다른 개체를 구성하는 요소들에 대해 기본적으로 인식할 수 있는 능력이 있는 것으로 보이기 때문이다. 벌(그리고 아마도 대부분의 동물들)은 같은 종에 속한 개체의 형태(해부학적 구조)를 인식할 수 있다.[21] 호박벌 수컷은 적당한 암컷을 찾지 못하는 경우 놀라울 정도로 무차별적 짝짓기를 하지만(이 경우 수컷은 상대가 일벌이든, 형제든, 다른 종의 여왕벌이든 가리지 않고 짝짓기를 한다) 수컷이 뒤에서 암컷에 올라타 짝짓기를 하는 경우는 결코 없다. 몸 구조에 대한 이런 기본적인 지식은 짝짓기 상대가 같은 종에 속한 개체든, 다른 종에 속한 개체든 상관없이 중요한 지식이다. 예를 들어 곰이 벌 군집을 공격할 때 경보 페로몬에 의해 경고를 받은 벌들은 무작위로 침을 쏘지 않는다. 이 벌들의 공격은 침입자의 다양한 신체 부위를 목표로 한다.

동물에게 무생물체는 그 무생물체 전체가 움직이는 것처럼 보이며, 동물이 그렇게 보는 것은 그 무생물체를 보는 동물의 움직임 때문이다. 따라서 동물은 무생물의 '움직임'을 예측할 수 있다. 하지만 생물체의 움직임은 그 생물체의 움직임을 보는 동물이 확실히 예측하기 힘들다. 생물체도 그 생물체 전체가 움직이는 것으로 동물에게 보이지만, 그 생물체의 움직임은 여러 요소들의 상대적인 움직임들로 구성되기 때문이다. 거의 모든 동물은 다른 개체가 잠재적 짝짓기 상대든, 가족 구성원이든, 포식자든, 그 개체, 즉 단일 생명체의 부분을 구성하는 요소들에 대한 이런 기본적인 지식을 가지고 있을 것이다. 이런 지식은 근본적으로 자신과 자신이 아닌 존재를 구분해야 했던, 즉 자신의 움직임에 의한 환경 변화와 다른 동물의 움직임에 의한 환경 변화를 구분해야 했던 최초의 동물들에게서 처음 축적되기 시작했을 것이다.

벌은 현재를 벗어나는 생각을 할 수 있을까?

의식은 동물이 현재에만 사는 것이 아니라 과거와 미래에 접근할 수 있도록 해주는 인식 상태다. 의식은 우리가 눈을 감고 어린 시절의 집을 상상할 수 있게 해주며, 넓은 개울을 뛰어넘는 것이 안전한지를 측정하는 것과 같은 계획, 예측, 위험 평가 등을 가능하게 해준다.[22] 이런 능력이 어떤 형태로든 많은 동물에게 존재한다는 생각은 다양한 심리학 연구에 의해 뒷받침되고 있다. 벌의 경우 (벌집에 대한 공간적 기억 외에도) 먼 곳에 대한 공간적 기억을 떠올릴 수 있는 능력이 있는 것으로 보인다. 메뚜기 같은 보행 곤충은 사다리를 올라갈 때 사다리 가로대들 사이의 간격을 눈으로 측정해 보행 계획을 세운다(메뚜기는 보행을 시작한 뒤 자신이 목표로 하는 가로대가 보이지 않게 돼도 계획에 따라 보행을 한다).

우리는 이 책 전체에 걸쳐 곤충이 지각 능력이 없는 '자동인형', 즉 세계에 대한 내부적 표상을 만들어내지 못하고 아주 가까운 미래도 예측하는 능력이 없는 존재와는 거리가 멀다는 사실을 다뤘다. 배고픔 같은 내부 자극 또는 외부 자극이 없는 경우 곤충의 마음은 작동하지 않으며 뇌가 꺼지는 상태가 된다는 기존 생각은 이제 더 이상 설득력을 가지지 못한다. 실제로 이 책에서 우리는 꿀벌이 밤 동안 먹이원이 있는 위치에 대한 공간적 기억을 검색하고, 먹이 채집을 하지 않을 때도 먹이원의 위치에 대해 서로 소통하며(제6장), 벌이 대상을 다루는 기술이 인식의 결과라는 연구 결과(제8장)를 다뤘다. 또한 우리는 (뇌 영역 전체에서 동기화되는 전기 진동으로, 포유동물에서 의식의 신경적 특징을 나타내는) '뇌파'가 곤충에서도 발견된다는 잠정적인 증거도 가지고 있다(제9장).

모양에 대한 상상

의식을 구성하는 요소 중 하나는 주변의 감각세계에 대한 인식이다. 눈으로 사물을 보는 동물이 뇌 안에 외부 세계에 대한 표현을 가지고 있지 않다고 생각하기는 힘들겠지만, 사실 이것은 증명이 어려운 생각이다. 벌은 시각적 자극에 확실히 반응할 수 있고, (꽃 패턴 같은) 시각적 패턴을 꿀꿀 보상과 연관시키는 것을 학습할 수 있다. 그렇다고 해서 벌의 머릿속에 꽃에 대한 이미지가 반드시 존재할 것이라고 생각할 수는 없다. 실제로 벌은 꽃 전체의 이미지를 모두 저장하지 않고, 꽃의 테두리가 뻗어 있는 방향 같은 간단한 특징을 기억하는 것만으로, 즉 꽃의 실제 패턴에 대한 인식을 하지 않고도 꽃의 복잡한 시각적 패턴을 저장하는 것으로 추정된다.[23]

실제로 시각적 패턴은 그 시각적 패턴에 대한 인식 없이도 구별이 가능하다는 것이 인간을 대상으로 한 연구에서 이미 밝혀진 상태다.[24] 예를 들어 시각피질에 손상을 입은 환자는 의식적인 시각 경험을 하지 못하게 되는 경우가 종종 있다. 이 환자에게 특정 물체를 구분하라고 요청하면, 즉 2개의 시각적 패턴을 구별하라고 요청하면 이 과제를 잘 수행하지 못한다. 하지만 추측해 보라고 요청하면 무작위로 선택할 때보다 이 과제를 더 잘 수행한다. 이 현상을 맹시blindsight라고 한다. 따라서 본질적으로 시각 자극에 대한 지각은 시각적 인식 없이도 가능하다고 할 수 있다. 자신이 찾고 있던 노란색 꽃 앞에서 맴돌면서 날고 있는 꿀벌은 자신의 마음속에 그 꽃의 이미지가 없는데도 그 꽃이 자신이 찾던 꽃이라는 것을 인식하는지도 모른다. 스마트폰이 우리 얼굴을 인식할 수 있지만 그렇다고 해서 스마트폰에 의식이 있다고 할 수는 없다.

하지만 교차 양식cross-modal 물체 인식에 대한 새로운 연구 결과들은 벌의 마음에서 일어나는 일이 기계 안에서 일어나는 일과 완전히 다를 것이라는 추측, 즉 벌은 마음속으로 이미지를 만들어낼 수 있다는 추측을 가능하게 만들고 있다. 교차 양식 물체 인식이 가능하다는 것은 동물이 시각 같은 하나의 감각 양상에서 물체의 특징을 학습하고 나중에 다른 감각 양상에서 동일한 물체를 인식할 수 있다는 것을 뜻한다. 예를 들어 우리는 공, 파라미드 모양의 물체,

주사위 같은 물체를 눈으로만 보고도 그 물체가 담겨 있는 가방 안에 손을 넣어 촉각으로 그 물체를 식별할 수 있다.

우리 눈이 뇌로 보내는 신경 신호는 시간적 구조를 비롯한 다양한 측면에서 손가락의 촉각 센서가 뇌로 보내는 신경 신호와 완전히 다르다. 예를 들어 우리는 물체의 정체를 확인하기 위해 몇 초 동안 손가락을 물체 위에 올려놓아야 할 수도 있지만, 시력을 사용하면 한눈에 물체의 정체를 인식할 수 있다. 이렇게 신경 신호가 다름에도 불구하고 우리가 물체를 정확하게 식별할 수 있는 이유는 우리가 물체의 중요한 특징을 마음속에서 그림으로 만들어낼 수 있기 때문이다.

17세기에 제기된 유명한 심리학적 문제인 '몰리뉴 문제Molyneux'는 다양한 감각 양상에 걸쳐 모양을 인식하는 이런 능력에 관한 문제다.[25] 아내가 시각장애인이었던 아일랜드 철학자 윌리엄 몰리뉴 William Molyneux는 친구인 존 로크John Locke에게 다음과 같은 질문을 담은 편지를 썼다.

"태어날 때부터 앞을 보지 못하는 사람이 거의 같은 크기의 공과 육면체를 만지면서 촉각 또는 느낌으로 그 물체의 모양을 구분할 수 있게 됐다고 생각해 보자. 그 후 그 사람이 어떤 방법으로든 앞을 볼 수 있게 됐다면 그 사람은 공과 육면체를 손으로 만지지 않고 시력으로만 어떤 물체가 공이고 어떤 물체가 육면체인지 식별할 수 있을까?"

심리학자들은 지금도 이 문제에 대한 명확한 답을 제시하지 못하고 있다. 그 이유 중 하나는 이 문제를 풀기 위해 인간을 대상으로 실험을 하기가 쉽지 않다는 사실이다. 그래서 우리는 호박벌이 이전에 눈으로만 본 물체를 어둠 속에서 촉각으로만 식별할 수 있는지 실험했다. 우리는 몰리뉴 문제에서 언급된 공과 육면체를 사용했고, 한 그룹의 벌에게는 공이 설탕 보상과 연관된다는 것을, 다른 그룹의 벌에게는 육면체가 설탕 보상과 연관된다는 것을 학습시켰다([그림 11-5]). 우리는 이 벌들을 어둠 속에서 물체를 경험한 벌들, 즉 물체를 만질 수는 있지만 볼 수는 없었던 벌들과, 유리 뚜껑을 통해 물체를 볼 수는 있지만 만질 수는 없었던 벌들로 다시 분류했다([그림 11-5]).

  그 결과는 놀라웠다. 대부분의 벌은 그들이 이전에 경험해 본 적이 없는 감각적 양식으로 물체를 자발적으로 인식하는 데 어려움이 없었다. 이 결과는 벌이 시각 시스템을 이용해 물체의 간단한 특징을 인식해 패턴을 인식하는 것이 아니라 실제로 물체의 모양이나 특징을 마음속에서 표현할 수 있다는 것을 보여준다([그림 11-5]). 따라서 우리는 이 호박벌을 이용해 몰리뉴 문제에 대한 답을 거의 완벽하게 제시했다고 할 수 있다. 물론 우리의 호박벌은 태어날 때부터 앞을 보지 못한 벌도 아니었고, 우리의 이 실험이 시작되기 전까지 계속 어둠 속에서만 살았던 벌도 아니었다. 하지만 이 실험 결과는 호박벌이 시각과 촉각을 모두 사용해 물체의 모양과 느낌을 연결했을 가능성을 제시한다.[26] 그럼에도 불구하고 벌들은 항상 완전히 어두운 환경(벌집은 항상 어두운 상태다)에서 어떤 물체를 보상을 주는 물체 또는 보상을 주지 않는 물체로 인식하는지 배우면서 자라기 때문에 물체를 햇빛 아래서 처음 보았을 때도 물체의 모양을 인

[그림 11-5] **벌은 마음속에서 모양을 '그릴' 수 있을까?** 교차 양식 물체 인식 과제를 수행하고 있는 호박벌들. 밝은 곳에서 벌들은 '볼 수는 있지만 만질 수는 없는' 조건(벌들은 유리 뚜껑 때문에 물체를 만질 수 없다)에서 특정한 모양의 물체(여기서는 공)와 보상을 연결하는 법을 학습했다. 그 후 벌들은 어둠 속에서 같은 모양을 인식해야 했는데, 이때 물체를 만질 수는 있지만 볼 수는 없었다. 우리는 벌들을 어둠 속에서 물체를 처음 만지게 한 다음, 밝은 곳에서 그 물체를 '볼 수는 있지만 만질 수는 없는' 조건에 노출시키는 반대의 실험도 진행했다.

식할 수 있을지 모른다.

위의 두 경우 중 어떤 경우라도, 이 실험은 호박벌이 다양한 감각 양상을 통한 정보를 통합해 물체의 이미지를 내부적으로 만들어내는 능력을 가지고 있다는 것을 보여준다. 뇌가 큰 동물처럼 벌도 다양한 감각기관에서 수용한 정보를 통합해 주변 세계에 대해 전체적이고 완전하게 지각하고 있는지도 모른다.

벌은 자신이 안다는 것을 알고 있을까?

심지어 벌은 자신이 어떤 것을 알고 있다는 사실을 아는 능력인 메타인지metarecognition 능력도 있는 것으로 보인다.[27] 동물의 메타인지는 동물이 어려운 시각적 과제(예: 매우 비슷한 두 가지 색깔 또는 패턴을 구별하는 과제)에 직면하게 만든 상태에서 그 동물이 정확한 대상(보상을 주는 대상) 또는 부정확한 대상(보상을 주지 않는 대상)에 대한 선택 외에도 그 과제의 수행을 아예 처음부터 거부할 수 있는 선택도 제공하는 방법으로 테스트할 수 있다.

크윈 솔비는 호주 출신 곤충과학자 앤드루 배런Andrew Barron과의 공동연구를 통해 과제가 어려울수록 꿀벌이 세 번째 선택, 즉 과제 수행을 거부하는 선택을 더 많이 한다는 것을 발견했다. 이런 메타인지는 유인원과 돌고래에서 의식의 특징으로 간주된다. 따라서 포유류의 이런 행동이 불확실성에 대한 자기 평가의 증거로 받아들여진다면 벌도 같은 기준에 따라 의식을 가지고 있다고 생각할 수 있다.

현재까지 그 어떤 동물에게서도 의식의 직접적인 증거는 발견된 적이 없다. 물론 이 책도 벌이 의식을 가지고 있다는 직접적인 증거를 제공하지는 않는다. 비판적인 독자는 이 책에서 다룬 모든 심리적인 현상, 모든 지적인 행동이 어떻게든 컴퓨팅 알고리즘이나 로봇에 의해 복제될 수 있으며, 따라서 이론적으로 어떠한 형태의 의식적인 인식 없이도 이런 현상이나 행동이 발생할 수 있다고 반박할 수 있을 것이다. 나도 그 가능성을 인정한다. 예를 들어 벌집 구조를 만들어내는 로봇 시스템을 설계할 수도 있고, 손상되었을 때 고통을 느끼는 것처럼 행동하는 로봇을 만들 수도 있으며, 벌의 수를 세는 능력과 동일한 능력을 가진 시스템을 쉽게 만들 수도 있을 것이다. 하지만 내가 이 책에서 다룬 모든 행동, 즉 수십 가지에 이르는 '선천적' 행동, 학습된 행동과 혁신 행동을 할 수 있는 로봇을 만들려면 엄청난 양의 구체적인 명령어를 로봇에 입력해야 할 것이고, 설령 그렇게 할 수 있다고 해도 그 로봇은 미리 프로그램된 행동밖에 할 수 없을 것이다. 로봇은 입력되지 않은 새로운 과제를 수행할 수 없다.

벌의 지능적인 행동은 지금도 계속 발견되고 있다. 카를 폰 프리슈는 1950년 "벌의 삶은 물을 퍼낼 때마다 더 많은 물이 채워지는 마법의 우물 같다."고 말하기도 했다. 1982년 프리슈가 세상을 떠난 뒤에도 이 우물은 계속 채워지고 있다. 그렇다면 이제 우리는 벌의 신경계가 정교한 고정 회로들의 집합이라는 기존 생각, 즉 벌의 신경계가 특정한 행동을 일으키는 각각의 고정 회로들로 구성된다는 생각이 정말로 '간단한' 설명인지 의문을 가져야 한다. 의식을 기반으로 하는 일반 지능은 문제를 더 유연하게 해결할 수 있을 뿐만 아니라 계산능력과 신경세포도 더 적게 필요로 하기 때문이다.

벌이 간단한 형태의 의식을 가지고 있다는 증거는 지금도 계속 늘어나고 있다. 뇌가 훨씬 큰 척추동물에게 적용하는 행동적 기준과 인지적 기준을 벌에 적용한다고 해도 벌은 개나 고양이 못지않은 수준의 의식을 가지고 있는 것으로 보인다. 하지만 벌의 의식은 인간의 의식과 매우 다를 수 있다. 벌은 감각 능력의 속성과 그 다양성 면에서도 인간과 다르지만 의식 수준 면에서도 다르다(물론 이런 차이는 동물 전반에 존재한다).[28] 동물에 따라 시간에 대한 지각, 기억과 계획에서 시간이 사용되는 방식, 자신에 대한 인식 등 수많은 측면이 다를 것이다. 동물의 이런 '의식 차이'에 대한 연구는 우리가 막 연구를 시작한 벌의 마음에 대해 흥미로운 관점을 제공할 것이다.

벌은 무리 이동을 하면서 특유의 흥분 상태로 진입하고, 꽃꿀이 풍부한 꽃 유형을 찾아내 꽃을 성공적으로 다루는 방법을 알게 되면서 스릴을 느끼고, 보상과 위험이 공존하는 초원 위를 비행하면서 꽃들의 이상한 색깔, 냄새, 전기신호, 하늘의 편광을 느낀 경험과 다양한 감각 기억을 연결시킬 것이다. 벌의 이런 마음 상태, 생리학적 상태, 행동 표현에 대해서는 추가 연구가 필요하다.

동물의 뇌는 감각신호와 동물 자신의 행동의 연결 관계를 발견해 정보를 구축하고, 환경과 그 안에서 움직이는 자신에 대해 내부적으로 모델을 만들어낸다. 찰스 보닛이 250여 년 전 했던 생각이 바로 이것이다(이 장의 도입부 인용문 참조). 진화가 처음 시작됐을 때부터 신경계는 감각기관을 가진 동물에 존재했고, 지각과 행동을 통합하는 방향으로 계속 진화했다. 움직이는 유기체는 뇌와 몸이 밀접하게 연결돼 자신이 아닌 유기체와 자신을 구분하고 매우 가까운 미래를 예측하며, 자신의 의도를 알 수 있을 때 생존과 자기복제(번식) 문제를 가장 효율적으로 해결할 수 있다. 그렇다면 의식의 기본적인 형태는 동물의 진화가 처음 시작됐을 때 이미 생겨났을 것이다.

12

에필로그

벌의 마음에 대한 지식과
벌 보존을 위한 노력

최근 들어 세계 곳곳에서 벌이 처한 곤경에 대한 언론보도가 계속 이어지고 있다. 나는 가끔 벌이 그렇게 똑똑하다면 왜 이런 곤경에 대처하지 못하는지 질문을 받곤 한다. 그럴 때마다 나는 벌이 이미 적극적으로 대처하고 있다는 대답을 한다.

세계 곳곳에는 평평한 농경지와 목초지가 수없이 펼쳐져 있다(위성 사진을 보거나 비행기를 타고 아래 풍경을 내려다보면 쉽게 알 수 있다). 이런 농경지와 초원은 80억 인구를 먹여 살리기 위해 산업화된 농경지와 비채식주의자들을 먹여 살리기 위해 가축을 키우는 목초지가 99%를 차지한다. 또한 이런 농경지와 초원이 아닌 땅은 매우 적고 서로 멀리 떨어져 있다. 비행기에서 내려다보면 이런 풍경을 덮고 있는 살충제와 제초제 층을 볼 수 없으며, 꽃가루 매개자들을 무분별하게 세계 곳곳으로 인위적으로 확산시킨 결과로 벌이 걸리는 질병도 볼 수 없으며, 기생생물도 보이지 않는다. 이는 수많은 종이 아직까지는 어느 정도 유연하게 생존에 적응하고 있다는 뜻이다.

하지만 동물의 적응력에는 한계가 있다. 인간이 만든 변화는 대부분의 동물이 진화를 통해 따라가기에는 너무 빠르게 일어나고,

동물의 지능으로 환경의 이런 극단적 변화에 대처하기는 힘들다. 인류가 몇 세대 만에 생활공간의 90% 이상을 잃었다고 상상해 보면 이 상황을 쉽게 이해할 수 있을 것이다. 물론 이런 상황이 발생한다고 해도 인류 중 일부는 살아남을 것이다. 하지만 살아남는 사람은 지능이 뛰어나기 때문이 아니라 총과 돈을 이용해 살아남을 가능성이 높다.

벌의 경우 대부분의 종은 회복력이 강하다. 농업용 수분을 위해 멀리 떨어진 대륙으로 보내진 벌은 그 지역의 꽃을 이용하는 법을 빠르게 배우면서 유연하게 번식을 한다. 또한 벌은 완전히 자연적이지 않은 음식 공급원으로 눈을 돌릴 수도 있다. 예를 들어 버려진 청량음료 캔에서 설탕을 보충하기도 한다. 모리스 마테를링크는 이미 100년 전 바베이도스의 꿀벌들이 꽃 방문을 완전히 포기하고, 대신 섬 곳곳에 있는 사탕수수 정제소에서 수확한 설탕을 먹는다고 자신의 책에서 묘사하기도 했다.

자연에서 벌집을 구축할 장소가 없을 때 꿀벌은 굴뚝에, 호박벌은 인간이 만든 새 벌통에 집을 짓는다. 일부 고독성 벌은 농업용 플라스틱 폐기물로만 집을 지을 수 있으며, 폴리스티렌으로 집을 짓는 고독성 벌도 있다.[1] 하지만 아무리 지능이 높은 동물이라도 환경의 극단적 변화에 대처할 수 있는 정도에는 한계가 있고, 환경 변화가 너무 빠르게 발생할 때나 서식지와 적절한 자원의 대규모 손실로 인해 동물 간 경쟁이 극심해질 경우는 대처에 한계가 있을 수밖에 없다. 정부는 벌을 비롯한 유익한 곤충에게 해로운 영향을 미치는 것으로 입증된 살충제를 금지하기 위해 신속하게 행동할 필요가 있으며, 농지를 자연 상태로 되돌리기 위한 노력을 더 적극적으로 해야 한다.

벌을 보존하기 위한 노력은 소규모 녹색 공간을 가진 개인 차원에서도 할 수 있다.[2] 녹색 잔디는 스포츠 경기에 유용하긴 하지만 마당에 깔린 녹색 잔디는 유지하는 데 엄청난 노력이 들며, 생태학적 측면에서는 재앙에 가깝다. 또한 인간이 보기 좋도록 크고 화려하게 길러진 꽃은 꽃가루 매개자에게는 전혀 쓸모가 없다. 이런 꽃이 아닌 야생화를 심어 풀 사이에서 자라게 만들어야 한다. 어떤 꽃이 야생화인지 아는 것은 어려운 일이 아니다. 꽃가루 매개자에게 유리한 꽃이 어떤 꽃인지는 인터넷 검색을 통해 쉽게 알 수 있다. 또한 야생화는 신경 쓰지 않아도 스스로 잘 자라기 때문에 우리는 그냥 벌이 야생화를 자연스럽게 방문하는 것을 지켜보기만 하면 된다. 집에 마당이 없다면 발코니에 꽃 상자를 놓는 것도 벌 보존에 도움이 된다. 고독성 벌을 위한 '벌 호텔' 상자를 만드는 것도 한 방법이다. 벌 호텔용 상자는 구매할 수도 있지만, 인터넷에서 정보를 검색해 쉽게 만들 수도 있다.

여기서 주의할 점이 있다. 꿀벌을 기르는 일은 좋은 취미 활동 중 하나지만 자연보호에 기여하는 취미 활동은 아니라는 사실이다. 벌통에서 생활하는 꿀벌은 일종의 가축이며, 언론보도와는 달리 멸종위기에 있지 않다. 벌통 4만 개에서 사는 꿀벌은 4만 마리의 야생 고독성 꽃가루 매개자들이 먹을 수 있는 먹이를 소비하며, 멸종위기에 처한 벌은 바로 이 고독성 벌이다. (게다가 꿀벌은 많은 양의 먹이를 저장하는 습성 때문에 대부분의 다른 종보다 더 많은 꽃꿀과 꽃가루를 채집한다) 모든 일이 그렇듯이 적당한 정도를 유지하는 것이 중요하다. 소수의 사람이 벌통 몇 개로 몇백 마리의 벌을 기르는 것은 문제가 안 된다. 하지만 유명 인사들이 '수분 매개를 돕기 위해' 자신의 넓은 정원에 대규모로 벌을 키우는 행동, 건물 옥상에 수백 개의 벌집을 배치하도록 장려하는 것은 좋은 의도이긴 하지만 이런 행동은 야생 벌에게 해롭다는 사실을 알아야 한다.[3]

사람들은 벌은 농작물 수분 매개에 필요하기 때문에 보존해야 한

[그림 12-1] 가위벌속(Megachile)에 속하는 잎베기벌(leafcutter bee)은 플라스틱을 잘라내 벌집 재료로 사용하기도 한다. 일반적으로 잎베기벌은 식물 잎을 원형으로 잘라 벌집 재료로 사용하지만(왼쪽), 적절한 잎이 없을 경우는 플라스틱을 잘라 벌집 재료로 사용하는 것이 관찰됐다. 이런 행동은 이 벌들의 행동 유연성을 보여주지만, 플라스틱 조각은 유충의 생존에 불리하다.

다는 말을 흔히 한다. 하지만 나는 그 외에도 벌이 고통을 느낄 가능성, 감정 상태나 의식을 가질 가능성에 대해 우리가 어떤 생각을 가지는지도 벌 보존에 중요하다고 생각한다. 멸종위기에 처한 포유동물을 사람들이 특별하게 생각하면서 관심을 가지는 이유 중 하나는 그 포유동물이 자신의 서식지와 군집 붕괴를 의식하고 그로 인해 고통을 겪고 있다고 생각하기 때문이다. 현재 벌 연구자들은 이와 비슷한 의식이 벌에게도 있다고 확신한다.

야생동물이든, 가축이든, 실험용 동물이든 동물복지에 관한 전략을 결정할 때는 반드시 윤리적 차원에서 동물의 고통과 감정 상태를 평가해야 한다. 하지만 현재 대부분의 국가에서 시행되고 있는 동물복지 관련 법률은 무척추동물이 고통이나 감정을 겪지 않는다는 가정하에 만들어진 것이다. 식당에서 바닷가재를 산 채로 요리하거나, 실험실에서 마취제를 투여하지 않고 곤충을 절개하는 일이 가능한 이유가 여기 있다.

앞서 우리는 벌이 기본적인 통각 수용 능력 이상의 능력과 기본적인 감정 상태를 가지고 있을 가능성이 매우 높다는 것을 살펴봤다. 이런 지식에 기초할 때 현재 상황은 매우 개탄스럽다. 따라서 나는 이런 연구를 바탕으로 곤충을 비롯한 무척추동물을 동물복지법 적용 대상에 포함시켜야 한다고 본다. 또한 이런 법률이 만들어지기 전에도 우리는 벌이 주관적 경험을 할 가능성을 받아들여 다른 동물을 다루듯이 벌도 조심스럽게 다뤄야 한다고 생각한다.

지금도 벌이 주관적 경험을 할 수 있다는 가능성과 그 가능성에 대한 생각이 벌 보존에 중요하다는 생각을 하기 힘들다면, 적어도 벌이 우리 농작물 수분에 필수적인 존재라는 생각만이라도 하길 바란다. 밀랍으로 만들어진 양초는 오랜 기간 동안 학문 연구에 도움을 주었고, 벌꿀은 우리 조상의 뇌 확장에 필요했던 탄수화물을 제공해 우리의 진화를 촉진했을 것이다. 우리는 벌에게 빚을 지고 있다. 이제 그 빚을 갚아야 할 때다.

감사의 말

이 책의 집필은 2017/2018학년도에 베를린 고등연구소의 지원을 받아 이뤄졌다. 집필 내내 도움을 준 프린스턴대학교 출판부 편집자 앨리슨 캘릿과 책 원고에 대한 포괄적이고 유용한 피드백을 해준 사람들에게 감사의 마음을 전한다. 이 책의 원고를 읽고 의견을 제시한 라그하벤드라 가다그카르와 안나 클라인에게도 감사드린다. 원고를 최종적으로 완성하는 데 큰 도움을 준 사람들, 특히 애니 고틀리프, 아멜리아 코발레프스카, 크리스 리핀스키, 알리 섀퍼, 줄리 샤프반, 제니 볼코비키에게 감사의 마음을 전한다.

나를 꿀벌과 호박벌의 놀라운 세계로 이끌어준 스승 란돌프 멘첼과 제임스 톰슨에게도 감사드린다. 경력에 도움이 되는 인기 있는 주제를 선택하지 않고 '곤충의 마음'이라는 연구 주제를 선택해 우리 연구실에서 같이 연구했던 실뱅 알렘, 새라 아놀드, 오로르 아바르게-베베르, 요한나 브레브너, 에리카 도슨, 안나 도른하우스, 에이드리언 다이어, 빈스 갤로, 마리 기로드, 토머스 잉스, 엘루이즈 리드비터, 리 리, 마티유 리오로, 올리 로콜라, 하디 바부디, 제임스 메이킨슨, 헬렌 멀러, 비벡 니티아난다, 페이 펭, 나이젤 레인, 마크 로퍼, 네할 살레, 크윈 솔비, 요하네스 슈패테, 랠프 스텔처, 베라 바사스, 왕무연, 조지프 우드게이트, 싱푸 주에게도 감사의 마음을 전한다. 이 책의 집필에 도움을 준 다른 연구팀 소속 연구원들, 특히 에이드리아나 브리스코, 토머스 콜렛, 칼 가이거, 마틴 지우르파, 베벌리 글로버, 마르틴 린다우어, 제레미 니븐, 아피 슈미다, 페테르 스코루프스키, 닉 웨이저, 헤더 휘트니, 닐 윌리엄스에게도 감사드린다.

이 책에 사용된 이미지를 그리거나 사용하게 허락해준 실뱅 알렘, 요한나 브레브너, 브리짓 부족, 제레미 얼리, 빈스 갈로, 앤디 가이거, 베벌리 글로버, 헬가 하일만, 스콧 호지스, 토머스 잉스, 스티브 존슨, 마르코 클라인헨츠, 리 리, 보 로토, 이다 루콜라, 클라우스 루나우, 하디 마부 디, 로브 라가소, 스튜어트 로버츠(IBRA), 레슬리 굿먼, 로트라트 작스, 플로리안 쉬슈틸, 클라우스 슈미트, 크윈 솔비, 요하네스 슈패테, 위르겐 타우츠, 뤼디거 베너, 조지프 윌슨, 조지프 우드 게이트에게 감사의 마음을 전한다.

이 책의 원고를 처음 쓰기 시작할 때 소셜미디어에서 난초벌의 웅장한 사진을 보고 그 사진이 이 책의 표지에 나와야 한다는 것을 단번에 알았다. 비범한 사진작가 안드레아스 카이 Andreas Kay(1963-2019)는 이 사진을 찍고 난 뒤 얼마 지나지 않아 세상을 떠났다. 카이의 이 사진을 보면서 우리는 낯설지만 매혹적인 벌들의 세계에 대해 다시 한 번 경탄했다. 카이는 내가 글로 쓴 모든 내용을 사진으로 보여주려고 한 사람이었다.

주 & 참고문헌

제1장 ◦ 서론

1: 인간 뇌에 있는 세포 숫자는 다음 참조. Herculano-Houzel, S. 2009. "The human brain in numbers: a linearly scaled-up primate brain." Frontiers in Human Neuroscience 3 (31). DOI: 10.3389/neuro.09.031.2009.

2: 벌을 비롯한 벌목 곤충의 뇌에 있는 세포 숫자는 다음 참조. Witthöft, W. 1967. "Absolute Anzahl und Verteilung der Zellen im Hirn der Honigbiene." Zeitschrift für Morphologie der Tiere 61: 160–84; Godfrey, R. K., Swartzlander, M., Gronenberg, W. 2021. "Allometric analysis of brain cell number in Hymenoptera suggests ant brains diverge from general trends." Proceedings of the Royal Society B-Biological Sciences 288(1947). DOI: 10.1098/rspb.2021.0199.

3: 예측 기계로서의 뇌에 대해서는 다음 참조. M. 2015. "Outcome learning, outcome expectations, and intentionality in Drosophila." Learning & Memory 22(6). DOI: 10.1101/lm.037481.114; and Menzel, R. 2019. "Search strategies for intentionality in the honeybee brain." In Oxford Handbook of Invertebrate Neurobiology, ed. J. H. Byrne, 663–684. DOI: 10.1093/oxfordhb/9780190456757.013.27. Oxford, UK: Oxford Handbooks Online.

4: '벌이 된다는 것'은 동물의 마음을 이해하는 것이 얼마나 어려운지 보여주는 다음의 글 참조. "What it's like to be a bee" is a play on the title of an influential essay on the difficulty of understanding other animals' minds: Nagel, T. 1974. "What is it like to be a bat?" The Philosophical Review 83: 435–450. DOI: 10.2307.2183914.

5: 곤충의 머리에서 본 풍경에 대한 최초의 언급은 다음 참조. Borst, A., Egelhaaf,

M. 1992. "Im Cockpit der Fliege." MPG-Spiegel 3: 14–17. For a more up-to-date essay see Borst, A. 2009. "Drosophila's view on insect vision." Current Biology 19: R36–47. DOI: 10.1016/j.cub.2008.11.001.
6: 곤충의 눈에 대한 자세한 내용은 다음 참조. Land, M. F., Nilsson, D.-E. 2002. Animal Eyes. Oxford: Oxford University Press; and, for a short overview: Land, M., Chittka, L. 2013. "Vision." In The Insects: Structure and Function, 5th edition, eds. S. J. Simpson and A. E. Douglas. Cambridge, UK: Cambridge University Press, 708–37; on the remarkable speed of insect visual information processing, see Niven, J. E., Anderson, J. C., Laughlin, S. B. 2007. "Fly photoreceptors demonstrate energy-information trade-offs in neural coding." PLOS Biology 5: e116. DOI: 10.1371/journal.pbio.0050116.
7: 꽃에서 꽃꿀을 채취하는 일의 어려움은 다음 참조. Heinrich, B. 1979. Bumblebee Economics. Cambridge, MA: Harvard University Press.
8: 진화와 학습이 마음의 내용을 구성하는 방식에 대해서는 다음 참조. Lorenz, K. 1978. Behind the Mirror: A Search for a Natural History of Human Knowledge. New York: Harcourt Brace Jovanovich.
9: 꽃이 인간과 벌에게 어떻게 다른 의미를 갖는지는 다음 참조. Chittka, L., Walker, J. 2006. "Do bees like Van Gogh's Sunflowers?" Optics and Laser Technology 38: 323–328. DOI: 10.1016/j.optlastec.2005.06.020.
10: 벌의 최초 비행 성공률이 매우 낮다는 관찰 결과에 대해서는 다음 참조. Stelzer, R. J., Raine, N. E., Schmitt, K. D., Chittka, L. 2010. "Effects of aposematic coloration on predation risk in bumblebees? A comparison between differently coloured populations, with consideration of the ultraviolet." Journal of Zoology 282(2): 75–83. DOI: 10.1111/j.1469-7998.2010.00709.x.
11: 야생에서 인간이 방향 탐색에 실패하는 이유에 대해서는 다음 참조. Bond, M. 2020. "People who get lost in the wild follow strangely predictable paths." New Scientist(3271), February 29, 2020.
12: 퍼즐 상자로서의 꽃, 벌이 퍼즐 상자를 어떻게 열고 처리하는지에 대해서는 다음 참조. Laverty, T. M., Plowright, R. C. 1988. "Flower handling by bumblebees: a comparison of specialists and generalists." Animal Behaviour 36: 733–740. DOI: 10.1016/S0003-3472(88)80156-8.

13: 꿀벌의 15가지 페로몬 분비샘에 대해서는 다음 참조. Free, J. B. 1987. Pheromones of Social Bees. Ithaca, NY: Comstock; Blum, M. S. 1992. "Honey bee pheromones," in The Hive and the Honey Bee, revised edition(Hamilton, Illinois: Dadant and Sons), 385–389.

14: 꿀벌의 춤 언어에 관한 가장 포괄적인 설명은 다음 참조. von Frisch, K. 1967. The Dance Language and Orientation of Bees. Cambridge, MA: Harvard University Press.

15: 다른 동물이 되는 것에 대한 철학자들의 생각은 다음 참조. see Nagel.

16: 벌을 비롯한 무척추동물의 감정에 대해서는 다음 참조. Perry, C. J., Baciadonna, J. 2017. "Studying emotion in invertebrates: what has been done, what can be measured and what they can provide." Journal of Experimental Biology 220(21): 3856–3868. DOI: 10.1242/jeb.151308.

17: 수컷 벌은 번식 외 다른 역할이 없다. 예외는 벌집을 따뜻하게 만드는 데 기여한 호박벌 수컷이다. Cameron, S.A. 1985. "Brood care by male bumblebees." Proceedings of the National Academy of Sciences of the USA 82(19): 6371–6373. DOI: 10.1073/pnas.82.19.6371.

18: 윤리적인 문제에 관해서는 다음 참조. Mikhalevich, I., Powell, R. 2020. "Minds without spines: evolutionarily inclusive animal ethics." Animal Sentience 329: 1–25. DOI: 10.51291/2377-7478.1527.

19: 인간과 벌의 오랜 공존에 대해서는 다음 참조. Stanford, C. B., Gambaneza, C., Nkurunungi, J. B., Goldsmith, M. L. 2000. "Chimpanzees in Bwindi-Impenetrable National Park, Uganda, use different tools to obtain different types of honey." Primates 41(3): 337–341. DOI: 10.1007/bf02557602; Marlowe, F. W., Berbesque, J. C., Wood, B., Crittenden, A., Porter, C., Mabulla, A. 2014. "Honey, Hadza, hunter-gatherers, and human evolution." Journal of Human Evolution 71: 119–128. DOI: 10.1016/j.jhevol.2014.03.006; and for popular scientific overviews: Hanson, T. 2018. Buzz. New York: Basic Books; and Preston, C. 2006. Bee. London: Reaktion Books.

20: 찰스 터너에 대한 자세한 내용은 다음 참조. Abramson, C. I. 2009. "A study in inspiration: Charles Henry Turner(1867–1923) and the investigation of insect behavior." Annual Review of Entomology 54: 343–359. DOI: 10.1146/annurev.

ento.54.110807.090502; Wehner, R. 2016. "Early ant trajectories: spatial behaviour before behaviourism." Journal of Comparative Physiology A–Sensory, Neural, and Behavioral Physiology 202(4): 247–66. DOI: 10.1007/s00359-015-1060-1; Lee, D. N. 2020. "Diversity and inclusion activisms in animal behaviour and the ABS: a historical view from the USA." Animal Behaviour 164: 273–280. DOI: 10.1016/j.anbehav.2020.03.019; Galpayage Dona, H. S., Chittka, L. 2020. "Charles H. Turner, pioneer in animal cognition." Science 370(6516): 530–31. DOI: 10.1126/science.abd8754.

제2장 ○ 다른 색깔의 세계

1: 레일리 경의 인용문에 대해서는 다음 참조. Lord Rayleigh(Strutt, J. W.). 1874. "Insects and the colours of flowers." Nature 11: 6. DOI: 10.1038/011006a0.
2: 벌의 자외선 민감성과 색깔 학습에 대한 존 러벅의 실험은 다음 참조. Lubbock, J. 1882. Ants, Bees and Wasps: A Record of Observations on the Habits of Social Hymenoptera. London: Kegan Paul, Trench, Trubner, and Co., 442pp.
3: 벌의 색깔 학습에 대한 자세한 내용과 찰스 터너의 비슷한 실험에 대해서는 다음 참조. Turner, C. H. 1910. "Experiments on color-vision of the honey bee." Biological Bulletin 19: 257–279. Like Lubbock, Turner did not control for intensity of stimuli, but he pointed out that such a control would have been desirable. For further historical context, see: Giurfa, M., Sanchez, M.G.D. 2020. "Black lives matter: revisiting Charles Henry Turner's experiments on honey bee color vision." Current Biology 30(20): R1235–1239. DOI: 10.1016/j.cub.2020.08.075.
4: 동물의 색각을 다룬 최초의 책은 다음 참조. von Hess, C. 1912. Vergleichende Physiologie des Gesichtssinnes. Jena: G. Fischer.
5: 벌의 색각에 대한 헤스의 실험에 대해서는 다음 참조. von Hess, C. 1913. "Experimentelle Untersuchungen über den angeblichen Farbensinn der Bienen." Zoologische Jahrbücher 34: 81–106.
6: 벌의 색각에 대한 프리슈의 논문은 다음 참조. von Frisch, K. 1914. "Der Farbensinn und Formensinn der Biene." Zoologische Jahrbücher (Physiologie) 37: 1–238; 프리슈와 헤스의 논쟁에 대해서는 다음 참조. Kreutzer, U. 2010. Karl von

Frisch—eine Biografie. München: August Dreesbach Verlag.

7: 프리슈 자서전. von Frisch, K. 1973. Erinnerungen eines Biologen. Berlin, Heidelberg, New York: Springer.

8: 벌의 자외선 감지 능력 발견에 대해서는 다음 참조. Kühn, A. 1923. "Versuche über das Unterscheidungsvermögen der Bienen und Fische für Spektrallichter." Nachrichten von der Gesellschaft der Wissenschaften zu Göttingen, Mathematisch-Physikalische Klasse: 66–71.

9: 꽃의 자외선 굴절 현상에 대해서는 다음 참조. Lutz, F. E. 1924. "Apparently non-selective characters and combinations of characters including a study of ultraviolet in relation to the flower-visiting habits of insects." Annals of the New York Academy of Sciences 29: 181–283.

10: 카를 폰 프리슈와 나치의 관계에 대해서는 다음 참조. Munz, T. 2016. The Dancing Bees: Karl von Frisch and the Discovery of the Honeybee Language. Chicago: University of Chicago Press.

11: '2급 잡종'은 크로이처(Kreutzer)가 쓴 전기와 나치 정부 문서 참조.

12: 반유대주의에 대해서는 프리슈 자서전 참조.

13: 벌의 색각에 대한 카를 다우머의 발견은 다음 참조. Daumer, K. 1956. "Reizmetrische Untersuchung des Farbensehens der Bienen." Zeitschrift für Vergleichende Physiologie 38: 413–478. DOI: 10.1007/BF00340456.

14: 색각이 후각 또는 청각과 다른 점에 대해서는 다음 참조. Chittka, L., Brockmann, A. 2005. "Perception space, the final frontier." PLOS Biology 3: 564–568. DOI: 10.1371/journal.pbio.0030137.

15: 벌의 색각에 대한 란돌프 멘첼의 연구는 다음 참조. Menzel, R. 1985. "Learning in honey bees in an ecological and behavioral context." In Experimental Behavioral Ecology(eds. Hölldobler, B., Lindauer, M.), 55–74. Stuttgart: Gustav Fischer Verlag.

16: 학습 속도와 지능과의 관계는 다음 참조. Pearce, J. M. 2008. Animal Learning and Cognition. 3rd edition Hove, UK, and New York: Psychology Press.

17: "색각은 꽃 색깔에 맞춰 진화했는가?"라는 질문에 대해서는 다음 참조. Chittka, L., Menzel, R. 1992. "The evolutionary adaptation of flower colors and the insect pollinators' color vision systems." Journal of Comparative Physiology A 171:

171–181. DOI: 10.1007/BF00188925; Chittka, L. 1996. "Optimal sets of colour receptors and opponent processes for coding of natural objects in insect vision." Journal of Theoretical Biology 181: 179–196. DOI: 10.1006/jtbi.1996.0124.

18: 곤충 색각에 대한 계통진화 차원의 분석은 다음 참조. Chittka, L. 1996. "Does bee colour vision predate the evolution of flower colour?" Naturwissenschaften 83: 136–138. DOI: 10.1007/BF01142181; Briscoe, A., Chittka, L. 2001. "The evolution of colour vision in insects." Annual Review of Entomology 46: 471–510. DOI: 10.1146/annurev.ento.46.1.471; van der Kooi, C. J., Stavenga, D. G., Arikawa, K., Belušič, G., Kelber, A. 2021. "Evolution of insect color vision: from spectral sensitivity to visual ecology." Annual Review of Entomology 66(1): 435–461. DOI: 10.1146/annurev-ento-061720-071644.

제3장 ○ 벌의 이상한 감각세계

1: Lubbock, J. 1888. "Problematical organs of sense." Popular Science Monthly 34: 101–107. 존 러벅의 글은 다음과 같이 이어진다. "To place stuffed birds and beasts in glass cages, to arrange insects in cabinets … is merely the drudgery and preliminary of study; to watch their habits, to understand their relations to one another, to study their instincts and intelligence, to ascertain their adaptations and their relations to the forces of nature, to realise what the world appears to them—these constitute … the true interest of natural history."

2: 존 러벅의 의회 활동, 곤충과 곤충의 화학적 언어, 자외선 민감성, 색깔 학습에 대한 연구는 다음 참조. John Lubbock's parliamentary duties, entomology, ants' chemical language, UV sensitivity, and bee color training: Lubbock, J. 1882. Ants, Bees and Wasps: A Record of Observations on the Habits of Social Hymenoptera. London: Kegan Paul, Trench, Trubner, and Co, 442pp.

3: 존 러벅과 알렉산더 그레이엄 벨, 찰스 다윈과의 관계는 다음 참조. Keynes, R. 2009. "'I thought I'd try the telephone'—Darwin, his disciple, insects and earthworms." Journal of the Linnean Society Special Issue 9: 79–96.

4: 곤충 색각의 속도에 대해서는 다음 참조. Srinivasan, M., Lehrer, M. 1985. "Temporal resolution of colour vision in the honeybee." Journal of Comparative

Physiology A 157: 579–586. DOI: 10.1007/BF01351352; Niven, J. E., Laughlin, S. B. 2008. "Energy limitation as a selective pressure on the evolution of sensory systems." Journal of Experimental Biology 211(11): 1792–1804. DOI: 10.1242/jeb.017574; Skorupski, P., Chittka, L. 2010. "Differences in photoreceptor processing speed for chromatic and achromatic vision in the bumblebee, Bombus terrestris." Journal of Neuroscience 30(11): 3896–3903. DOI: 10.1523/jneurosci.5700-09.2010.

5: 마르틴 린다우어에 대한 자세한 내용은 다음 참조. Seeley, T. D., Kühnholz, S., Seeley, R. H. 2002. "An early chapter in behavioral physiology and sociobiology: the science of Martin Lindauer." Journal of Comparative Physiology A 188: 439–453. DOI: 10.1007/s00359-002-0318-6.

6: 벌의 태양나침반에 대한 에른스트 볼프의 연구는 다음 참조. Wolf, E. 1927. "Über das Heimkehrvermögen der Bienen II." Zeitschrift für Vergleichende Physiologie 6: 221–254.

7: 태양나침반에 대한 카를 폰 프리슈와 마르틴 린다우어의 연구는 다음 참조. Martin Lindauer's work with Karl von Frisch on the sun compass: Lindauer, M. 1985. "Karl Ritter von Frisch, 1886–1982." In Die großen Deutschen unserer Epoche, ed. Lothar Gall, 453–465. Berlin: Propyläen Verlag.

8: 벌의 태양 이동 경로 예측에 대한 린다우어의 연구는 다음 참조. von Frisch, The Dance Language and Orientation of Bees.

9: 벌의 편광 감지 시각에 대한 마르틴 린다우어와의 공동연구는 벌집 안에 있는 벌들의 춤 언어에 대한 연구에 기초한다. 프리슈의 다음 연구 참조. von Frisch, The Dance Language.

10: 편광 감지 시각 메커니즘에 대한 뤼디거 베너의 연구는 다음 참조. Wehner, R., Bernard, G. D., Geiger, E. 1975. "Twisted and non-twisted rhabdoms and their significance for polarization detection in the bee." Journal of Comparative Physiology 104: 225–245. DOI: 10.1007/BF01379050; Rossel, S., Wehner, R. 1982. "The bee's map of the e-vector pattern in the sky." Proceedings of the National Academy of Sciences of the USA 79: 4451–4455. DOI: 10.1073/pnas.79.14.4451; Wehner, R., Labhart, T. 2006. "Polarisation vision." In Invertebrate Vision, ed. E. J. Warrant, D.-E. Nilsson, 291–348. Cambridge, UK: Cambridge University Press.

11: 벌의 춤과 자기장 감지에 대한 린다우어의 연구는 다음 참조. Lindauer, M., Martin, H. 1968. "Die Schwereorientierung der Bienen unter dem Einfluß des Erdmagnetfeldes." Zeitschrift für Vergleichende Physiologie 60: 219–243. DOI: 10.1007/BF00298600.
12: 곤충의 지구 자기장 감지 능력에 대한 자세한 내용은 다음 참조. Gould, J. L., Kirschvink, J. L., Deffeyes, K. S. 1978. "Bees have magnetic remanence." Science 201: 1026–1028. DOI: 10.1126/science.201.4360.1026; Frier, H. J., Edwards, E., Smith, C., Neale, S., Collett, T. S. 1996. "Magnetic compass cues and visual pattern learning in honeybees." The Journal of Experimental Biology 199: 1353–1361. DOI: 10.1242/jeb.199.6.1353; Gegear, R. J., Casselman, A., Waddell, S., Reppert, S. M. 2008. "Cryptochrome mediates light-dependent magnetosensitivity in Drosophila." Nature 454(7207): 1014-1018. DOI: 10.1038/nature07183; Dreyer, D., Frost, B., Mouritsen, H., Gunther, A., Green, K., Whitehouse, M., Johnsen, S., Heinze, S., Warrant, E. 2018. "The Earth's magnetic field and visual landmarks steer migratory flight behavior in the nocturnal Australian Bogong moth." Current Biology 28(13): 2160–2166.e5. DOI: 10.1016/j.cub.2018.05.030; Wajnberg, E., Acosta-Avalos, D., Alves, O. C., de Oliveira, J. F., Srygley, R. B., Esquivel, D.M.S. 2010. "Magnetoreception in eusocial insects: an update." Journal of the Royal Society Interface 7: S207–25. DOI: 10.1098/rsif.2009.0526.focus.
13: 어둠 속에서의 벌의 방향 탐지에 대해서는 다음 참조. Chittka, L., Williams, N. M., Rasmussen, H., Thomson, J. D. 1999. "Navigation without vision: bumblebee orientation in complete darkness." Proceedings of the Royal Society of London B 266: 45–50. DOI: 10.1098/rspb.1999.0602.
14: 최적이 아닌 연구 환경에서 놀라운 발견이 이뤄지기도 한다는 생각에 대해서는 다음 참조. Richard Hamming: Hamming, R. 1986. "You and your research." Transcript of the Bell Communications Research Colloquium Seminar, March 7, 1986. Morristown, NJ: Bell Communications Research.
15: 자기장 감지 메커니즘에 대해서는 다음 참조. Liang, C. H., Chuang, C. L., Jiang, J. A., Yang, E. C. 2016. "Magnetic sensing through the abdomen of the honey bee." Scientific Reports 6. DOI: 10.1038/srep23657.
16: 벌의 더듬이가 가진 다양한 기능에 대해서는 다음 참조. Goodman, L. 2003.

Form and Function in the Honeybee. Cardiff, UK: Westdale Press.

17: 더듬이 수용체의 수와 유형에 대해서는 다음 참조. Esslen, J., Kaissling, K. E. 1976. "Zahl und Verteilung antennaler Sensillen bei der Honigbiene(Apis mellifera L.)." Zoomorphologie 83: 227–251. DOI: 10.1007/BF00993511.

18: 꿀벌을 비롯한 곤충의 이산화탄소 감지 능력에 대해서는 다음 참조. Seeley, T. D. 1974. "Atmospheric carbon-dioxide regulation in honeybee(Apis mellifera)." Journal of Insect Physiology 20: 2301–2305. DOI: 10.1016/0022-1910(74)90052-3; Jones, W. 2013. "Olfactory carbon dioxide detection by insects and other animals." Molecular Cell 35(2): 87–92. DOI: 10.1007/s10059-013-0035-8.

19: 식물종이 가진 휘발성 물질의 숫자에 대해서는 다음 참조. Friberg, M., Schwind, C. Guimarães P. R., Jr., Raguso, R. A., Thompson, J. N. 2019. "Extreme diversification of floral volatiles within and among species of Lithophragma(Saxifragaceae)." Proceedings of the National Academy of Sciences of the USA 116(10): 4406–4415. DOI: 10.1073/pnas.1809007116.

20: 냄새와 경보 페로몬에 대해서는 다음 참조. Menzel, R. 1985. "Learning in honey bees in an ecological and behavioral context." In Experimental Behavioral Ecology(eds. Hölldobler, B., Lindauer, M.), 55–74. Stuttgart: Gustav Fischer Verlag.

21: 벌의 후각에 대해서는 다음 참조. Kerk, W. C., Chua, L. S. 2016. "Sniffer bees as a good alternative for the current sniffing technology." Biointerface Research in Applied Chemistry 6(4): 1391–1400.

22: 냄새 감지 속도에 대해서는 다음 참조. Szyszka, P., Gerkin, R. C., Galizia, C. G., Smith, B. H. 2014. "High-speed odor transduction and pulse tracking by insect olfactory receptor neurons. Proceedings of the National Academy of Sciences of the USA 111(47): 16925–16930. DOI: 10.1073/pnas.1412051111.

23: 벌의 미각에 대한 프리슈의 연구는 다음 참조. von Frisch, K. 1934. "Über den Geschmackssinn der Bienen." Zeitschrift für Vergleichende Physiologie 21: 1–156.

24: 살충제가 섞인 꽃꿀에 대한 벌의 선호에 대한 내용은 다음 참조. Kessler, S. C., Tiedeken, E .J., Simcock, K. L., Derveau, S., Mitchell, J., Softley, S., Stout, J. C., Wright, G. A. 2015. "Bees prefer foods containing neonicotinoid pesticides." Nature 521(7550): 74–76. DOI: 10.1038/nature14414.

25: 벌의 더듬이에 달린 촉각 센서와 기능에 대해서는 다음 참조. Kevan, P. G., Lane, M. A. 1985. "Flower petal microtexture is a tactile cue for bees." Proceedings of the National Academy of Sciences of the USA 82: 4750–52. DOI: 10.1073/pnas.82.14.4750; Whitney, H. M., Chittka, L., Bruce, T.J.A., Glover, B. J. 2009. "Conical epidermal cells allow bees to grip flowers and increase foraging efficiency. Current Biology 19(11): 948–953. DOI: 10.1016/j.cub.2009.04.051.

26: 곤충의 청각에 대해서는 다음 참조. Robert, D., Gopfert, M. C. 2002. "Novel schemes for hearing and orientation in insects." Current Opinion in Neurobiology 12(6): 715–720. DOI: 10.1016/s0959-4388(02)00378-1.

27: 꿀벌의 청각에 대해서는 다음 참조. Dreller, C., Kirchner, W. H. 1993. "Hearing in honeybees: localization of the auditory sense organ." Journal of Comparative Physiology A 173: 275–279. DOI: 10.1007/BF00212691; Kirchner, W. H., Towne, W. F. 1994. "The sensory basis of the honeybee's dance language." Scientific American 270: 74–81; Towne, W. F., Kirchner, W. H. 1989. "Hearing in honey bees: detection of air-particle oscillations." Science 244: 686–688. DOI: 10.1126/science.244.4905.686.

28: 벌의 다리 진동으로 인한 벌집의 진동에 대해서는 다음 참조. Nieh, J. C., Tautz, J. 2000. "Behaviour-locked signal analysis reveals weak 200–300Hz comb vibrations during the honeybee waggle dance." The Journal of Experimental Biology 203: 1573–1579. DOI: 10.1242/jeb.203.10.1573.

29: 털과 깃털의 전기적 성질에 대해서는 다음 참조. Exner, S. 1895. "Über die elektrischen Eigenschaften der Haare und Federn." Pflügers Archiv 61: 1–98.

30: 벌의 전기 감지가 의사소통에 미치는 영향에 대해서는 다음 참조. Eskov, E. K., Sapozhnikov, A. M. 1974. "Generation and perception of electric fields by Apis mellifera." Zoologičeskij žurnal 52: 800–802; Eskov, E. K., Sapozhnikov, A. M. 1976. "Mechanisms of generation and perception of electric fields by honeybees." Biofizika 21(6): 1097–1102; Greggers, U., Koch, G., Schmidt, V., Durr, A., Floriou-Servou, A., Piepenbrock, D., Gopfert, M. C., Menzel, R. 2013. "Reception and learning of electric fields in bees." Proceedings of the Royal Society B-Biological Sciences 280(1759): 8. DOI: 10.1098/rspb.2013.0528.000; detection of floral electric fields by bumble bees: Sutton, G. P., Clarke, D., Morley, E. L.,

Robert, D. 2016. "Mechanosensory hairs in bumblebees(Bombus terrestris) detect weak electric fields." Proceedings of the National Academy of Sciences of the USA 113(26): 7261–7265. DOI: 10.1073/pnas.1601624113; Clarke, D., Whitney, H., Sutton, G., Robert, D. 2013. "Detection and learning of floral electric fields by bumblebees." Science 340(6128): 66–69. DOI: 10.1126/science.1230883.

제4장 ◦ 단순한 본능일까? 정말 그럴까?

1: 인간 언어의 본능적 속성에 대해서는 다음 참조. Pinker, S. 1994, The Language Instinct. New York: William Morrow.
2: 벌의 본능적 행동의 다양성에 대해서는 다음 참조. Chittka, L., Niven, J. 2009. "Are bigger brains better?" Current Biology 19: R995–1008. DOI: 10.1016/j.cub.2009.08.023.
3: 송충이 행렬 애벌레에 대한 파브르의 연구는 다음 참조. Fabre, J.-H. 1900. Souvenirs Entomologiques—VIIe série. Paris: Charles Delagrave.
4: 흉부 신경절에 대해서는 다음 참조. Niven, J. E., Graham, C. M., Burrows, M. 2008. "Diversity and evolution of the insect ventral nerve cord." Annual Review of Entomology 53: 253–271. DOI: 10.1146/annurev.ento.52.110405.091322.
5: 구멍벌에 대한 파브르의 연구는 다음 참조. Fabre's observations on digger wasps: Fabre, J.-H. 1879. Souvenirs Entomologiques—Ire série. Paris, Charles Delagrave.
6: 동물 행동의 기계성에 대해서는 다음 참조. Dennett, D. C. 1984. Elbow Room: The Varieties of Free Will Worth Wanting. Cambridge, MA: MIT Press.
7: 벌집 구축 능력에 대해서는 다음 참조. Darwin, C. 1859. The Origin of Species, chapter 7: "Instinct." London: John Murray.
8: 벌집 구축에 대한 실험은 다음 참조. Huber, F. 1814. Nouvelles observations sur les abeilles(seconde édition)—trans. C.P. Dadant, as New Observations upon Bees. 1926. Hamilton, IL: American Bee Journal; for a more recent discussion of this work: Gallo, V., Chittka, L. 2018. "Cognitive aspects of comb-building in the honeybee?" Frontiers in Psychology 9: 900. DOI: 10.3389/fpsyg.2018.00900.
9: 벌의 성장 환경이 벌집 구조 구축에 미치는 영향은 다음 참조. von Oelsen, G., Rademacher, E. 1979. "Untersuchungen zum Bauverhalten der Honigbiene(Apis

mellifica)." Apidologie 10(2): 175–209. DOI: 10.1051/apido:19790208.

10: 거미줄 구축과 본능의 상관관계에 대해서는 다음 참조. Turner, C. H. 1892. "Psychological notes upon the gallery spider: illustrations of intelligent variations in the construction of the web." Journal of Comparative Neurology 2: 95–110. This idea has only recently gained traction again; see, e.g., Eberhard, W. G. 2019. "Adaptive flexibility in cues guiding spider web construction and its possible implications for spider cognition." Behavior 156(3–4): 331–362. DOI: 10.1163/1568539X-00003544; Hesselberg, T. 2015. "Exploration behaviour and behavioural flexibility in orb-web spiders: a review." Current Zoology 61(2): 313–327. DOI: 10.1093/czoolo/61.2.313.

11: 우주 공간에서의 벌의 행동에 대해서는 다음 참조. Vandenberg, J. D., Massie, D. R., Shimanuki, H., Peterson, J. R., Poskevich, D. M. 1985. "Survival, behavior and comb construction by honeybees, Apis mellifera, in zero gravity aboard NASA shuttle mission STS-13." Apidologie 16(4): 369–383. DOI: 10.1051/apido:19850402.

12: 똑똑해 보이는 동물 행동에 대한 간단한 설명은 다음 참조. Döring, T. F., Chittka, L. 2011. "How human are insects, and does it matter?" Formosan Entomologist 31: 85–99; Shettleworth, S. J. 2010. "Clever animals and killjoy explanations in comparative psychology." Trends in Cognitive Sciences 14(11): 477–481. DOI: 10.1016/j.tics.2010.07.002.

13: 벌의 귀소 능력에 대한 알프레히트 베테의 연구는 다음 참조. Bethe, A. 1898, Dürfen wir den Ameisen und Bienen psychische Qualitäten zuschreiben? Bonn: Verlag von Emil Strauss. The then- unidentified "homing sense" of hymenopteran insects had also been discussed by Jean-Henri Fabre and a correspondence with Charles Darwin on this topic, in volumes 1–2 of the Souvenirs Entomologiques.

14.: 베테의 질문에 대한 부텔레펜의 반응은 다음 참조. Buttel-Reepen, H. 1900. "Sind die Bienen Reflexmaschinen?" Experimentelle Beiträge zur Biologie der Honigbiene 20: 1–84.

15: 꽃의 경직성 문제 논쟁에 대해서는 다음 참조. The controversy over flower syndromes, and the question of their rigidity: Clare, E. L., Schiestl, F. P., Leitch, A. R., Chittka, L. 2013. "The promise of genomics in the study of plantpollinator interactions." Genome Biology 14: 207. DOI: 10.1186/gb-2013-14-6-207; Fenster, C. B., Armbruster, W. S., Wilson, P., Dudash, M. R., Thomson, J. D. 2004. "Pollination syndromes and floral specialization." Annual Review of Ecology, Evolution, and Systematics 35: 375–403. DOI: 10.1146/annurev.ecolsys.34.011802.132347; Waser, N. M., Chittka, L., Price, M. V., Williams, N., Ollerton, J. 1996. "Generalization in pollination systems, and why it matters." Ecology 77: 1043–1060. DOI: 10.2307/2265575. The latter reference contains the work in Strausberg, as well as evidence for flower specialists switching to other species when needed (see subsequent paragraphs).

16: 학습과 본능의 공진화(共進化)에 대해서는 다음 참조. Robinson, G. E., Barron, A. B. 2017. "Epigenetics and the evolution of instincts." Science 356(6333): 26–27. DOI: 10.1126/science.aam6142.

17: 호박벌의 꽃 처리 학습과정에 대해서는 다음 참조. Laverty, T. M., Plowright, R. C. 1988, "Flower handling by bumblebees: a comparison of specialists and generalists." Animal Behaviour 36: 733–740. DOI: 10.1016/S0003-3472(88)80156-8.

제5장 ○ 벌의 지능과 의사소통의 기원

1: 인간 지능의 기초와 3차원 감각에 대해서는 다음 참조. K. 1978. Behind the Mirror: A Search for a Natural History of Human Knowledge. New York: Harcourt Brace Jovanovich.

2: 곤충의 진화 역사에 대해서는 다음 참조. Grimaldi, D., Engel, M. S. 2005. Evolution of the Insects. Cambridge, UK: Cambridge University Press.

3: 말벌의 미래 예측 능력에 대해서는 다음 참조. van Nouhuys, S., Kaartinen, R. 2008. "A parasitoid wasp uses landmarks while monitoring potential resources." Proceedings of the Royal Society B-Biological Sciences 275(1633): 377–385. DOI: 10.1098/rspb.2007.1446.

4: 벌목 곤충의 뇌와 버섯체 진화에 대해서는 다음 참조. Farris, S. M., Schulmeister, S. 2011. "Parasitoidism, not sociality, is associated with the evolution of elaborate mushroom bodies in the brains of hymenopteran insects." Proceedings of the Royal Society B-Biological Sciences 278(1707): 940–951. DOI: 10.1098/rspb.2010.2161; Godfrey, R. K., Gronenberg, W. 2019. "Brain evolution in social insects: advocating for the comparative approach." Journal of Comparative Physiology A-Neuroethology, Sensory, Neural, and Behavioral Physiology 205(1): 13–32. DOI: 10.1007/s00359-019-01315-7; Sayol, F., Collado, M. A., Garcia-Porta, J., Seid, M. A., Gibbs, J., Agorreta, A., San Mauro, D., Raemakers, I., Sol, D., Bartomeus, I. 2020. "Feeding specialization and longer generation time are associated with relatively larger brains in bees." Proceedings of the Royal Society B-Biological Sciences 287(1935). DOI: 10/1098/rspb.2020.0762.

5: 구멍벌에 대한 파브르의 연구는 다음 참조. Fabre, J.-H. 1879. Souvenirs Entomologiques—Ire série. Paris, Charles Delagrave; for a very detailed account of the biology of one digger wasp species, see Baerends, G. P. 1941. "Fortpflanzungsverhalten und Orientierung der Grabwespe Ammophila campestris." Tijdschrift voor Entomologie 84: 71–248.

6: 말벌의 한 종이 채식으로 전환한 이유에 대해서는 다음 참조. Grimaldi and Engel, Evolution of the Insects; or, for a popular scientific treatment, see Michael Engel quoted on p. 21 in Hanson, T. 2018. Buzz. New York: Basic Books; and Preston, C. 2006. Bee. London: Reaktion Books.

7: 인도 꿀벌에 대한 마르틴 린다우어의 연구는 다음 참조. Lindauer, M. 1956. "Über die Verständigung bei indischen Bienen." Zeitschrift für Vergleichende Physiologie 38: 521–557. DOI: 10.1007/BF00341108.

8: 동양꿀벌의 의사소통에 대해서는 다음 참조. Dyer, F. C. 1985. "Mechanisms of dance orientation in the Asian honey bee Apis florea." Journal of Comparative Physiology A 157: 183–198. DOI: 10.1007/BF01350026; Dyer, F. C. 1985. "Nocturnal orientation by the Asian honey bee, Apis dorsata." Animal Behavior 33: 769–774. DOI: 10.1016/S0003-3472(85)80009-9; Dyer, F. C. 1991. "Comparative studies of dance communication: analysis of phylogeny and function." In Diversity in the Genus Apis, ed. D. R. Smith, 177–198. Boulder, CO: Westview. DOI: 10.1201/9780429045868-9; Oldroyd, B. P., Wongsiri, S. 2006. Asian Honey Bees—Biology, Conservation, and Human Interactions. Cambridge, MA: Harvard University Press.

9: 벌의 춤 언어 진화에 대해서는 다음 참조. Dyer, F. C. 2002. "The biology of the dance language." Annual Review of Entomology 47: 917–949. DOI: 10.1146/annurev.ento.47.091201.145306; Barron, A. B., Plath, J. A. 2017. "The evolution of honey bee dance communication: a mechanistic perspective." Journal of Experimental Biology 220(23): 4339–4346. DOI: 10.1242/jeb.142778.

10: "벌은 왜 다른 벌의 성공적인 행동을 따라 하는가?"라는 질문에 대한 답은 춤 추지 않는 호박벌에서 찾을 수 있다. 호박벌은 다른 호박벌이 특정한 행동을 해 보 상을 얻는 것을 자세히 관찰함으로써 그 호박벌의 행동을 따라 한다. 다음 참조. Alem, S., Perry. C. J., Zhu, X., Loukola, O. J., Ingraham, T., Søvik, E., Chittka, L. 2016. "Associative mechanisms allow for social learning and cultural transmission of string pulling in an insect." PLOS Biology 14(10): e1002564. DOI: 10.1371/journal.pbio.1002564. 춤추는 꿀벌은 다른 꿀벌과 먹이를 공유하는 영양교환(trophallaxis) 행동을 통해 다른 꿀벌에게 보상을 제공한다. 따라서 설탕 보상은 춤 을 통한 의사소통 이후 이뤄지는 후속 행동을 가능하게 한다.

11: 안쏘는벌에 대한 워릭 커와 마르틴 린다우어의 연구는 다음 참조. Lindauer, M., Kerr, W. 1958. "Die gegenseitige Verständigung bei den stachellosen Bienen." Zeitschrift für Vergleichende Physiologie 41: 405–434. DOI: 10.1007/BF00344263; 안쏘는벌의 의사소통 시스템 등 더 자세한 내용은 다음 참조. Grüter, C. 2020. Stingless Bees. Berlin: Springer Verlag.

12: 먹이원의 거리와 진동 펄스와의 상관관계는 다음 참조. Grüter, Stingless Bees, and Nieh, J. C. 2004. "Recruitment communication in stingless bees(Hymenoptera, Apidae, Meliponini)." Apidologie 35(2): 159–182. DOI: 10.1051/apido:2004007.

13: 꿀벌의 의도적 움직임에 대해서는 다음 참조. Dyer, "The biology of the dance language."

14: 안쏘는벌과 호박벌은 유전적으로 유사하다. 다음 참조. Romiguier, J., Cameron, S. A., Woodard, S. H., Fischman, B. J., Keller, L., Praz, C. J. 2016. "Phylogenomics controlling for base compositional bias reveals a single origin of eusociality in corbiculate bees." Molecular Biology and Evolution 33(3): 670–678. DOI: 10.1093/molbev/msv258.

15: 호박벌의 의사소통 시스템에 관한 연구는 다음 참조. Dornhaus, A., Chittka, L. 1999. "Evolutionary origins of bee dances." Nature 401: 38–38. DOI:

10.1038/43372; Dornhaus, A., Chittka, L. 2001. "Food alert in bumblebees: possible mechanisms and evolutionary implications." Behavioral Ecology and Sociobiology 50: 570–576. DOI: 10/1007/s002650100395; Dornhaus, A., Brockmann, A., Chittka, L. 2003. "Bumble bees alert to food with pheromone from tergal gland." Journal of Comparative Physiology A 189: 47–51. DOI: 10.1007/s00359-002-0374-y.

16: 꿀벌의 적응적 행동에서 춤 언어가 하는 역할에 대해서는 다음 참조. Dornhaus, A., Chittka, L. 2004. "Why do honeybees dance?", Nature 419: 920–922. DOI: 10.1038/nature01127).

제6장 ○ 공간에 대한 학습

1: 고독성 벌과 말벌의 귀소에 관한 파브르의 실험, 파브르와 다윈의 서신교환 내용에 대해서는 다음 참조. volumes 1–2 of the Souvenirs Entomologiques.

2: 찰스 터너에 대해서는 다음 참조. chapter 1. 79: Charles Turner's Coca Cola cap experiment is described in: Turner, C. H. 1908. "The homing of the burrowing-bees(Anthrophodidae)." Biological Bulletin 15: 247–258; Tinbergen, N. 1932. "Über die Orientierung des Bienenwolfes." Zeitschrift für Vergleichende Physiologie 16: 305–334, Turner, C. H. 1908. "The sun-dance of Melissodes." Psyche 15: 122–124. DOI: 10.1155/1908/632919. 1912. "Sphex overcoming obstacles." Psyche 19: 100–101. DOI: 10.1155/1912/95842; 1923. "The homing of the Hymenoptera." Transactions of the Academy of Science of St. Louis 24: 27–45.

3: 벌의 상황학습에 대해서는 다음 참조. Collett, T. S., Kelber, A. 1988. "The retrieval of visuo-spatial memories by honeybees." Journal of Comparative Physiology A 163: 145–150. DOI: 10.1007/BF00612004.

4: 꿀벌과 호박벌의 상황학습에 대해서는 다음 참조. Collett, T. S., Fauria, K., Dale, K., Baron, J. 1997. "Places and patterns—a study of context learning in honeybees." Journal of Comparative Physiology A 181: 343–353. DOI: 10.1007/s003590050120; Fauria, K., Dale, K., Colborn, M., Collett, T. S. 2002. "Learning speed and contextual isolation in bumblebees." Journal of Experimental Biology 205(7): 1009–1018. DOI: 10.1242/jeb.205.7.1009.

5: 상황 단서로서의 조명의 역할에 대해서는 다음 참조. Lotto, R. B., Chittka, L. 2005. "Seeing the light: Illumination as a contextual cue to color choice behavior in bumblebees." Proceedings of the National Academy of Sciences of the USA 102: 3852–3856. DOI: 10.1073/pnas.0500681102.

6: 벌의 인지 지도에 관한 연구는 다음 참조. Gould, J. L. 1986. "The locale map of honey bees: Do insects have cognitive maps?" Science 232, 861–863. DOI: 10.1126/science.232.4752.861; a good overview on critical tests of cognitive maps is Bennett A.T.D. 1996. "Do animals have cognitive maps?" The Journal of Experimental Biology 199, 219–224. DOI: 10.1242/jeb.199.1.219.

7: 벌이 밤에 추는 춤에 대한 린다우어의 연구는 다음 참조. Lindauer, M. 1954. "Dauertänze im Bienenstock und ihre Beziehung zur Sonnenbahn." Naturwissenschaften 41: 506–507. DOI: 10.1007/BF00631843; and further details in von Frisch, K. The Dance Language and Orientation of Bees. 1967. Cambridge, MA: Harvard University Press; for a cognitive interpretation, see Menzel, R., Eckoldt, M. 2016. Die Intelligenz der Bienen. München: Knaus.

8: 호수 한가운데 있는 후보지에 대한 벌의 거부에 대해서는 다음 참조. Gould, J. L., Gould, C. G. 1982. "The insect mind—physics or metaphysics?" In Animal Mind—Human Mind, ed. D. R. Griffin, 269–98. Berlin: Springer Verlag; but see the refutation: Wray, M. K., Klein, B. A., Mattila, H. R., Seeley, T. D. 2008. "Honeybees do not reject dances for 'implausible' locations: reconsidering the evidence for cognitive maps in insects." Animal Behaviour 76: 261–269. DOI: 10.1016/j.anbehav.2008.04.005.

9: 벌이 인지 지도를 사용하지 않는다는 초기 연구 결과에 대해서는 다음 참조. Menzel, R., Chittka, L., Eichmüller, S., Geiger, K., Peitsch, D., Knoll, P. 1990. "Dominance of celestial cues over landmarks disproves map-like orientation in honey bees." Zeitschrift für Naturforschung C 45(6): 723–726. DOI: 10.1515/znc-1990-0625; Wehner, R., Bleuler, S., Nievergelt, C., Shah, D. 1990. "Bees navigate by using vectors and routes rather than maps." Naturwissenschaften 77(10): 479–482. DOI: 10.1007/bf01135926; Dyer, F. C. 1991. "Bees acquire route-based memories but not cognitive maps in a familiar landscape." Animal Behaviour 41: 239–246. DOI: 10.1016/S0003-3472(05)80475-0.

10: 두드러진 지형지물이 거의 없는 곳에서의 태양나침반과 지형지물의 상관관계에 대해서는 다음 참조. Chittka, L., Geiger, K. 1995. "Honeybee long-distance orientation in a controlled environment." Ethology 99: 117–126. DOI: 10.1111/j.1439-0310.1995.tb01093.x.

11: 벌이 지형지물의 수를 세는 능력에 대해서는 다음 참조. Chittka, L., Geiger, K. 1995. "Can honeybees count landmarks?" Animal Behaviour 49: 159–164. DOI: 10.1016/0003-3472(95)80163-4.

12: 다양한 벌 종의 수치적 능력에 대해서는 다음 참조. Dacke, M., Srinivasan, M. V. 2008. "Evidence for counting in insects." Animal Cognition 11: 683–89. DOI: 10.1007/s10071-008-0159-y; Gross, H. J., Pahl, M., Si, A., Zhu, H., Tautz, J., Zhang, S. 2009. "Number-based visual generalisation in the honeybee. PLOS One 4: e4263. DOI: 10.1371/journal.pone.0004263; Pahl, M., Si, A., Zhang, S. 2013. "Numerical cognition in bees and other insects." Frontiers in Psychology 4: 162. DOI: 10.3389/fpsyg.2013.00162; Bar-Shai, N., Keasar, T., Shmida, A. 2011. "The use of numerical information by bees in foraging tasks." Behavioral Ecology 22: 317–325. DOI: 10.1093/beheco/arq206; Bar-Shai, N., Keasar, T., Shmida, A. 2011. "How do solitary bees forage in patches with a fixed number of food items?" Animal Behaviour 82: 1367–1372. DOI: 10.1016/j.anbehav.2011.09.020. There was also a recent flurry of studies on more-advanced numerical abilities of bees, purporting to show that bees can add and subtract, and even understand the concept of zero; see Howard, S. R., Avargues-Weber, A., Garcia, J. E., Greentree, A. D., Dyer, A. G. 2018. "Numerical ordering of zero in honey bees." Science 360: 1124–1126. DOI: 10.1126/science.aar4975; Howard, S. R., Avargues-Weber, A., Garcia, J. E., Greentree, A. D., Dyer, A. G. 2019. "Numerical cognition in honeybees enables addition and subtraction." Science Advances 5(2). DOI: 10.1126/sciadv.aav0961. However, it is presently not fully clear whether bees used number or some alternative cue to solve these tasks: MaBouDi, H., Barron, A. B., Li, S., Honkanen, M., Loukola, O. J., Peng, F., Li, W., Marshall, J.A.R., Cope, A., Vasilaki, E., Solvi, C. 2021. "Non-numerical strategies used by bees to solve numerical cognition tasks." Proceedings of the Royal Society B—Biological Sciences 288: 20202711. DOI: 10.1098/rspb.2020.2711.

13: 벌의 수치적 능력의 순차적 특성에 대해서는 다음 참조. Skorupski, P., MaBouDi, H., Galpayage, Dona H. S., Chittka, L. 2018. "Counting insects." Philosophical Transactions of the Royal Society Biological Sciences 373: 20160513. DOI: 10.1098/rstb.2016.0513; MaBouDi, H., Galpayage, Dona H. S., Gatto, E., Loukola, O. J., Buckley, E., Onoufriou, P. D., Skorupski, P., Chittka, L. 2020. "Bumblebees use sequential scanning of countable items in visual patterns to solve numerosity tasks." Integrative and Comparative Biology 60: 929–942. DOI: 10.1093/icb/icaa025.

14: 사막개미의 경로 통합에 대해서는 다음 참조. Müller, M., Wehner, R. 1988. "Path integration in desert ants, Cataglyphis fortis." Proceedings of the National Academy of Sciences of the USA 85: 5287–5290. DOI: 10.1073/pnas.85.14.5287; Collett, T. S., Collett, M. 2000. "Path integration in insects." Current Opinion in Neurobiology 10: 757–762. DOI: 10.1016/s0959-4388(00)00150-1; Collett, M., Collett, T. S. 2017. "Path integration: combining optic flow with compass orientation." Current Biology 27(20): R1113–16. DOI: 10.1016/j.cub.2017.09.004.

15: 춤추는 벌의 경로 통합에 대한 연구는 다음 참조. von Frisch, The Dance Language; further explained in: Collett, M., Collett, T. S. 2000. "How do insects use path integration for their navigation?" Biological Cybernetics 83: 245–259. DOI: 10.1007/s004220000168.

16: 애리조나 사막에서 관찰한 꿀벌의 경로 통합 사례에 대해서는 다음 참조. Chittka, L., Kunze, J., Shipman, C., Buchmann, S. L. 1995. "The significance of landmarks for path integration of homing honey bee foragers." Naturwissenschaften 82: 341–343. DOI: 10.1007/BF01131533.

17: 꿀벌의 비행거리와 광학 흐름에 대해서는 다음 참조. Srinivasan, M. V., Zhang, S., Altwein, M., Tautz, J. 2000. "Honeybee navigation: nature and calibration of the 'odometer.'" Science 287: 851–853. DOI: 10.1126/science.287.5454.851; Esch, H. E., Zhang, S., Srinivasan, M. V., Tautz, J. 2001. "Honeybee dances communicate distances measured by optic flow." Nature 411: 581–583. DOI: 10.1038/35079072; Tautz, J., Zhang, S., Spaethe, J., Brockmann, A., Si, A., Srinivasan, M. V. 2004. "Honeybee odometry: performance in varying natural terrain." PLOS Biology 2: e211. DOI: 10.1371/journal.pbio.0020211; Chittka, L. 2004. "Dances as windows into insect perception." PLOS Biology 2: 898–900. DOI: 10.1371/journal.pbio.0020216.

18: 호박벌은 시각 단서가 없으면 경로 통합 능력을 발휘하지 못한다. 자세한 내용은 다음 참조. Chittka, L., Williams, N., Rasmussen, H., Thomson, J. D. 1999. "Navigation without vision—bumble bee orientation in complete darkness." Proceedings of the Royal Society B—Biological Sciences 266: 45–50. DOI: 10.1098/rspb.1999.0602.

19: 최초로 레이더를 이용한 벌의 이동 연구에 대해서는 다음 참조. Riley, J. R., Smith, A. D., Reynolds, D. R., Edwards, A. S., Osborne, J. L., Williams, I. H., Carreck, N. L., Poppy, G. M. 1996. "Tracking bees with harmonic radar." Nature 379: 29–30. DOI: 10.1038/379029b0.

20: 레이더를 이용한 벌의 일생 추적에 대해서는 다음 참조. Woodgate, J. L., Makinson, J. C., Lim, K. S., Reynolds, A. M., Chittka, L. 2016. "Life-long radar tracking of bumblebees." PLOS One 11(8): 22. DOI: 10.1371/journal.pone.0160333. Wehner, R., Harkness, R. D., Schmid-Hempel, P. 1983. "Foraging strategies in individually searching ants, Cataglyphis bicolor(Hymenoptera: Formicidae)." In Information Processing in Animals, ed. M. Lindauer, 1–79. Stuttgart: Gustav Fischer Verlag.

21: 벌의 인지 지도에 관한 란돌프 멘첼의 연구는 다음 참조. Menzel, R., Greggers, U., Smith, A., Berger, S., Brandt, R., Brunke, S., Bundrock, G., Hulse, S., Plumpe, T., Schaupp, F., et al. 2005. "Honey bees navigate according to a map-like spatial memory." Proceedings of the National Academy of Sciences of the USA 102(8): 3040–3045. DOI: 10.1073/pnas.0408550102.

22: 시차와 벌의 행동에 대한 더 자세한 내용은 다음 참조. Cheeseman, J. F., Millar, C. D., Greggers, U., Lehmann, K., Pawley, M.D.M., Gallistel, C. R., Warman, G. R., Menzel, R. 2014. "Way-finding in displaced clock-shifted bees proves bees use a cognitive map." Proceedings of the National Academy of Sciences of the USA 111(24): 8949–8954. DOI: 10.1073/pnas.1408039111.

23: 시차와 벌의 행동에 대한 연구 결과를 비판하는 연구는 다음 참조. Cheung, A., Collett, M., Collett, T. S., Dewar, A., Dyer, F., Graham, P., Mangan, M., Narendra, A., Philippides, A., Sturzl, W., et al. 2014. "Still no convincing evidence for cognitive map use by honeybees." Proceedings of the National Academy of Sciences of the USA 111(42): E4396–97. DOI: 10.1073/pnas.1413581111.

24: 냄새에 의한 공간 기억 활성화에 대해서는 다음 참조. Reinhard, J., Srinivasan, M. V., Guez, D., Zhang, S. W. 2004. "Floral scents induce recall of navigational and visual memories in honeybees." Journal of Experimental Biology 207(25): 4371–4381. DOI: 10.1242/jeb.01306.

25: 트랩라인에 대한 연구는 다음 참조. Thomson, J. D., Peterson, S. C., Harder, L. D. 1987. "Response of traplining bumble bees to competition experiments: shifts in feeding location and efficiency." Oecologia 71: 295–300. DOI: 10.1007/BF00377298; Thomson, J. D. 1996. "Trapline foraging by bumblebees: I. Persistence of flight-path geometry." Behavioral Ecology 7(2): 158–164. DOI: 10.1093/beheco/7.2.158; Thomson, J. D., Slatkin, M., Thomson, B. A. 1997. "Trapline foraging by bumble bees: II. Definition and detection from sequence data." Behavioral Ecology 8(2): 199–210. DOI: 10.1093/beheco/8.2.199; Williams, N. M., Thomson, J. D. 1998. "Trapline foraging by bumble bees: III. Temporal patterns of visitation and foraging success at single plants." Behavioral Ecology 9(6): 612–621. DOI: 10.1093/beheco/9.6.612.

26: 벌의 순차적 학습에 관한 더 자세한 내용은 다음 참조. Chittka, L., Kunze, J., Geiger, K. 1995. "The influences of landmarks on distance estimation of honeybees." Animal Behaviour 50: 23–31. DOI: 10.1006/anbe.1995.0217.

27: 트랩라인 연구에서 사용된 레이더에 관해서는 다음 참조. Lihoreau, M., Raine, N. E., Reynolds, A. M., Stelzer, R. J., Lim, K. S., Smith, A.D., Osborne J. L., Chittka L. 2012. "Radar tracking and motion-sensitive cameras on flowers reveal the development of pollinator multi-destination routes over large spatial scales." PLOS Biology 10(9). DOI: 10.1371/journal.pbio.1001392.

28: 곤충의 공간 학습에 대해서는 다음 참조. Collett, M., Chittka, L., Collett, T. S. 2013. "Spatial memory in insect navigation." Current Biology 23(17): R789–800. DOI: 10.1016/j.cub.2013.07.020; Srinivasan, M. V. 2011. "Honeybees as a model for the study of visually guided flight, navigation, and biologically inspired robotics." Physiological Reviews 91(2): 413–460. DOI: 10.1152/physrev.00005.2010; Cruse, H., Wehner, R. 2011. "No need for a cognitive map:

decentralized memory for insect navigation." PLOS Computational Biology 7(3). DOI: 10.1371/journal.pcbi.1002009.

제7장 ○ 꽃에 대한 학습

1: 전자 인공 꽃 학습에 대해서는 다음 참조. Chittka, L., Thomson, J. D. 1997. "Sensori-motor learning and its relevance for task specialization in bumble bees." Behavioral Ecology and Sociobiology 41: 385–398. DOI: 10.1007/s002650050400; Chittka, L. 1998. "Sensorimotor learning in bumblebees: long term retention and reversal training." Journal of Experimental Biology 201: 515–524. DOI: 10.1242/jeb.201.4.515; Chittka, L. 2002. "The influence of intermittent rewards on learning to handle flowers in bumblebees." Entomologia Generalis 26: 85–91.

2: 동물의 주의력에 대한 연구는 다음 참조. Dukas, R. 2004. "Causes and consequences of limited attention." Brain Behavior and Evolution 63(4): 197–210. DOI: 10.1159/000076781; Nityananda, V. 2016. "Attention-like processes in insects." Proceedings of the Royal Society B—Biological Sciences 283(1842). DOI: 10.1098/rspb.2016.1986.

3: 꿀벌의 꽃 탐지에서 관찰되는 행동적 제약에 대해서는 다음 참조. Lehrer, M., Bischof, S. 1995. "Detection of model flowers by honeybees: the role of chromatic and achromatic contrast." Naturwissenschaften 82: 145–147. DOI: 10.1007/BF01177278; Giurfa, M., Vorobyev, M., Kevan, P., Menzel, R. 1996. "Detection of coloured stimuli by honeybees: minimum visual angles and receptor specific contrasts." Journal of Comparative Physiology A 178: 699–709. DOI: 10.1007/BF00227381.

4: 곤충 눈의 공간 해상도에 관한 최근 연구에 따르면 곤충 눈의 전체적인 해상도는 광수용체의 굴절 때문에 홑눈 각각의 해상도보다 높을 가능성이 있다. 다음 참조. Juusola, M., Dau, A., Song, Z. Y., Solanki, N., Rien, D., Jaciuch, D., Dongre, S., Blanchard, F., de Polavieja, G. G., Hardie, R. C., Jouni, T. 2017. "Microsaccadic sampling of moving image information provides Drosophila hyperacute vision." eLife 6. DOI: 10.7554/eLife.26117.

5: 시각 정보를 처리하는 호박벌의 두 채널에 대해서는 다음 참조. Spaethe, J., Tautz,

J., Chittka, L. 2001. "Visual constraints in foraging bumblebees: flower size and color affect search time and flight behavior." Proceedings of the National Academy of Sciences of the USA 98(7): 3898–3903. DOI: 10.1073/pnas.071053098.
6: 호박벌의 시각에 대한 더 자세한 내용은 다음 참조. Nityananda, V., Skorupski, P., Chittka, L. 2014. "Can bees see at a glance?" Journal of Experimental Biology 217(11): 1933–1939. DOI: 10.1242/jeb.101394.
7: 곤충의 속도-정확성 맞교환 결정에 대해 처음 언급한 학자는 찰스 터너다. 다음 참조. Turner, C. H. 1913. "Behavior of the common roach(Periplaneta orientalis L.) on an open maze." Biological Bulletin 25: 348–365. Our work on bees is in: Chittka, L., Dyer, A. G., Bock, F., Dornhaus, A. 2003. "Bees trade off foraging speed for accuracy." Nature 424: 388. DOI: 10.1038/424388a; a broader overview about such tradeoffs, and their reasons and implications, is: Chittka, L., Skorupski, P., Raine, N. E. 2009. "Speed-accuracy tradeoffs in animal decision making." Trends in Ecology & Evolution 24: 400–407. DOI: 10.1016/j.tree.2009.02.010.
8: 꿀벌의 사람 얼굴 인식에 대해서는 다음 참조. Dyer, A. G., Neumeyer, C., Chittka, L. 2005. "Honeybee(Apis mellifera) vision can discriminate between and recognise images of human faces." Journal of Experimental Biology 208(24): 4709–4714. DOI: 10.1242/jeb.01929; for further information on the psychological mechanisms involved in processing such stimuli in bees: Avargues-Weber, A., Portelli, G., Benard, J., Dyer, A. G., Giurfa, M. 2010. "Configural processing enables discrimination and categorization of face-like stimuli in honeybees." Journal of Experimental Biology 213(4): 593–601. DOI: 10.1242/jeb.039263.
9: 인간의 얼굴 인식에 대해서는 다음 참조. Kanwisher, N. 2000. "Domain-specificity in face perception." Nature Neuroscience 3: 759–763. DOI: 10.1038/77664; Tsao, D. Y., Freiwald, W. A., Tootell, R.B.H., Livingstone, M. S. 2006. "A cortical region consisting entirely of face-selective cells." Science 311: 670–674. DOI: 10.1126/science.1119983.
10: 벌이 꽃의 질감을 인식하는 능력에 대해서는 다음 참조. Whitney, H. M., Chittka, L., Bruce, T.J.A., Glover, B. J. 2009. "Conical epidermal cells allow bees to grip flowers and increase foraging efficiency." Current Biology 19: 948–53. DOI: 10.1016/j.cub.2009.04.051; Whitney, H. M., Bennet, K.M.V., Dorling, M.,

Sandbach, L., Prince, D., Chittka, L., Glover, B. J. 2011. "Why do so many petals have conical epidermal cells?" Annals of Botany 108(4): 609–616. DOI: 10.1093/aob/mcr065.

11: 곤충의 체온 조절에 대해서는 다음 참조. Bernd Heinrich: Heinrich, B. 1993. The Hot-Blooded Insects: Strategies and Mechanisms of Thermoregulation. Berlin: Springer Verlag; Heinrich, B., Esch, H. 1994. "Thermoregulation in bees." American Scientist 82(2): 164–170; Heinrich, B. 1996. The Thermal Warriors—Strategies of Insect Survival. Cambridge, MA: Harvard University Press.

12: 온도가 높은 꽃을 벌이 선호하는 현상에 대해서는 다음 참조. Dyer, A. G., Whitney, H. M., Arnold, S.E.J., Glover, B. J., Chittka, L. 2006. "Bees associate warmth with floral colour." Nature 442(7102): 525. DOI: 10.1038/442525a; Whitney, H. M., Dyer, A., Chittka, L., Rands, S. A., Glover, B. J. 2008. "The interaction of temperature and sucrose concentration on foraging preferences in bumblebees." Naturwissenschaften 95: 845–850. DOI: 10.1007/s00114-008-0393-9; a popular scientific account is in: Whitney, H., Chittka, L. 2007. "Warm flowers, happy pollinators." Biologist 54: 154–159.

13: 벌과 무지개색 효과에 대해서는 다음 참조. Whitney, H. M., Kolle, M., Andrew, P., Chittka, L., Steiner, U., Glover, B. J. 2009. "Floral iridescence, produced by diffractive optics, acts as a cue for animal pollinators." Science 323(5910): 130–133. DOI: 10.1126/science.1166256.

14: 무지개색 효과와 꽃 탐지 가능성과의 상관관계에 대해서는 다음 참조. Whitney, H. M., Reed, A., Rands, S. A., Chittka, L., Glover, B. J. 2016. "Flower iridescence increases object detection in the insect visual system without compromising object identity." Current Biology 26(6): 802–808. DOI: 10.1016/j.cub.2016.01.026.

15: 꽃에서 편광 패턴을 인식하는 벌의 능력에 대해서는 다음 참조. Foster, J. J., Sharkey, C. R., Gaworska, A.V.A., Roberts, N. W., Whitney, H. M., Partridge, J. C. 2014. "Bumblebees learn polarization patterns." Current Biology 24(12): 1415–1420. DOI: 10.1016/j.cub.2014.05.007.

16: 벌이 스펙트럼에서 자주색에서 파란색 사이에 있는 색깔의 꽃을 선호하는 현상에 대해서는 다음 참조. Giurfa, M., Nunez, J., Chittka, L., Menzel, R. 1995. "Colour preferences of flower-naive honeybees." Journal of Comparative Physiology A

177: 247–259. DOI: 10.1007/BF00192415; for a variety of bumble bee species and populations: Raine, N. E., Ings, T. C., Dornhaus, A., Saleh, N., Chittka, L. 2006. "Adaptation, genetic drift, pleiotropy, and history in the evolution of bee foraging behavior." Advances in the Study of Behavior 36: 305–354. DOI: 10.1016/S0065-3454(06)36007-X; Raine, N. E., Chittka, L. 2007. "The adaptive significance of sensory bias in a foraging context: floral colour preferences in the bumblebee Bombus terrestris." PLOS One 2: e556. DOI: 10.1371/journal.pone.0000556.

17: 벌이 대칭성에 기초해 꽃을 분류하는 법을 학습하는 현상에 대해서는 다음 참조. Giurfa, M., Eichmann, B., Menzel, R. 1996. "Symmetry perception in an insect." Nature 382: 458–461. DOI: 10.1038/382458a0.

18: 동일성과 차이에 대한 벌의 학습에 대해서는 다음 참조. Giurfa, M., Zhang, S., Jenett, A., Menzel, R., Srinivasan, M. V. 2001. "The concepts of 'sameness' and 'difference' in an insect." Nature 410: 930–933. DOI: 10.1038/35073582.

19: 의식에 관한 크리스토프 코흐의 연구는 다음 참조. Koch, C. 2008. "Exploring consciousness through the study of bees." Scientific American, December 1, 2008. http://www.scientificamerican.com/article/exploring-consciousness/.

20: 보상 간격에 대한 벌의 학습에 대한 내용은 다음 참조. Boisvert, M. J., Sherry, D. F. 2006. "Interval timing by an invertebrate, the bumble bee Bombus impatiens." Current Biology 16(16): 1636–40. DOI: 10.1016/j.cub.2006.06.064; for a popular scientific account, see Skorupski, P., Chittka, L. 2006 "Animal cognition: an insect's sense of time?" Current Biology 16(19): R851–53. DOI: 10.1016/j.cub.2006.08.069.

21: 일정 시간 동안 반응을 유보하는 법에 대한 학습은 다음 참조. Shamosh, N. A., DeYoung, C. G., Green, A. E., Reis, D. L., Johnson, M. R., Conway, A.R.A., Engle, R. W., Braver, T. S., Gray, J. R. 2008. "Individual differences in delay discounting relation to intelligence, working memory, and anterior prefrontal cortex." Psychological Science 19(9): 904–911. DOI: 10.1111/j.1467-9280.2008.02175.x; and also MacLean, E. L., Hare, B., Nunn, C. L., Addessi, E., Amici, F., Anderson, R. C., Aureli, F., Baker, J. M., Bania, A. E., Barnard, A. M., et al. 2014. "The evolution of self-control." Proceedings of the National Academy of Sciences of the USA 111(20): E2140–48. DOI: 10.1073/pnas.1323533111.

22: 시간 간격을 두고 꽃을 방문하는 행동의 이점에 대해서는 다음 참조. Williams, N. M., Thomson, J. D. 1998. "Trapline foraging by bumble bees: III. Temporal patterns of visitation and foraging success at single plants." Behavioral Ecology 9(6): 612–621. DOI: 10.1093/beheco/9.6.612.

23: 벌이 공간 개념을 가진다는 이론에 대해서는 다음 참조. Avargues-Weber, A., Dyer, A. G., Giurfa, M. 2011. "Conceptualization of above and below relationships by an insect." Proceedings of the Royal Society B—Biological Sciences 278(1707): 898–905. DOI: 10.1098/rspb.2010.1891; Chittka, L., Jensen, K. 2011. "Animal cognition: concepts from apes to bees." Current Biology 21(3): R116–19. DOI: 10.1016/j.cub.2010.12.045.

24: 벌의 공간 학습에 대한 다른 연구자들의 이론은 다음 참조. Guiraud, M., Roper, M., Chittka, L. 2018. "High-speed videography reveals how honeybees can turn a spatial concept learning task into a simple discrimination task by stereotyped flight movements and sequential inspection of pattern elements." Frontiers in Psychology 9: 1347. DOI: 10.3389/fpsyg.2018.01347.

제8장 ∘ 사회적 학습에서 '무리 지능'으로

1: 벌의 관찰 학습에 대해서는 다음 참조. Leadbeater, E., Chittka, L. 2005. "A new mode of information transfer in foraging bumblebees?" Current Biology 15(12): R447–48. DOI: 10.1016/j.cub.2005.06.011.

2: 유리막을 통한 벌의 관찰 학습에 대한 애리조나대학교 연구팀의 다음 논문 참조. Worden, B. D., Papaj, D. R. 2005. "Flower choice copying in bumblebees." Biology Letters 1: 504–507. DOI: 10.1098/rsbl.2005.0368.

3: 호박벌의 사회적 학습에서 관찰되는 2차 조건화 현상에 대해서는 다음 참조. Dawson, E. H., Avargues-Weber, A., Chittka, L., Leadbeater, E. 2013. "Learning by observation emerges from simple associations in an insect model." Current Biology 23(8): 727–730. DOI: 10.1016/j.cub.2013.03.035.

4: '경고 조명'에 관한 벌의 학습에 대해서는 다음 참조. Dawson, E. H., Chittka, L., Leadbeater, E. 2016. "Alarm substances induce associative social learning in honeybees, Apis mellifera." Animal Behaviour 122: 17–22. DOI: 10.1016/j.

anbehav.2016.08.006.

5: 다른 종의 벌들로부터의 학습에 대해서는 다음 참조. Dawson, E. H., Chittka, L. 2012. "Conspecific and heterospecific information use in bumble bees." PLOS One 7(2): e31444. DOI: 10.1371/journal.pone.0031444; Romero Gonzalez, E. R., Solvi, C., Chittka, L. 2020. "Honeybees adjust colour preferences in response to concurrent social information from conspecifics and heterospecifics." Animal Behaviour 170: 219–228. DOI: 10.1016/j.anbehav.2020.10.008.

6: 다른 종의 춤 언어를 해독하는 꿀벌에 대해서는 다음 참조. Su, S., Cai, F., Si, A., Zhang, S., Tautz, J., Chen, S. 2008. "East learns from west: Asiatic honey bees can understand dance language of european honey bees." PLOS One 3(6): 1–9. DOI: 10.1371/journal.pone.0002365.

7: 안쏘는벌의 이종 특이성 사회적 학습에 관해서는 다음 참조. Nieh, J. C., Barreto, L. S., Contrera, F.A.L., Imperatriz-Fonseca, V. L. 2004. "Olfactory eavesdropping by a competitively foraging stingless bee, Trigona spinipes." Proceedings of the Royal Society B—Biological Sciences 271(1548): 1633–1640. DOI: 10.1098/rspb.2004.2717.

8: 벌의 꽃꿀 도둑질 학습에 대해서는 다음 참조. Leadbeater, E., Chittka, L. 2008. "Social transmission of nectar-robbing behaviour in bumble-bees." Proceedings of the Royal Society B—Biological Sciences 275(1643): 1669–1674. DOI: 10.1098/rspb.2008.0270.

9: 알프스 호박벌의 꽃꿀 도둑질에 대해서는 다음 참조. Goulson, D., Park, K. J., Tinsley, M. C., Bussière, L. F., Vallejo-Marin, M. 2013. "Social learning drives handedness in nectar-robbing bumblebees." Behavioral Ecology and Sociobiology 67(7): 1141–1150. DOI: 10.1007/s00265-013-1539-0.

10: 꿀벌 사회의 전통에 대해서는 다음 참조. Lindauer, M. 1985. "The dance language of honeybees: the history of a discovery." In Experimental Behavioral Ecology, eds. B. Hölldobler, M. Lindauer, 129–140. Stuttgart: G. Fischer Verlag; see also: Kirchner, W. H. 1987. "Tradition im Bienenstaat. Kommunikation zwischen Imagines und der Brut der Honigbiene durch Vibrationssignale." PhD Thesis, University of Würzburg.

11: 호박벌의 줄 당기기에 대해서는 다음 참조. Alem, S., Perry, C. J., Zhu, X. F.,

Loukola, O. J., Ingraham, T., Sovik, E., Chittka, L. 2016. "Associative mechanisms allow for social learning and cultural transmission of string pulling in an insect." PLOS Biology 14(10): e1002564. DOI: 10.1371/journal.pbio.1002564.(Note: The second author of the study is now named Cwyn Solvi.)

12: 움직이는 벌들로부터의 학습이 더 효율적인 현상에 대해서는 다음 참조. Avargues-Weber, A., Chittka, L. 2014. "Observational conditioning in flower choice copying by bumblebees(Bombus terrestris): influence of observer distance and demonstrator movement. PLOS One 9(2): e88415. DOI: 10.1371/journal.pone.0088415.

13: 공 굴리는 법을 서로 학습하는 벌에 대해서는 다음 참조. Loukola, O. J., Solvi, C., Coscos, L., Chittka, L. 2017. "Bumblebees show cognitive flexibility by improving on an observed complex behavior." Science 355(6327): 833–836. DOI: 10.1126/science.aag2360.

14: 곤충을 비롯한 동물의 지각에 대해서는 다음 참조. Turner, C. H. 1907. "Do ants form practical judgments?" Biological Bulletin 13: 333–43. DOI: 10.2307/1535609; Turner, C. H. 1909. "Behavior of a snake." Science 30: 563–564. DOI: 10.1126/science.30.773.563.

15: 벌의 무리 이동 과정에 대해서는 다음 참조. Seeley, T. D. 2010. Honeybee Democracy. Princeton: Princeton University Press, and references therein.

16: 무리 이동과 관련된 벌의 마음 상태에 대한 연구는 다음 참조. Buttel-Reepen, H. 1900. "Sind die Bienen Reflexmaschinen?" Experimentelle Beiträge zur Biologie der Honigbiene 20: 1–84. 부텔레펜은 벌의 무리 이동이 벌의 유희와 관련 있을지도 모른다는 생각을 하기도 했다.

17: 춤추는 벌과 무리 이동에 대한 린다우어의 관찰은 다음 참조. Lindauer, M. 1955. "Schwarmbienen auf Wohnungssuche." Zeitschrift für Vergleichende Physiologie 37: 263–324; the phrase "dirty dancers" is from Seeley, T. D. 2010. Honeybee Democracy. Princeton: Princeton University Press.

18: 정지 신호에 대해서는 다음 참조. T. D., Visscher, P. K., Schlegel, T., Hogan, P. M., Franks, N. R., Marshall, J.A.R. 2012. "Stop signals provide cross inhibition in collective decision- making by honeybee swarms." Science 335(6064): 108–111. DOI: 10.1126 /science.1210361.

19: 인간의 '무리 행동'에 대해서는 다음 참조. Dyer, J.R.G., Ioannou, C. C., Morrell, L. J., Croft, D. P., Couzin, I. D., Waters, D. A., Krause, J. 2008. "Consensus decision making in human crowds." Animal Behaviour 75: 461–470. DOI: 10.1016/j.anbehav.2007.05.010; Moffatt, M. W. 2019. The Human Swarm: How Our Societies Arise, Thrive, and Fall. New York: Basic Books.

제9장 ○ 벌 뇌의 다양한 능력

1: 뉴런 원칙에 대해서는 다음 참조. Strausfeld, N. J. 2012. Arthropod Brains: Evolution, Functional Elegance, and Historical Significance. Cambridge, MA: The Belknap Press of Harvard University Press.
2: 벌의 뇌에 있는 뉴런 수에 대해서는 다음 참조. Witthöft, W. 1967. "Absolute Anzahl und Verteilung der Zellen im Hirn der Honigbiene." Zeitschrift für Morphologie der Tiere 61: 160–184. DOI: 10.1007/BF00298776; recent numbers for multiple species: Godfrey, R. K., Swartzlander, M., Gronenberg, W. 2021. "Allometric analysis of brain cell number in Hymenoptera suggests ant brains diverge from general trends." Proceedings of the Royal Society B—Biological Sciences 288(1947). DOI: 10.1098/rspb.2021.0199; estimate of cell number in the human brain: see Herculano-Houzel, S. 2009. "The human brain in numbers: a linearly scaled-up primate brain." Frontiers in Human Neuroscience 3(31). DOI: 10.3389/neuro.09.031.2009.
3: 뉴런 수와 뇌의 복잡성의 관계는 다음 참조. Chittka, L., Niven, J. 2009. "Are bigger brains better?" Current Biology 19: R995–1008. DOI: 10.1016/j.cub.2009.08.023.
4: 벌의 뇌 구조에 대해서는 다음 참조. Félix Dujardin: Dujardin, F. 1850. "Mémoire sur le systeme nerveux des insectes." Annales des Sciences Naturelles B—Zoologie 14: 195–206.
5: 춤 언어를 통한 벌들의 의사소통과 뇌 구조 간에 연관성이 없다는 이론에 대해서는 다음 참조. Brockmann, A., Robinson, G. E. 2007. "Central projections of sensory systems involved in honey bee dance language communication." Brain, Behavior and Evolution 70(2): 125–136. DOI: 10.1159/000102974.

6: 프레더릭 케니언에 관한 내용은 다음 참조. Strausfeld, Arthropod Brains.
7: 곤충의 시각 시스템 내에서 관찰되는 뉴런의 다양성에 대해서는 다음 참조. Stirling, P., Laughlin, S. 2015. Principles of Neural Design. Cambridge, MA: MIT Press; Fischbach, K. F., Dittrich, A.P.M. 1989. "The optic lobe of Drosophila melanogaster: 1. Golgi analysis of wild-type structure." Cell and Tissue Research 258(3): 441–475. DOI: 10.1007/BF00218858; Otsuna, H., Ito, K. 2006. "Systematic analysis of the visual projection neurons of Drosophila melanogaster: I. Lobula-specific pathways." Journal of Comparative Neurology 497(6): 928–958. DOI: 10.1002/cne.21015.
8: 벌의 시각 시스템에 있는 뉴런 유형에 대해서는 다음 참조. Paulk, A. C., Phillips-Portillo, J., Dacks, A. M., Fellous, J. M., Gronenberg, W. 2008. "The processing of color, motion and stimulus timing are anatomically segregated in the bumblebee brain." Journal of Neuroscience 28(25): 6319–6332. DOI: 10.1523/JNEUROSCI.1196-08.2008.
9: 벌의 시각 시스템의 가장자리 인식 기능에 대해서는 다음 참조. Yang, E.-C., Maddess, T. 1997. "Orientation-sensitive neurons in the brain of the honey bee(Apis mellifera)." Journal of Insect Physiology 43(4): 329–336. DOI: 10.1016/s0022-1910(96)00111-4.
10: 간단한 가장자리 인식을 통한 복잡한 패턴 구분에 대해서는 다음 참조. Roper, M., Fernando, C., Chittka, L. 2017. "Insect bio-inspired neural network provides new evidence on how simple feature detectors can enable complex visual generalization and stimulus location invariance in the miniature brain of honeybees." PLOS Computational Biology 13(2): e1005333. DOI: 10.1371/journal.pcbi.1005333.
11: 간단한 신경 네트워크를 이용한 숫자 세기에 대해서는 다음 참조. Vasas, V., Chittka, L. 2019. "Insect-inspired sequential inspection strategy enables an artificial network of four neurons to estimate numerosity." Science 11: 85–92. DOI: 10.1016/j.isci.2018.12.009; based on a sequential inspection strategy as found in bumble bees: MaBouDi, H., Dona, H.S.G., Gatto, E., Loukola, O. J., Buckley, E., Onoufriou, P. D., Skorupski, P., Chittka, L. 2020. "Bumblebees use sequential scanning of countable items in visual patterns to solve numerosity tasks." Integrative and Comparative Biology 60(4): 929–942. DOI: 10.1093/icb/icaa025.

12: 적은 수의 뉴런만으로도 복잡한 인지 과제 수행이 가능하다는 이론에 대해서는 다음 참조. Beer, R. D. 2003. "The dynamics of active categorical perception in an evolved model agent." Adaptive Behavior 11(4): 209–243. DOI: 10.1177/1059712303114001; Goldenberg, E., Garcowski, J., Beer, R. D. 2004. "May we have your attention: analysis of a selective attention task." In From Animals to Animats 8: Proceedings of the Eighth International Conference on the Simulation of Adaptive Behavior, eds. S. Schaal, A. Ijspeert, A. Billard, S. Vijayakumar, J. Hallam, J.-A. Meyer, 49–56. Cambridge, MA: MIT Press; Cruse, H. 2003. "A recurrent neural network for landmark based navigation." Biological Cybernetics 88: 425–437. DOI: 10.1007/s00422-003-0395-9; Cruse, H., Hübner, D. 2008. "Selforganizing memory: active learning of landmarks used for navigation." Biological Cybernetics 99: 219–36. DOI: 10.1007/s00422-008-0256-7; Dehaene, S., Changeux, J. P. 1993. "Development of elementary numerical abilities: a neuronal model." Journal of Cognitive Neuroscience 5: 390–407. DOI: 11.1162/jocn.1993.5.4.390; Dehaene, S., Changeux, J.-P., and Nadal, J. P. 1987. "Neural networks that learn temporal sequences by selection." Proceedings of the National Academy of Sciences of the USA 84(9): 2727–2731. DOI: 10.1073/pnas.84.9.2727; Vickerstaff, R. J., Di Paolo, E. A. 2005. "Evolving neural models of path integration." Journal of Experimental Biology 208: 3349–66. DOI: 10.1242/jeb.01772; Shanahan, M. 2006. "A cognitive architecture that combines internal simulation with a global workspace." Consciousness and Cognition 15: 433–449. DOI: 10.1016/j.concog.2005.11.005.

13: 단일 학습 뉴런에 대해서는 다음 참조. Hammer, M. 1993. "An identified neuron mediates the unconditioned stimulus in associative olfactory learning in honeybees." Nature 366, 59–63. DOI: 10.1038/366059a0.

14: 기억장치로서의 버섯체에 대해서는 다음 참조. Heisenberg, M. 2003. "Mushroom body memoir: From maps to models." Nature Reviews Neuroscience 4(4): 266–275. DOI: 10.1038/nrn1074; Menzel, R. 2019. "Search strategies for intentionality in the honeybee brain." In The Oxford Handbook of Invertebrate Neurobiology, ed. J. H. Byrne, 663–684. Oxford: Oxford University Press. DOI: 10.1093/oxfordhb/9780190456757.013.27.

15: 버섯체의 '팬 인, 팬 아웃' 구조에 대해서는 다음 참조. Menzel, R. 2012. "The honeybee as a model for understanding the basis of cognition." Nature Reviews Neuroscience 13: 758–768. DOI: 10.1038/nrn3357; Szyszka, P., Ditzen, M., Galkin, A., Galizia, C. G., and Menzel, R. 2005. "Sparsening and temporal sharpening of olfactory representations in the honeybee mushroom bodies." Journal of Neurophysiology 94(5): 3303–3313. DOI: 10.1152/jn.00397.2005.

16: 벌과 개미의 기억능력에 대해서는 다음 참조. Peng, F., Chittka, L. 2017. "A simple computational model of the bee mushroom body can explain seemingly complex forms of olfactory learning and memory." Current Biology 27(2): 224–230. DOI: 10.1016/j.cub.2016.10.054; Ardin, P., Peng, F., Mangan, M., Lagogiannis, K., Webb, B. 2016. "Using an insect mushroom body circuit to encode route memory in complex natural environments." PLOS Computational Biology 12(2): e1004683. DOI: 10.1371/journal.pcbi.1004683.

17: 간단한 신경 모델을 통한 행동 능력 구현에 대해서는 다음 참조. Montague, P. R., Dayan, P., Person, C., Sejnowski, T. J. 1995. "Bee foraging in uncertain environments using predictive Hebbian learning." Nature 377(6551), 725–728. DOI: 10.1038/377725a0; Shlizerman, E., Phillips-Portillo, J., Forger, D. B., Reppert, S. M. 2016. "Neural integration underlying a time-compensated sun compass in the migratory monarch butterfly." Cell Reports 15(4): 683–691. DOI: 10.1016/j.celrep.2016.03.057.

18: 곤충의 중심복합체가 가진 구조와 기능에 대해서는 다음 참조. Honkanen, A., Adden, A., Freitas, J. D., Heinze, S. 2019. "The insect central complex and the neural basis of navigational strategies." Journal of Experimental Biology 222. DOI: 10.1242/jeb.188854; Homberg, U., Heinze, S., Pfeiffer, K., Kinoshita, M., El Jundi, B. 2011. "Central neural coding of sky polarization in insects." Philosophical Transactions of the Royal Society B— Biological Sciences 366(1565): 680–687. DOI: 10.1098/rstb.2010.0199; Heinze, S., Homberg, U. 2007. "Maplike representation of celestial E-vector orientations in the brain of an insect." Science 315(5814): 995–997. DOI: 10.1126/science.1135531; Turner-Evans, D. B., Jayaraman, V. 2016. "The insect central complex." Current Biology 26(11): R453–57. DOI: 10.1016/j.cub.2016.04.006; Gkanias, E., Risse, B., Mangan, M.,

Webb, B. 2019 "From skylight input to behavioural output: a computational model of the insect polarised light compass." PLOS Computational Biology 15(7). DOI: 10.1371/journal.pcbi.1007123; Fisher, Y. E., Lu, F. J., D'Alessandro, I., Wilson, R. I. 2019. "Sensorimotor experience remaps visual input to a heading-direction network." Nature 576 (7785): 121–125. DOI: 10.1038/s41586-019-1772-4; Stone, T., Webb, B., Adden, A., Ben Weddig, N., Honkanen, A., Templin, R., Wcislo, W., Scimeca, L., Warrant, E., Heinze, S. 2017. "An anatomically constrained model for path integration in the bee brain." Current Biology 27(20): 3069–3085. DOI: 10.1016/j.cub.2017.08.052.

19: 중심복합체와 의식에 대해서는 다음 참조. Barron, A. B., Klein, C. 2016. "What insects can tell us about the origins of consciousness." Proceedings of the National Academy of Sciences of the USA 113(18): 4900–4908. DOI: 10.1073/pnas.1520084113.

20: 보석말벌과 바퀴벌레에 관해서는 다음 참조. Arvidson, R., Kaiser, M., Lee, S. S., Urenda, J. P., Dai, C., Mohammed, H., Nolan, C., Pan, S. Q., Stajich, J. E., Libersat, F., Adams, M. E. 2019. "Parasitoid jewel wasp mounts multipronged neurochemical attack to hijack a host brain." Molecular & Cellular Proteomics 18(1): 99–114. DOI: 10.1074/mcp .RA118.000908; Hughes, D. P., Libersat, F. 2019. "Parasite manipulation of host behavior." Current Biology 29(2): R45–47. DOI: 10.1016/j.cub.2018.12.001.

21: 적은 수의 뉴런으로 발생할 수 있는 의식과 유사한 현상에 대해서는 다음 참조. Shanahan, "A cognitive architecture that combines internal simulation with a global workspace."

22: 가상현실 환경에 놓인 벌에 대한 연구는 다음 참조. Paulk, A. C., Stacey, J. A., Pearson, T.W.J., Taylor, G. J., Moore, R.J.D., Srinivasan, M. V., van Swinderen, B. 2014. "Selective attention in the honeybee optic lobes precedes behavioral choices." Proceedings of the National Academy of Sciences of the USA 111(13): 5006–5011. DOI: 10.1073/pnas.1323297111.

23: 벌의 뇌에서 일어나는 신경 진동에 대해서는 다음 참조. Yap, M.H.W., Grabowska, M. J., Rohrscheib, C., Jeans, R., Troup, M., Paulk, A. C., van Alphen, B., Shaw, P. J., van Swinderen, B. 2017. "Oscillatory brain activity in spontaneous and induced sleep stages in flies." Nature Communications 8: 1815. DOI: 10.1038/s41467-017-02024-y; Schuppe, H. 1995. "Rhythmic brain activity in sleeping bees." Wiener Medizinische Wochenschrift 145: 463-464.

24: 벌의 뇌 영역에서 일어나는 동기화에 대해서는 다음 참조. Engel, A. K., Fries, P. 2010. "Beta-band oscillations—signalling the status quo?" Current Opinion in Neurobiology 20(2): 156-165. DOI: 10.1016/j.conb.2010.02.015.

25: 벌의 수면에 대해서는 다음 참조. Kaiser, W. 1988. "Busy bees need rest, too—behavioural and electromyographical sleep signs in honeybees." Journal of Comparative Physiology A 163: 565-584. DOI: 10.1007/BF00603841; Kaiser, W., Steiner-Kaiser, J. 1988. "Behavioral and physiological changes occurring during sleep in the honey bee." In Sleep 1986, eds. W. Koella, F. Obál, H. Schulz, P. Visser, 157-159. Stuttgart: Fischer; Eban-Rothschild, A. D., Bloch, G. 2008. "Differences in the sleep architecture of forager and young honeybees(Apis mellifera). Journal of Experimental Biology 211(15): 2408-2416. DOI: 10.1242/jeb.016915.

26: 벌의 잠과 기억 강화에 대해서는 다음 참조. Klein, B. A., Klein, A., Wray, M. K., Mueller, U. G., Seeley, T. D. 2010. "Sleep deprivation impairs precision of waggle dance signaling in honey bees." Proceedings of the National Academy of Sciences of the USA 107(52): 22705-22709. DOI: 10.1073/pnas.1009439108; Zwaka, H., Bartels, R., Gora, J., Franck, V., Culo, A., Gotsch, M., Menzel, R. 2015. "Context odor presentation during sleep enhances memory in honeybees." Current Biology 25(21): 2869-2874. DOI: 10.1016/j.cub.2015.09.069.

27: 망나니쌍살벌의 얼굴 인식 능력에 대한 연구는 다음 참조. Sheehan, M. J., Tibbetts, E. A. 2008. "Robust long-term social memories in a paper wasp." Current Biology 18(18): R851-52. DOI: 10.1016/j.cub.2008.07.032; Sheehan, M. J., Tibbetts, E. A. 2011. "Specialized face learning is associated with individual recognition in paper wasps." Science 334(6060): 1272-1275. DOI: 10.1126/science.1211334; for a popular scientific account of the latter study, see: Chittka, L., Dyer, A. 2012. "Your face looks familiar." Nature 481: 154-155. DOI: 10.1038/481154a; Tibbetts, E. A., Pardo-Sanchez, J., Ramirez-Matias, J., Avargues-Weber, A. 2021. "Individual recognition is associated with holistic face processing in Polistes paper wasps in a species-specific way." Proceedings of the

Royal Society B—Biological Sciences 288(1943). DOI: 10.1098/rspb.2020.3010; Tibbetts, E. A., Wong, E., Bonello, S. 2020. "Wasps use social eavesdropping to learn about individual rivals." Current Biology 30(15): 3007–10.e2. DOI: 10.1016/j.cub.2020.05.053.

28: 쌍살벌의 전이 추론에 관해서는 다음 참조. Tibbetts, E. A., Agudelo, J., Pandit, S., Riojas, J. 2019. "Transitive inference in Polistes paper wasps." Biology Letters 15(5). DOI: 10.1098/rsbl.2019.0015.

29: 얼굴을 인식할 수 있는 말벌과 그렇지 않은 말벌의 신경구조는 전혀 차이가 없다. 다음 참조. Gronenberg, W., Ash, L. E., Tibbetts, E. A. 2008. "Correlation between facial pattern recognition and brain composition in paper wasps." Brain, Behavior and Evolution 71(1): 1–14. DOI: 10.1159/000108607; however, the anterior optic tubercle, a relay for visual information processing in the central brain, grows differentially in size in individual wasps that had social exposure early in life, but not in socially isolated individuals: Jernigan, C. M., Zaba, N. C., Sheehan, M. J. 2021. "Age and social experience induced plasticity across brain regions of the paper wasp Polistes fuscatus." Biology Letters 17(4). DOI: 10.1098/rsbl.2021.0073.

30: 인간의 뇌와 다른 영장류의 뇌 비교는 다음 참조. Herculano-Houzel, S. 2012. "The remarkable, yet not extraordinary, human brain as a scaled-up primate brain and its associated cost." Proceedings of the National Academy of Sciences of the USA 109: 10661–10668. DOI: 10.1073/pnas.1201895109.

31: 신경 회로는 미세한 변화로도 엄청난 행동 변화를 유발한다. 다음 참조. Katz, P. S. 2011. "Neural mechanisms underlying the evolvability of behaviour." Philosophical Transactions of the Royal Society B 366: 2086–2099. DOI: 10.1098/rstb.2010.0336; Chittka, L., Rossiter, S. J., Skorupski, P., Fernando, C. 2012. "What is comparable in comparative cognition?" Philosophical Transactions of the Royal Society B—Biological Sciences 367(1603): 2677–2685. DOI: 10.1098/rstb.2012.0215(and references therein).

제10장 ○ 벌들의 성격 차이

1: 개체 차이에 관한 연구 사례는 다음 참조. Turner, C. H. 1907. "The homing of ants: an experimental study of ant behavior." Journal of Comparative Neurology and Psychology 17: 367–434. DOI: 10.1002/cne.920170502; Turner, C. H. 1913. "Behavior of the common roach(Periplaneta orientalis L.) on an open maze." Biological Bulletin 25: 380–397.

2: 개체 간 차이와 지능에 대해서는 다음 참조. Thomson, J. D., Chittka, L. 2001. "Pollinator individuality: when does it matter?" In Cognitive Ecology of Pollination, eds. L. Chittka, J. D. Thomson, 191–213. Cambridge: Cambridge University Press; Jandt, J. M., Bengston, S., Pinter-Wollman, N., Pruitt, J. N., Raine, N. E., Dornhaus, A., Sih, A. 2014. "Behavioural syndromes and social insects: personality at multiple levels." Biological Reviews 89(1): 48–67. DOI: 10.1111/brv.12042.

3: 개체 간 행동 차이와 분업의 효율성에 대해서는 다음 참조. Mattila, H. R., Seeley, T. D. 2007. "Genetic diversity in honey bee colonies enhances productivity and fitness." Science 317: 362–364. DOI: 10.1126/science.1143046; Chittka, L., Muller, H. 2009. "Learning, specialization, efficiency and task allocation in social insects." Communicative & Integrative Biology 2: 151–154. DOI: 10.4161/cib.7600; Burns, J. G., Dyer, A. G. 2008. "Diversity of speed-accuracy strategies benefits social insects." Current Biology 18: R953–54. DOI: 10.1016/j.cub.2008.08.028; Muller, H., Chittka, L. 2008. "Animal personalities: the advantage of diversity." Current Biology 20: R961–63. DOI: 10.1016/jcub.2008.09.001; Cook, C. N., Lemanski, N. J., Mosqueiro, T., Ozturk, C., Gadau, J., Pinter-Wollman, N., Smith, B. H. 2020. "Individual learning phenotypes drive collective behavior." Proceedings of the National Academy of Sciences of the USA 117(30): 17949–17956. DOI: 10.1073/pnas.1920554117.

4: 영구적 일광 상태에서의 호박벌의 행동에 대해서는 다음 참조. Stelzer, R. J., Chittka, L. 2010. "Bumblebee foraging rhythms under the midnight sun measured with radiofrequency identification." BMC Biology 8: 93. DOI: 10.1186/1741-7007-8-93.

5: 마이크로칩을 부착한 호박벌의 개체 차이 연구에 대해서는 다음 참조. Stelzer,

R. J., Stanewsky, R., Chittka, L. 2010. "Circadian foraging rhythms of bumblebees monitored by radio-frequency identification." Journal of Biological Rhythms 25: 257–267. DOI: 10.1177/0748730410371750.

6: 호박벌의 '죽음의 춤'에 대해서는 다음 참조. Stelzer et al. reference above—and fruit flies: Tower, J., Agrawal, S., Alagappan, M. P., Bell, H. S., Demeter, M., Havanoor, N., Hegde, V. S., Jia, Y. D., Kothawade, S., Lin, X. Y., et al. 2019. "Behavioral and molecular markers of death in Drosophila melanogaster." Experimental Gerontology 126. DOI: 10.1016/j.exger.2019.110707.

7: 여왕벌과 일벌의 심리적 차이와 행동적 차이에 대해서는 다음 참조. Chittka, A., Chittka, L. 2010. "Epigenetics of royalty." PLOS Biology 8(11). DOI: 10.1371/journal.pbio.1000532(and references therein).

8: 꿀벌의 수명에 버섯체 차이가 미치는 영향에 대해서는 다음 참조. Durst, C., Eichmüller, S., Menzel, R. 1994. "Development and experience lead to increased volume of subcompartments of the honeybee mushroom body." Behavioral and Neural Biology 62: 259–263. DOI: 10.1016/S0163-1047(05)80025-1; Fahrbach, S. E., Moore, D., Capaldi, E. A., Farris, S. M., Robinson, G. E. 1998. "Experience-expectant plasticity in the mushroom bodies of the honeybee." Learning & Memory 5: 115–123.

9: 자기 조직화와 환경 조절에 대해서는 다음 참조. Huber, F. 1814. Nouvelles observations sur les abeilles(2nd edition); trans. C. P. Dadant, as New Observations upon Bees. 1926. Hamilton, IL: American Bee Journal.

10: 곤충 군집에서 관찰되는 개체 간 민감성 차이와 분업에 대해서는 다음 참조. Beshers, S. N., Fewell, J. H. 2001. "Models of division of labor in social insects." Annual Review of Entomology 46: 413–440. DOI: 10.1146/annurev.ento.46.1.413; Jeanson, R., Clark, R. M., Holbrook, C. T., Bertram, S. M., Fewell, J. H., Kukuk, P. F. 2008. "Division of labour and socially induced changes in response thresholds in associations of solitary halictine bees." Animal Behaviour 7(3): 593–602. DOI: 10.1016/j.anbehav.2008.04.007; Page, R. E., Robinson, G. E., Fondrk, M. K. 1989. "Genetic specialists, kin recognition and nepotism in honey-bee colonies." Nature 338: 576–579. DOI: 10.1038/338576a0; but see also: Ulrich, Y., Kawakatsu, M., Tokita, C. K., Saragosti, J., Chandra, V., Tarnita, C. E., Kronauer, D.J.C. 2021.

"Response thresholds alone cannot explain empirical patterns of division of labor in social insects." PLOS Biology 19(6). DOI: 10.1371/journal.pbio.3001269.

11: '설거지 전문가'에 대해서는 다음 참조. Fewell, J. H. 2003. "Social insect networks." Science 301(5641): 1867–1870. DOI: 10.1126/science.1088945.

12: 꿀벌의 미각에 관한 연구는 다음 참조. von Frisch, K. 1934. "Über den Geschmackssinn der Bienen." Zeitschrift für Vergleichende Physiologie 21: 1–156. DOI: 10.100756. DOI:/BF00338271.

13: 벌의 설탕 민감성과 개성에 대해서는 다음 참조. Page, R. E., Schneir, R., Erber, J., Amdam, G. V. 2006. "The development and evolution of division of labor and foraging specialization in a social insect (Apis mellifera L.)." Current Topics in Developmental Biology 74: 253–286. DOI: 10.1016/S0070-2153(06)74008-X.

14: 몸 크기에 의해 결정되는 역할에 대해서는 다음 참조. Spaethe, J., Weidenmüller, A. 2002. "Size variation and foraging rate in bumblebees(Bombus terrestris)." Insectes Sociaux 49: 142–146. DOI: 10.1007/s00040-002-8293-z; a parallel study from Dave Goulson's team: Goulson, D., Peat, J., Stout, J. C., Tucker, J., Darvill, B., Derwent, L. C., Hughes, W.O.H. 2002. "Can alloethism in workers of the bumblebee, Bombus terrestris, be explained in terms of foraging efficiency?" Animal Behaviour 64: 123–130. DOI: 10.1006/anbe.2002.3041.

15: 몸이 큰 개체들이 더 잘 볼 수 있다는 이론에 대해서는 다음 참조. Spaethe, J., Chittka, L. 2003. "Interindividual variation of eye optics and single object resolution in bumblebees." Journal of Experimental Biology 206(19): 3447–3453. DOI: 10.1242/jeb.00570.

16: 몸이 큰 개체들이 냄새를 더 잘 맡을 수 있다는 이론에 대해서는 다음 참조. Spaethe, J., Brockmann, A., Halbig, C., Tautz, J. 2007. "Size determines antennal sensitivity and behavioral threshold to odors in bumblebee workers." Naturwissenschaften 94: 733–739. DOI: 10.1007/s00114-007-0251-1.

17: 경험에 의한 역할 전문화에 대한 연구는 다음 참조. Ravary, F., Lecoutey. E., Kaminski, G., Chaline, N., Jaisson, P. 2007. "Individual experience alone can generate lasting division of labor in ants." Current Biology 17(15): 1308–1312. DOI: 10.1016/j.cub.2007.06.047.

18: 먹이 채집 경로 면에서의 개체 차이에 대한 연구는 다음 참조. Heinrich,

B. 1976. "The foraging specializations of individual bumblebees." Ecological Monographs 46(2): 105–128. DOI: 10.2307/1942246; Thomson, J. D., Maddison, W. P., Plowright, R. C. 1982. "Behavior of bumble bee pollinators on Aralia hispida Vent. (Araliaceae)." Oecologia 54: 326–336. DOI: 10.1007/BF00380001; Thomson and Chittka, "Pollinator individuality: when does it matter?"; Saleh, N., Chittka, L. 2007. "Traplining in bumblebees(Bombus impatiens): a foraging strategy's ontogeny and the importance of spatial reference memory in short-range foraging." Oecologia 151(4): 719–730. DOI: 10.1007/s00442-006-0607-9; Lihoreau, L., Chittka, L., Raine, N. E. 2010. "Travel optimization by foraging bumblebees through readjustments of traplines after discovery of new feeding locations." American Naturalist 176(6): 744–757. DOI: 10.1086/657042; Lihoreau, M. D., Raine, N. E., Reynolds, A. M., Stelzer, R. J., Lim, K. S., Smith, A. D., Osborne, J. L., Chittka, L. 2012. "Radar tracking and motion-sensitive cameras on flowers reveal the development of pollinator multi-destination routes over large spatial scales." PLOS Biology 10: e1001392. DOI: 10/1371/journal.pbio.1001392.

19: 속도-정확성 맞교환 이론에 대해서는 다음 참조. Turner, C. H. 1913. "Behavior of the common roach (Periplaneta orientalis L.) on an open maze." Biological Bulletin 25: 348–365.

20: 벌들의 속도-정확성 맞교환에 개체 차이가 있다는 연구 결과에 대해서는 다음 참조. Chittka, L., Dyer, A. G., Bock, F., Dornhaus, A. 2003. "Bees trade off foraging speed for accuracy." Nature 424: 388. DOI: 10.1038/424388a; Wang, M., Chittka, L., Ings, T. C. 2018. "Bumblebees express consistent, but flexible, speed-accuracy tactics under different levels of predation threat." Frontiers in Psychology 9: 1601. DOI: 10.3389/fpsyg.2018.01601.

21: 개체 간 차이가 군집 전체에 미치는 영향에 대해서는 다음 참조. Burns, J. G., Dyer, A. G. 2008. "Diversity of speed-accuracy strategies benefits social insects." Current Biology 18(20): R953–54. DOI: 10.1016/j.cub.2008.08.028; Mattila, H. R., Seeley, T. D. 2007. "Genetic diversity in honey bee colonies enhances productivity and fitness." Science 317: 362–364. DOI: 10.1126/science.1143046; Chittka, L., Skorupski, P., Raine, N. E. 2009. "Speed- accuracy tradeoffs in animal decision making." Trends in Ecology & Evolution 24(7): 400–407. DOI: 10.1016/j.

tree.2009.02.010.

22: 검은색 용기로 자발적으로 날아 들어가는 벌에 대한 연구는 다음 참조. Raine, N. E., Chittka, L. 2008. "The correlation of learning speed and natural foraging success in bumble- bees." Proceedings of the Royal Society B—Biological Sciences 275: 803–808. DOI: 10.1098/rspb.2007.1652.

23: 행동 변이와 문제해결 간의 관계는 다음 참조. Brembs, B. 2011. "Towards a scientific concept of free will as a biological trait: spontaneous actions and decision-making in invertebrates." Proceedings of the Royal Society B—Biological Sciences 278: 930–939. DOI: 10.1098/rspb.2010.2325.

24: 개체의 학습 속도 차이와 학습곡선의 차이는 찰스 터너에 의해 최초로 연구됐다. 다음 참조. Turner reference: Turner, C. H. 1907. "The homing of ants: an experimental study of ant behavior." Journal of Comparative Neurology and Psychology 17: 367–434. DOI: 10.1002/cne.920170502.

25: 학습 수행 정도를 수치화하기 위한 수학적 도구 사용에 대해서는 다음 참조. Chittka, L., Thomson, J. D. 1997. "Sensori-motor learning and its relevance for task specialization in bumble bees." Behavioral Ecology and Sociobiology 41: 385–398. DOI: 10.1007/s002650050400; Raine, N. E., Chittka, L. 2008. "The correlation of learning speed and natural foraging success in bumble-bees." Proceedings of the Royal Society B—Biological Sciences 275: 803–808.

26: 다양한 과제에 걸친 학습 수행에 대해서는 다음 참조. Muller, H., Chittka, L. 2012. "Consistent interindividual differences in discrimination performance by bumblebees in colour, shape and odour learning tasks (Hymenoptera: Apidae: Bombus terrestris)." Entomologia Generalis 34: 1–8.

27: 일반 지능에 대해서는 다음 참조. Burkart, J. M., Schubiger, M. N., van Schaik, C. P. 2017. "The evolution of general intelligence." Behavioral and Brain Sciences 40: E195. DOI: 10.1017/s0140525x16000959.

28: 오스카 포크트의 개인사에 대한 이야기는 다음 참조. Klatzo, I. 2002. Cécile and Oskar Vogt: The Visionaries of Modern Neuroscience. Berlin: Springer Verlag.

29: 동물의 뇌와 인간의 뇌에서 관찰되는 개념적 연결고리에 대해서는 다음 참조. Vogt, C., Vogt, O. 1937. "Sitz und Wesen der Krankheiten im Lichte der topistischen Hirnforschung und des Variieres der Tiere. Erster Teil. Befunde der topistischen Hirnforschung als Beitrag zur Lehre vom Krankheitssitz." Journal für Psychologie und Neurologie 47: 237–457; Vogt, C., Vogt, O. 1938. "Sitz und Wesen der Krankheiten … Zweiter Teil, 1. Hälfte. Zur Einführung in das Variieren der Tiere. Die Erscheinungsseiten der Variation." Journal für Psychologie und Neurologie 48: 169–324.

30: 호박벌의 개체 차이와 진화에 대한 오스카 포크트의 연구는 다음 참조. Vogt, O. 1911. "Studien über das Artproblem. Über das Variieren der Hummeln. 2. Teil. Sitzungsberichte der Gesellschaft Naturforschender Freunde zu Berlin 1911: 31–74.

31: 호박벌의 개체 간 뇌 구조 차이와 학습/기억 능력의 상관관계에 대해서는 다음 참조. Li, L., MaBouDi, H., Egertova, M., Elphick, M. R., Chittka, L., Perry, C. J. 2017. "A possible structural correlate of learning performance on a colour discrimination task in the brain of the bumblebee." Proceedings of the Royal Society B—Biological Sciences 284(1864). DOI: 10.1098/rspb.2017.1323.

32: 꿀벌의 선택적 학습에 관한 실험에 대해서는 다음 참조. Brandes, C., Frisch, B., Menzel, R. 1988. "Time-course of memory formation differs in honey bee lines selected for good and poor learning." Animal Behaviour 36: 981–985; McGuire, T. R., Hirsch, J. 1977. "Behavior-genetic analysis of Phormia regina: conditioning, reliable individual differences, and selection." Proceedings of the National Academy of Sciences of the USA 74: 5193–5197; Lofdahl, K. L., Holliday, M., Hirsch, J. 1992. "Selection for conditionability in Drosophila melanogaster." Journal of Comparative Psychology 106: 172–183.

33: 개체의 학습곡선과 야생에서의 군집의 학습곡선에 대해서는 다음 참조. Raine, N. E., Chittka, L. 2008. "The correlation of learning speed and natural foraging success in bumble-bees." Proceedings of the Royal Society B—Biological Sciences 275: 803–808. DOI: 10.1098/rspb.2007.1652.

34: 똑똑한 학습 개체는 모든 과제를 다 잘 수행한다는 이론에 대해서는 다음 참조. Muller, H., Chittka, L. 2012. "Consistent interindividual differences in discrimination performance by bumblebees in colour, shape and odour learning tasks (Hymenoptera: Apidae: Bombus terrestris)." Entomologia Generalis 34: 1–8; Raine, N. E., Chittka, L. 2012. "No trade-off between learning speed and associative flexibility in bumblebees: A reversal learning test with multiple colonies." PLOS One 7: e45096. DOI: 10.1371/journal.pone.0045096.

35: 학습에 수반되는 에너지 비용에 대해서는 다음 참조. Dukas, R. 1999. "Costs of memory: ideas and predictions." Journal of Theoretical Biology 197: 41–50. DOI: 10.1006/jtbi.1998.0856; Snell-Rood, E. C., Papaj, D. R., Gronenberg, W. 2009. "Brain size: a global or induced cost of learning?" Brain, Behavior and Evolution 73(2): 111–128. DOI: 10.1159/000213647; Evans, L. J., Smith, K. E., Raine, N. E. 2017. "Fast learning in free-foraging bumble bees is negatively correlated with lifetime resource collection." Scientific Reports 7: 496. DOI: 10.1038/s41598-017-00389-0; but see also: Liefting, M., Rohmann, J. L., Le Lann, C., Ellers, J. 2019. "What are the costs of learning? Modest trade-offs and constitutive costs do not set the price of fast associative learning ability in a parasitoid wasp." Animal Cognition 22: 851–861. DOI: 10.1007/s10071-019-01281-2.

제11장 ◦ 벌에게 의식이 있을까?

1: 카를 폰 프리슈는 꿀벌이 고통을 느끼지 않는다고 다음과 같이 주장했다. "벌은 먹이통에 앉아 설탕물을 빨아먹는다. 이때 벌의 배를 가위로 살짝 갈라도 벌의 머리와 흉부는 전혀 움직이지 않는다. 벌은 이 상태에서 계속 설탕물을 먹고, 벌이 먹은 설탕물은 가른 부위를 통해 빠져나간다. 이 상태에서도 벌은 만족하지 못하고 계속 설탕물을 먹다 결국 쾌락에 빠진 상태에서 지쳐 죽는다. 벌이 고통을 느낀다면 이렇게 행동하지 않을 것이다. 딱딱한 외골격으로 둘러싸여 있기 때문에 이런 행동이 가능한 것 같다. 반면 우리 인간은 피부가 부드럽기 때문에 고통을 생명을 위협하는 신호로 받아들여 부상을 피하려고 한다." 다음 참조. von Frisch, K. 1959. "Insekten—die Herren der Erde." Naturwissenschaftliche Rundschau 10: 369–375.

2: 통각 수용 경로와 기계 감각 수용 경로의 분리에 대해서는 다음 참조. Burrell, B. D. 2017. "Comparative biology of pain: what invertebrates can tell us about how nociception works." Journal of Neurophysiology 117(4): 1461–1473. DOI: 10.1152/jn.00600.2016.

3: 벌을 비롯한 무척추동물의 통각 수용에 대해서는 다음 참조. Tobin, D. M., Bargmann, C. I. 2004. "Invertebrate nociception: behaviors, neurons and molecules." Journal of Neurobiology 61(1): 161–174. DOI: 10.1002/neu.20082; Junca, P., Sandoz, J.-C. 2015. "Heat perception and aversive learning in honey bees: putative involvement of the thermal/chemical sensor AmHsTRPA." Frontiers in Physiology 6: 316. DOI: 10.3389/fphys.2015.00316.

4: 곤충의 상처 치료 능력에 대해서는 다음 참조. Frank, E. T., Wehrhahn, M., Linsenmair, K. E. 2018. "Wound treatment and selective help in a termite-hunting ant." Proceedings of the Royal Society B—Biological Sciences 285(1872). DOI: 10.1098/rspb.2017.2457; Frank, E. T., Schmitt, T., Hovestadt, T., Mitesser, O., Stiegler, J., Linsenmair, K. E. 2017. "Saving the injured: rescue behavior in the termite-hunting ant Megaponera analis." Science Advances 3(4). DOI: 10.1126/sciadv.1602187.

5: 통각 수용과 통증 지각의 차이점에 대해서는 다음 참조. Elwood, R. W. 2019. "Discrimination between nociceptive reflexes and more complex responses consistent with pain in crustaceans." Philosophical Transactions of the Royal Society B—Biological Sciences 374(1785). DOI: 10.1098/rstb.2019.0368.

6: 고통이나 통증에 대한 객관적 측정이 불가능한 이유에 대한 연구는 다음 참조. Mendl, M., Paul, E. S., Chittka, L. 2011. "Animal behaviour: emotion in invertebrates?" Current Biology 21(12): R463–65. DOI: 10.1016/j.cub.2011.05.028(and references therein).

7: 적대적 자극에 대한 반응에 경보 페로몬이 미치는 영향에 대한 실험은 다음 참조. Nuñez, J., Almeida, L., Balderrama, N., Giurfa, M. 1997. "Alarm pheromone induces stress analgesia via an opioid system in the honeybee." Physiology & Behavior 63(1): 75–80. DOI: 10.1016/s0031-9384(97)00391-0.

8: 곤충의 내인성 오피오이드 시스템 부재에 대한 연구는 다음 참조. Elphick, M. R., Mirabeau, O., Larhammar, D. 2018. "Evolution of neuropeptide signalling systems." Journal of Experimental Biology 221(3). DOI: 10.1242/jeb.151092.

9: 꿀벌의 알라토스타틴 분비에 관해서는 다음 참조. Urlacher, E., Devaud, J. M., Mercer, A. R. 2019. "Changes in responsiveness to allatostatin treatment accompany shifts in stress reactivity in young worker honey bees." Journal of Comparative Physiology A—Neuroethology, Sensory, Neural, and Behavioral Physiology 205(1): 51–59. DOI: 10.1007/s00359-018 -1302-0; Urlacher, E., Devaud, J. M.,

Mercer, A. R. 2017. "C-type allatostatins mimic stress-related effects of alarm pheromone on honey bee learning and memory recall." PLOS One 12(3). DOI: 10.1371/journal.pone.0174321; Urlacher, E., Soustelle, L., Parmentier, M. L., Verlinden, H., Gherardi, M. J., Fourmy, D., Mercer, A. R., Devaud, J. M., Massou, I. 2016. "Honey bee allatostatins target galanin/somatostatin-like receptors and modulate learning: a conserved function? PLOS One 11(1). DOI: 10.1371/journal.pone.0146248.

10: 게거미 같은 포식자의 공격에 대한 벌의 심리학적 반응에 대해서는 다음 참조. Ings, T. C., Chittka, L. 2008. "Speed-accuracy tradeoffs and false alarms in bee responses to cryptic predators." Current Biology 18: 1520–1524. DOI: 10.1016/j.cub.2008.07.074; see also: Jones, E. I., Dornhaus, A. 2011. "Predation risk makes bees reject rewarding flowers and reduce foraging activity." Behavioral Ecology and Sociobiology 65 (8): 1505–1511. DOI: 10.1007/s00265-011-1160-z; Huey, S., Nieh, J. C. 2017. "Foraging at a safe distance: crab spider effects on pollinators." Ecological Entomology 42(4): 469–476. DOI: 10.1111/een.12406.

11: 꿀벌의 인지 편향에 대해서는 다음 참조. Bateson, M., Desire, S., Gartside, S. E., Wright, G. A. 2011. "Agitated honeybees exhibit pessimistic cognitive biases." Current Biology 21(12): 1070–1073. DOI: 10.1016/j.cub.2011.05.017.

12: 깜짝 보상이 감정과 유사한 상태에 미치는 영향에 대해서는 다음 참조. Solvi, C., Baciadonna, L., Chittka, L. 2016. "Unexpected rewards induce dopamine-dependent positive emotion-like state changes in bumblebees." Science 353(6307): 1529–1531. DOI: 10.1126/science.aaf4454.

13: 기분을 변화시키는 물질을 찾는 곤충에 대해서는 다음 참조. Chittka, L., Wilson, C. 2019. "Expanding consciousness." American Scientist 107(6): 364–369. DOI: 10.1511/2019.107.6.364(and references therein).

14: 초파리 수컷의 사정과 알코올 선호에 대해서는 다음 참조. Shir Zer-Krispil, S., Zak, H., Shao, L., Bentzur, A., Shmueli, A., Shohat-Ophir, G. 2018. "Ejaculation induced by the activation of Crz neurons is rewarding to Drosophila males." Current Biology 28(9): 1445–1452. DOI: 10.1016/j.cub.2018.03.039; Shohat-Ophir, G., Kaun, K. R., Azanchi, R., Heberlein, U. 2012. "Sexual deprivation increases ethanol intake in Drosophila." Science 335(6074): 1351–1355. DOI:

10.1126/science.1215932.

15: 벌들이 카페인이나 니코틴이 포함된 꽃꿀을 선호하는 성향에 대한 연구는 다음 참조. Wright. G. A., Baker, D. D., Palmer, M. J., Stabler, D., Mustard, J. A., Power, E. F., Borland, A. M., Stevenson, P. C. 2013. "Caffeine in floral nectar enhances a pollinator's memory of reward." Science 339(6124): 1202–1204. DOI: 10.1126/science.1228806. For a popular scientific account, see: Chittka, L., Peng, F. 2013. "Caffeine boosts bees' memories." Science 339(6124): 1157–1159. DOI: 10.1126/science.1234411; Baracchi, D., Marples, A., Jenkins, A. J., Leitch, A. R., Chittka, L. 2017. "Nicotine in floral nectar pharmacologically influences bumblebee learning of floral features." Scientific Reports 7: 1951. DOI: 10.1038/s41598-017-01980-1.

16: 의식의 진화에 대한 철학적 연구는 다음 참조. Godfrey-Smith, P. 2017. Other Minds: The Octopus and the Evolution of Intelligent Life. London: William Collins; Bronfman, Z. Z., Ginsburg, S., Jablonka, E. 2016. "The evolutionary origins of consciousness suggesting a transition marker." Journal of Consciousness Studies 23(9–10): 7–34.

17: 거울을 통한 자기 인식에 대해서는 다음 참조. Gallup, G. G., Povinelli, D. J., Suarez, S. D., Anderson, J. R., Lethmate, J., Menzel, E. W. 1995. "Further reflections on self-recognition in primates." Animal Behaviour 50: 1525–1532. DOI: 10.1016/0003-3472(95)80008-5; Reiss, D., Marino, L. 2001. "Mirror self-recognition in the bottlenose dolphin: a case of cognitive convergence." Proceedings of the National Academy of Sciences of the USA 98(10): 5937–5942. DOI: 10.1073/pnas.101086398; Plotnik, J. M., de Waal, F.B.M., Reiss, D. 2006. "Self-recognition in an Asian elephant." Proceedings of the National Academy of Sciences of the USA 103(45): 17053–17057. DOI: 10.1073/pnas.0608062103.

18: 호박벌이 자신의 몸 크기를 알고 있다는 연구 결과에 대해서는 다음 참조. Ravi, S., Siesenop, T., Bertrand, O., Li, L., Doussot, C., Warren, W. H., Combes, S. A., Egelhaaf, M. 2020. "Bumblebees perceive the spatial layout of their environment in relation to their body size and form to minimize inflight collisions." Proceedings of the National Academy of Sciences of the USA 117(49): 31494–31499. DOI: 10.1073/pnas.2016872117; for a popular scientific account, see: Brebner, J.,

Chittka, L. 2021. "Animal cognition: the self-image of a bumblebee." Current Biology 31: R207–9. DOI: 10.1016/j.cub.2020.12.027.

19: 포유동물이 자신의 몸 크기를 알고 있다는 것과 의식의 상관관계에 대한 연구는 다음 참조. Dale, R., Plotnik, J. M. 2017. "Elephants know when their bodies are obstacles to success in a novel transfer task." Scientific Reports 7. DOI: 10.1038/srep46309; Brownell, C. A., Zerwas, S., Ramani, G. B. 2007 "'So big': The development of body self-awareness in toddlers." Child Development 78(5): 1426–1440. DOI: 10.1111/j.1467-8624.2007.01075.x; Warren, W. H., Whang, S. 1987. "Visual guidance of walking through apertures—body-scaled information for affordances." Journal of Experimental Psychology—Human Perception and Performance 13(3): 371–383. DOI: 10.1037/0096-1523.13.3.371.

20: 자기 인식과 근친교배 회피의 잠재적 상관관계에 대해서는 다음 참조. Capodeanu-Nagler, A., Rapkin, J., Sakaluk, S. K., Hunt, J., Steiger, S. 2014. "Self-recognition in crickets via on-line processing." Current Biology 24(23): R1117–18. DOI: 10.1016/j.cub.2014.10.050.

21: 무척추동물의 생물학적 움직임 인식 능력에 대해서는 다음 참조. De Agrò, M., Rößler, D. C., Kim, K., Shamble, P. S. 2021. "Perception of biological motion by jumping spiders." PLOS Biology 19(7): e3001172. DOI: 10.1371/journal.pbio.3001172.

22: 특정한 폭의 개울을 뛰어넘을 수 있을지에 대한 개체의 판단이 자신의 능력에 대한 지식에 기초한다는 이론에 대해서는 다음 참조. Krause, T., Spindler, L., Poeck, B., Strauss, R. 2019. "Drosophila acquires a long-lasting body-size memory from visual feedback." Current Biology 29(11): 1833–41.e3. DOI: 10.1016/j.cub.2019.04.037; Niven, J. E., Buckingham, C. J., Lumley, S., Cuttle, M. F., Laughlin, S. B. 2010. "Visual targeting of forelimbs in ladder- walking locusts." Current Biology 20(1): 86–91. DOI: 10.1016/j.cub.2009.10.079; Niven, J. E., Ott, S. R., Rogers, S. M. 2012. "Visually targeted reaching in horse-head grasshoppers." Proceedings of the Royal Society B—Biological Sciences 279(1743): 3697–3705. DOI: 10.1098/rspb.2012.0918.

23: 물체의 모양에 대한 기억을 저장하지 않아도 물체의 모양에 반응할 수 있다는 연구 결과에 대해서는 다음 참조. Roper, M., Fernando, C., Chittka, L. 2017. "Insect bio-inspired neural network provides new evidence on how simple feature detectors can enable complex visual generalization and stimulus location invariance in the miniature brain of honeybees." PLOS Computational Biology 13(2): e1005333. DOI: 10.1371/journal.pcbi.1005333.

24: 의식적인 지각 없이도 시각 자극의 인식이 가능하다는 연구 결과에 대해서는 다음 참조. Lau, H. C., Passingham, R. E. 2006. "Relative blindsight in normal observers and the neural correlate of visual consciousness." Proceedings of the National Academy of Sciences of the USA 103(49): 18763–18768. DOI: 10.1073/pnas.0607716103; Schmid, M. C., Mrowka, S. W., Turchi, J., Saunders, R. C., Wilke, M., Peters, A. J., Ye, F. Q., Leopold, D. A. 2010. "Blindsight depends on the lateral geniculate nucleus." Nature 466(7304): 373–377. DOI: 10.1038/nature09179.

25: 몰리뉴 문제에 대해서는 다음 참조. Degenaar, M., Lokhorst, G. J. 2017. "Molyneux's problem." In The Stanford Encyclopedia of Philosophy, ed. E. N. Zalta. Stanford, CA: Metaphysics Research Lab, Philosophy Department, Stanford University.

26: 호박벌의 교차 양식 물체 인식에 대해서는 다음 참조. Solvi, C., Gutierrez Al- Khudhairy, S., Chittka, L. 2020. "Bumble bees display cross-modal object recognition between visual and tactile senses." Science 367(6480): 910–912. DOI: 10.1126/science.aay8064, Lawson, D. A., Chittka, L., Whitney, H. M., Rands, S. A. 2018. "Bumblebees distinguish floral scent patterns, and can transfer these to corresponding visual patterns." Proceedings of the Royal Society B—Biological Sciences 285(1880). DOI: 10.1098/rspb.2018.0661.

27: 꿀벌의 메타인지에 대해서는 다음 참조. Perry, C. J., Barron, A. B. 2013. "Honey bees selectively avoid difficult choices." Proceedings of the National Academy of Sciences of the USA 110(47): 1915559. DOI: 10.1073/pnas.1314571110. (Note: The first author of the study is now named Cwyn Solvi.)

28: 동물의 종류에 따른 의식 차이에 대해서는 다음 참조. Birch, J., Schnell, A. K., Clayton, N. S. 2020. "Dimensions of animal consciousness." Trends in Cognitive Sciences 24(10): 789–801. DOI: 10.1016/j.tics.2020.07.007.

제12장 · 에필로그

1: 플라스틱이나 폴리스티렌을 벌집 구축 재료로 사용하는 벌에 대해서는 다음 참조. Prendergast, K. S. 2020. "Scientific note: mass-nesting of a native bee Hylaeus(Euprosopoides) ruficeps kalamundae(Cockerell, 1915) (Hymenoptera: Colletidae: Hylaeinae) in polystyrene." Apidologie 51(1): 107–111. DOI: 10.1007/s13592-019-00722-8; Allasino, M. L., Marrero, H. J., Dorado, J., Torretta, J. P. 2019. "Scientific note: first global report of a bee nest built only with plastic." Apidologie 50(2): 230–233. DOI: 10.1007/s13592-019-00635-6.

2: 벌 보존에 개인이 기여할 수 있는 방법에 대해서는 다음 참조. Goulson, D. 2019. The Garden Jungle: Or Gardening to Save the Planet. New York: Vintage; Goulson, D. 2021. Gardening for Bumblebees: A Practical Guide to Creating a Paradise for Pollinators. London: Penguin Books; and, e.g., the Bumblebee Conservation Trust's web page: https://www.bumblebeeconservation.org/.

3: 양봉 벌이 야생벌에게 미치는 부정적 영향에 대해서는 다음 참조. Geldmann, J., González-Varo, J. P. 2018. "Conserving honey bees does not help wildlife." Science 359(6374): 392–393. DOI: 10.1126/science.aar2269; Ropars, L., Dajoz, I., Fontaine, C., Muratet, A., Geslin, B. 2019. "Wild pollinator activity negatively related to honey bee colony densities in urban context." PLOS One 14(9). DOI: 10.1371/journal.pone.0222316; Fürst, M. A., McMahon, D. P., Osborne, J. L., Paxton, R. J., Brown, M.J.F. 2014. "Disease associations between honeybees and bumblebees as a threat to wild pollinators." Nature 506(7488): 364–366. DOI: 10.1038/nature12977; Angelella, G. M., McCullough, C. T., O'Rourke, M. E. 2021. "Honey bee hives decrease wild bee abundance, species richness, and fruit count on farms regardless of wildflower strips." Scientific Reports 11(1): 3202. DOI: 10.1038/s41598-021-81967-1; Herrera, C. M. 2020. "Gradual replacement of wild bees by honeybees in flowers of the Mediterranean Basin over the last 50 years." Proceedings of the Royal Society B—Biological Sciences 287(1921). DOI: 10.1098/rspb.2019.2657.

일러스트 출처

1.1. Photo by Helga Heilmann: figure 1 in Gallo, V., Chittka, L. 2018. "Cognitive aspects of comb- building in the honeybee?" Frontiers in Psy chol ogy 9: 900. DOI: 10.3389/fpsyg.2018.00900.

1.2. A. Electron micrograph by Johannes Spaethe.

1.2. B and C. Images by Andrew Giger.

1.3. Photo by Lars Chittka.

1.4. Reprinted from figure 1 in Animal Behaviour, Vol. 36, Laverty, T. M., Plowright, R. C., "Flower handling by bumblebees—a comparison between specialists and generalists," 733–40. Copyright 1988, with permission from Elsevier.

1.5. Photo and image design by Helga Heilmann, published as the cover image to the article: Roper, M., Fernando, C., Chittka, L. 2017. "Insect bio- inspired neural network provides new evidence on how simple feature detectors can enable complex visual generalization and stimulus location invariance in the miniature brain of honeybees." PLOS Computational Biology 13 (2): e1005333. DOI:10.1371/journal.pcbi.1005333.

2.1. Photos by Klaus Schmitt, as figure 1b from Stelzer, R. J., Raine, N. E., Schmitt, K. D., Chittka, L. 2010. "Effects of aposematic coloration on predation risk in bumblebees? A comparison between differently coloured populations, with consideration of the ultraviolet." Journal of Zoology 282: 75–83. DOI: 10.1111/j.1469-7998.2010.00709.x.

2.2. Photo by Karl von Frisch; figure 1 from von Frisch, K. 1914. "Der Farbensinn und Formensinn der Biene." Zoologische Jahrbücher (Physiologie) 37: 1–238.

DOI: 10.5962/bhl.title .11736.

2.3. Figure design by Lars Chittka.

2.4. Modified from figure 1 in Waser, N. M., Chittka, L. 1998. "Bedazzled by flowers." Nature 394: 835–36. DOI: 10.1038/29657.

2.5. Figure design by Lars Chittka.

3.1. Redrawn after figure 11 from Wolf, E. 1927. "Über das Heimkehrvermögen der Bienen II." Zeitschrift für Vergleichende Physiologie 6: 221–54. DOI: 10.1007/BF00339256.

3.2. Modified from the following sources: Wehner, R. 1997. "The ant's celestial compass system: spectral and polarization channels." In Orientation and Communication in Arthropods, ed. M. Lehrer, Basel: Birkhauser Verlag, 145–85; Evangelista, C., Kraft, P., Dacke, M., Labhart, T., Srinivasan, M. V. 2014. "Honeybee navigation: critically examining the role of the polarization compass." Philosophical Transactions of the Royal Society B—Biological Sciences 369: DOI: 10.1098 / rstb.2013.0037.

3.3. Modified from Srinivasan, M. V. 2011. "Honeybees as a model for the study of visually guided flight, navigation, and biologically inspired robotics." Physiological Reviews 91 (2): 413–60. DOI: 10.1152/physrev.00005.2010.

3.4. Modified from figure 4A in Liang, C. H., Chuang, C. L., Jiang, J. A., Yang, E. C. 2016. "Magnetic sensing through the abdomen of the honey bee." Scientific Reports 6. DOI: 10.1038/srep23657.

3.5. From figure 1.1 in Goodman, L. 2003. Form and Function in the Honeybee. Cardiff, Westdale Press. © International Bee Research Association. Reproduced with permission.

4.1. Modified from figure 28 in Baerends, G. P. 1941. "Fortpflanzungsverhalten und Orientierung der Grabwespe Ammophila campestris." Tijdschrift voor Entomologie 84: 71–248.

4.2. Image design by Vince Gallo, published as figure 4 in Gallo, V., Chittka, L. 2018. "Cognitive aspects of comb- building in the honeybee?" Frontiers in Psychology 9:900. DOI: 10.3389/fpsyg.2018.00900.

4.3. Photos by Florian Schiestl (bumble bee, white flower), Steve Johnson (sphingid moth), Scott Hodges (red flower), Rob Raguso (ipomoea); figure design modified from figure 1 in Clare, E. L., Schiestl, F. P., Leitch, A. R., Chittka, L. 2013. "The promise of genomics in the study of plant- pollinator interactions." Genome Biology 14: 207. DOI: 10.1186/gb-2013-14-6-207.

5.1. Photo by Jeremy Early, as figure 1A in Collett, M., Chittka, L., Collett, T. S. 2013. "Spatial memory in insect navigation." Current Biology 23 (17): R789– 800. DOI: 10.1016/j.cub .2013.07.020

5.2 A and B. Figure design by Jürgen Tautz and Marco Kleinhenz (modified), published in Chittka, L. 2004. "Dances as win dows into insect perception." PLOS Biology 2: 898–900. DOI: 10.1371/journal.pbio.0020216.

5.2. C. Redrawn after Barron, A. B., Plath, J. A. 2017. "The evolution of honey bee dance communication: a mechanistic perspective." Journal of Experimental Biology 220: 4339–46. DOI: 10.1242/jeb.142778.

6.1. Image redrawn after figure 1 from Collett, T., Kelber, A. 1988. "The retrieval of visuospatial memories by honeybees." Journal of Comparative Physiology A 163: 145–50. DOI: 10.1007/BF00612004.

6.2. Redrawn after figure 1 from Bennett, A.T.D. 1996. "Do animals have cognitive maps?" Journal of Experimental Biology 199: 219–24. DOI: 10.1242/jeb.199.1.219.

6.3. Photo by Lars Chittka, published as figure 1 in Skorupski, P., MaBouDi, H., Galpayage Dona, H. S., Chittka, L. 2018. "Counting insects." Philosophical Transactions of the Royal Society B—Biological Sciences 373: 20160513. DOI: 10.1098 /rstb.2016.0513.

6.4. Design by HaDi MaBouDi, published as figure 5 in Skorupski, P., MaBouDi, H., Galpayage Dona, H. S., Chittka, L. 2018. "Counting Insects." Philosophical Transactions of the Royal Society B—Biological Sciences 373: 20160513. DOI: 10.1098/rstb.2016.0513.

6.5. A. Redrawn from figure 1 in Muller, M., Wehner, R. 1988. "Path integration in desert ants, Cataglyphis fortis." Proceedings of the National Acad emy of Sciences of the USA 85: 5287–90. DOI: 10.1073/pnas.85.14.5287.

6.5. B– D. Redrawn after figure 2 from Chittka, L., Kunze, J., Shipman, C.,

Buchmann, S. L. 1995. "The significance of landmarks for path integration of homing honey bee foragers." Naturwissenschaften 82: 341–43. DOI: 10.1007/BF01131533.

6.6. Left: Photo by Joseph Woodgate, published in Woodgate, J. L., Makinson, J. C., Rossi, N., Lim, K. S., Reynolds, A. M., Rawlings, C. J., Chittka, L. 2021. "Harmonic radar tracking reveals that honeybee drones navigate between multiple aerial leks." iScience 24 (6): 102499. DOI: 10.1016/j.isci.2021.102499.

6.6. Right: Photo by Lars Chittka. Published as figure 2A in Chittka, L. 2017. "Bee cognition." Current Biology 27 (19): R1049–53. DOI: 10.1016/j.cub.2017.08.008.

6.7. Image series by Joseph Woodgate, published as figure 2B– D in Chittka, L. 2017. "Bee cognition." Current Biology 27 (19): R1049–53. DOI: 10.1016/j.cub.2017.08.008, and based on data from: Woodgate, J. L., Makinson, J. C., Lim, K. S., Reynolds, A. M., Chittka, L. 2016. "Life- long radar tracking of bumblebees." PLOS ONE 11 (8): e0160333. DOI: 10.1371 /journal.pone.0160333.

7.1. Left: Figure design by Beau Lotto, published as figure 4A in Lotto, R. B., Chittka, L. 2005. "Seeing the light: illumination as a contextual cue to color choice be hav ior in bumblebees." Proceedings of the National Acad emy of Sciences of the USA 102: 3852–56. DOI: 10.1073/pnas.0500681102.

7.1. Right: Photo by Klaus Lunau.

7.2. Top: Photo by Lars Chittka.

7.2. Bottom: Data and figure 4 from Chittka, L., Thomson, J. D. 1997. "Sensori- motor learning and its relevance for task specialization in bumble bees." Behavioral Ecol ogy and Sociobiology 41: 385–98. DOI: 10.1007/s002650050400.

7.3. Adapted from Theobald, J. 2014. "Insect neurobiology: how small brains perform complex tasks." Current Biology 24: R528–29. DOI: 10.1016/j.cub.2014.04.015, which is in turn based on Nityananda, V., Skorupski, P., Chittka, L. 2014. "Can bees see at a glance?" Journal of Experimental Biology 217: 1933–39. DOI: 10.1242/jeb.101394.

7.4. Photos and electron micrographs are by Beverley Glover, originally published as figure 1 in Whitney, H., Chittka, L. 2007. "Warm flowers, happy pollinators." Biologist 54: 154–59.

7.5. Image by Brigitte Bujok, Marco Kleinhenz, Jürgen Tautz, previously published in Dyer, A. G., Whitney, H. M., Arnold, S.E.J., Glover, B. J., Chittka, L. 2006. "Bees associate warmth with flower colour." Nature 442: 525. DOI: 10.1038/442525a.

7.6. Redrawn from figure 4 in Chittka, L., Niven, J. 2009. "Are bigger brains better?" Current Biology 19: R995–1008. DOI: 10.1016/j.cub .2009.08.023, which is in turn a redrawing of data from Giurfa, M., Zhang, S., Jenett, A., Menzel, R., Srinivasan, M. V. 2001. "The concepts of 'sameness' and 'difference' in an insect." Nature 410: 930–33. DOI: 10.1038/35073582.

7.7. Redrawn from figure 1 in Chittka, L., Jensen, K. 2011. "Animal cognition: concepts from apes to bees." Current Biology 21: R116–19. DOI: 10.1016/j.cub.2010.12.045, which shows the experimental procedure in: Avarguès-Weber, A., Dyer, A. G., Giurfa, M. 2011. "Conceptualization of above and below relationships by an insect." Proceedings of the Royal Society of London B—Biological Sciences 278 (1707): 898–905. DOI: 10.1098/rspb.2010.1891.

8.1. Redrawn after figure 1 from Leadbeater, E., Dawson, E. H. 2017. "A social insect perspective on the evolution of social learning mechanisms." Proceedings of the National Academy of Sciences of the USA 114: 7838–45. DOI: 10.1073/pnas.1620744114, which is in turn a rendition of the experimental procedure used in: Dawson, E. H., Avarguès-Weber, A., Chittka, L., Leadbeater, E. 2013. "Learning by observation emerges from simple associations in an insect model." Current Biology 23: 727–30. DOI: 10.1016/j. cub.2013.03.035.

8.2. Photos by Ellouise Leadbeater.

8.3. Left: Photo series by Sylvain Alem; originally published as figure 3 in: Chittka, L. 2017. "Bee cognition." Current Biology 27 (19): R1049–53. DOI: 10.1016/j.cub.2017.08.008.

8.3. Right: figure 5A from: Alem, S., Perry, C. J., Zhu, X., Loukola, O. J., Ingraham, T., Søvik, E., Chittka, L. 2016. "Associative mechanisms allow for social learning and cultural transmission of string pulling in an insect." PLOS Biology 14 (10): e1002564. DOI: 10.1371/journal . pbio.1002564.

8.4. Photo is by Iida Loukola; other images redrawn from figure 2 in: Loukola, O.

J., Solvi, C., Coscos, L., Chittka, L. 2017. "Bumblebees show cognitive flexibility by improving on an observed complex be hav ior." Science 355 (6327): 833–36. DOI: 10.1126/science.aag2360.

8.5. Top: Photo by Rotraut Sachs, published as figure 7A in Leadbeater, E., Chittka, L. 2007. "Social learning in insects— from miniature brains to consensus building." Current Biology 17: R703–13. DOI: 10.1016/j.cub.2007 .06.012.

8.5. Bottom: Modified from figure 5 in Seeley, T., Buhrman, S. 1999. "Group decision making in swarms of honey bees." Behavioral Ecology Sociobiology 45: 19–31. DOI: 10.1007/s002650050536. Copyright © 1999 by Springer Nature. Reprinted with permission.

9.1. Top: Figures 2 and 5 from Dujardin, F. 1850. "Mémoire sur le systeme nerveux des insectes." Annales des Sciences Naturelles B—Zoologie 14: 195–206.

9.1. Bottom: Figure design published as figure 1D in Rother, L., Kraft, N., Smith, D. B., el Jundi, B., Gill, R. J., Pfeiffer, K. 2021. "A micro- CTbased standard brain atlas of the bumblebee." Cell and Tissue Research 386: 29–45. DOI: 10.1007/s00441-021-03482- z.

9.2. Original drawing from Kenyon, F. C. 1896. "The brain of the bee— a preliminary contribution to the morphology of the ner vous system of the Arthropoda." Journal of Comparative Neurology 6: 134–210. DOI: 10.1002/cne.910060302.

9.3. Left: Original drawing from Ramón y Cajal, S., Sánchez, D. 1915. "Contribución al conocimiento de los centros nerviosos de los insectos." Trabajos del Laboratorio de Investigaciones Biológicas de la Universidad de Madrid 13: 1–68.

9.3. Right: Panels A– F of figure 4 from Paulk, A. C., Phillips- Portillo, J., Dacks, A. M., Fellous, J. M., Gronenberg, W. 2008. "The pro cessing of color, motion and stimulus timing are anatomically segregated in the bumblebee brain." Journal of Neuroscience 28 (25): 6319–32. DOI: 10.1523/JNEU ROSCI.1196-08.2008. (Copyright 2008 Society for Neuroscience.)

9.4. Modified from figure 1A in Hammer, M. 1993. "An identified neuron mediates the unconditioned stimulus in associative olfactory learning in honeybees." Nature

366: 59–63. DOI: 10.1038/366059a0. Copyright © 1993 by Springer Nature. Reprinted with permission.

9.5. Modified from Honkanen, A., Adden, A., Freitas, J. D., Heinze, S. 2019. "The insect central complex and the neural basis of navigational strategies." Journal of Experimental Biology 222 (Suppl. 1): jeb188854. DOI: 10.1242/jeb .188854.

10.1. Left, top and bottom: Photos by Lars Chittka.

10.1. Right: Modified from figure 5 in Stelzer, R. J., Stanewsky, R., Chittka, L. 2010. "Circadian foraging rhythms of bumblebees monitored by radio-frequency identification." Journal of Biological Rhythms 25: 257–67. DOI: 10.1177/0748730410371750.

10.2. Photo by Helga Heilmann, previously published as figure 1 in Chittka, A., Chittka, L. 2010. "Epigenet ics of royalty." PLOS Biology 8: e1000532. DOI: 10.1371/journal.pbio.1000532.

10.3. Electron micrographs by Johannes Spaethe, published as figure 1A in Spaethe, J., Chittka, L. 2003. "Interindividual variation of eye optics and single object resolution in bumblebees." Journal of Experimental Biology 206: 3447–53. DOI: 10.1242/jeb.00570.

10.4. Top: Modified from figure 1 in Saleh, N., Chittka, L. 2007. "Traplining in bumblebees (Bombus impatiens): a foraging strategy's ontogeny and the importance of spatial reference memory in short range foraging." Oecologia 151: 719–30. DOI: 10.1007/s00442-006-0607-9.

10.4. Bottom: Image designs by Joseph Woodgate, previously published as figure 1 in Woodgate, J. L., Makinson, J. C., Lim, K. S., Reynolds, A. M., Chittka, L. 2016. "Life- long radar tracking of bumblebees." PLOS ONE 11 (8): e0160333. DOI: 10.1371/journal.pone.0160333.

10.5. Redrawn after data from Chittka, L., Dyer, A. G., Bock, F., Dornhaus, A. 2003. "Bees trade off foraging speed for accuracy." Nature 424: 388. DOI: 10.1038/424388a.

10.6. Based on data from Raine, N. E., Chittka, L. 2008. "The correlation of learning speed and natu ral foraging success in bumble- bees." Proceedings of the Royal Society of London B—Biological Sciences 275: 803–8. DOI: 10.1098/

rspb.2007.1652.

10.7. Rearranged from figure 1 in Li, L., MaBouDi, H., Egertová, M., Elphick, M. R., Chittka, L., Perry, C. J. 2017. "A pos si ble structural correlate of learning per for mance on a colour discrimination task in the brain of the bumblebee." Proceedings of the Royal Society of London B—Biological Sciences 284 (1864): 20171323. DOI: 10.1098/rspb.2017.1323.

11.1. Photo by Lars Chittka, previously published as figure 1 in Mendl, M., Paul, E. S., Chittka, L. 2011. "Animal behaviour: emotion in invertebrates?" Current Biology 21: R463–65. DOI: 10.1016/j.cub.2011.05.028.

11.2. Photos and images by Thomas Ings. Line art is from: Ings, T. C., Wang, M. Y., Chittka, L. 2012. "Colour in de pen dent shape recognition of cryptic predators by bumblebees." Behavioral Ecol ogy and Sociobiology 66: 487–96. DOI: 10.1007/s00265-011-1295- y; results are based on data from: Ings, T. C., Chittka, L. 2008. "Speed- accuracy tradeoffs and false alarms in bee responses to cryptic predators." Current Biology 18: 1520–24. DOI: 10.1016/j.cub.2008.07.074.

11.3. Figure design by Cwyn Solvi, based on data in Solvi, C., Baciadonna, L., Chittka, L. 2016. "Unexpected rewards induce dopaminedependent positive emotion– like state changes in bumblebees." Science 353 (6307): 1529–31. DOI: 10.1126/science.aaf4454.

11.4. Figure design by Joanna Brebner, previously published as figure 1 in Brebner, J. S., Chittka, L. 2021. "Animal cognition: the self- image of a bumblebee." Current Biology 31 (4): R207–9. DOI: 10.1016/j.cub.2020.12.027.

11.5. Photos by Lars Chittka.

12.1. Photo by Joseph Wilson.

찾아보기

거대필리핀꿀벌(Apis breviligula) 130
검은띠꿀벌(Apis nigrocincta) 130
게거미(crab spider) 330
경보 페로몬(alarm pheromone) 80, 135, 220, 327, 340
고독성 벌(solitary bee) 97, 139, 254~255
광수용체(photoreceptors) 48~49, 62, 72~74
교차 양식 물체 인식(cross-modal object recognition) 346
구멍벌(digger wasp) 97~98, 126
귀소 감각(homing sense) 109, 146
금어초(Antirrhinum sp.) 22, 196~197
꼬마꿀벌(Apis florea) 130
꽃가루(pollen) 235, 291, 296, 314, 333, 352, 354
나나니속(Ammophila) 125
나침반 뉴런(compass neurons) 164
내수질(lobula) 253, 257, 261~263
내인성 진통제(endogenous painkiller) 327
노제마(Nosema) 44
눌루엔시스꿀벌(Apis nuluensis) 130

뉴런 원칙(neuron doctrine) 250
닉 스트로스펠드(Nick Strausfeld) 256, 258
닉 웨이저(Nick Waser) 114, 351
닐 윌리엄스(Neal Williams) 114
다감각 통합(multisensory integration) 124
대니얼 데닛(Daniel Dennett) 99
더듬이엽(antennal lobes) 253, 256~257, 265, 267
데이비드 셰리(David Sherry) 205
란돌프 멘첼(Randolf Menzel) 201, 309
레닌의 뇌(Lenin's brain) 306
레일리 경(Rayleigh, Lord) 35
로버트 크리스티(Robert Christy) 283
로버트 페이지(Robert Page) 294
로열젤리(royal jelly) 289
뤼디거 베너(Rüdiger Wehner) 160
마르셀 프루스트(Marcel Proust) 173
마르틴 보어만(Martin Bormann) 44
마리 기로드(Marie Guiraud) 207
마리에메 륄랑(Marie-Aimée Lullin) 104
마이클 부아베르(Michael Boisvert) 205

마크 로퍼(Mark Roper) 207, 262
마틴 지우르파(Martin Giurfa) 201
마틴 해머(Martin Hammer) 264
먹이 채집(foraging) 138, 167, 169, 181, 225, 228, 245~246, 287, 291, 308
메타인지(metacognition) 347
메히틸트 멘첼(Mechthild Menzel) 154
멜리사 베이트슨(Melissa Bateson) 331
모리스 마테를링크(Maurice Maeterlinck) 9, 234, 291
미세융모(microvilli) 72
밀랍(beeswax) 104, 106, 200
버섯체(mushroom body) 253
벌 남작(Bee Baron) 237~238
벌 자주색(bee purple) 47~48
벌목(Hymenoptera) 254
벌집(comb) 11, 12, 23, 27, 66, 74, 77~79, 83~85, 94, 97, 102, 103~105, 107~109, 112, 115, 122, 126, 128, 131, 134, 143, 147
병절(pedicel), 42, 42, 45 - 46
보상 경로(reward pathway) 264
보상 뉴런(reward neuron) 265
보상 예측 요소(predictor of reward) 150
부채꼴 몸체(fan-shaped body) 148, 158, 159, 160
브루노 밴 스윈더런(Bruno van Swinderen) 275
비욘 브렘프스(Björn Brembs) 303
산티아고 라몬 이 카할(Santiago Ramón y Cajal) 249~250

설탕 보상(sugar reward) 260, 269
수렵채집(hunter-gather) 29
수벌(drone) 104, 289
수분(pollination) 19, 113~114, 216, 222~223, 314, 328~329, 355
수용체(receptors) 46~47, 50, 52, 54, 72~74, 78~79, 82
수잔 슐마이스터(Susanne Schulmeister) 124
스리드하 라비(Sridhar Ravi) 337
시각 해상도(visual resolution) 296
시신경절(optic ganglia) 260, 271
신경 진동(neural oscillation) 276
신피질(neocortex) 274
아냐 바이덴뮐러(Anja Weidenmüller) 295
안쏘는벌(stingless bees) 50, 134~135
알렉산더 그레이엄 벨(Alexander Graham Bell) 61
알렉산드르 사포즈니코프(Alexander Sapozhnikov) 85
알프레히트 베테(Albrecht Bethe) 146
앤드루 배런(Barron, Andrew) 347
앨멋 켈버(Almut Kelber) 146
얀 쿤체(Jan Kunze) 161~162
에른스트 볼프(Ernst Wolf) 65
에리카 도슨(Erika Dawson) 219
에메랄드는쟁이벌(Ampulex compressa) 224
에이드리언 다이어(Adrian Dyer) 192
엘리자베스 티베츠(Elizabeth Tibbetts) 277

예프게니 에스코프(Evegeny Eskov) 85
오로르 아바르게-베베르(Aurore Avarguès-Weber) 206
오세레아 비로이(Oceraea biroi) 297
왕꿀벌(Apis dorsata) 130
외골격(exoskeleton) 83, 324
요한 지에르존(Johann Dzierzon) 143
원심성 신경 복사(efference copy) 336
윌리엄 몰리뉴(William Molyneux) 344
유충(larva) 36, 225, 235, 286, 289
인공 꽃(artificial flowers) 180, 183, 217, 227, 229~230, 300, 329
인도꿀벌(Apis indica) 130
잎베기벌(leafcutter bee) 355
잎새신경절(lamina) 253, 259~260
작업기억(working memory) 202
작은검정꿀벌(Apis andreniformis) 130, 132
장앙리 파브르(Jean-Henri Fabre) 146
재래꿀벌(Apis cerena) 130
전갈말벌(Hyposoter horticola) 124
전기장(electric field) 21, 84~85
전대뇌(protocerebrum) 257, 260
전대뇌교(protocerebral bridge) 272
전이 테스트(transfer test) 209
제니퍼 페웰(Jennifer Fewell) 293
제럴딘 라이트(Geraldine Wright) 331
제임스 굴드(James Gould) 148
제임스 톰슨(James Thomson) 174, 298
제프 올러튼(Jeff Ollerton) 114
조르제트 르블랑(Georgette Leblanc) 234

조피 숄(Sophie Scholl) 64
존 러벅(John Lubbock) 36
존 로크(John Locke) 344
존스턴기관(Johnston's organ) 77, 83, 85
중심지 회귀 채집 행동(central place foraging) 139
지그문트 엑스너(Sigmund Exner) 84
지연 샘플 대응 과제(delayed matching-to-sample task) 202
지형지물(landmark) 146, 153~156, 162, 171, 268, 271~272
짝짓기(mating) 289, 338~340
찰스 다윈(Charles Darwin) 60, 101, 146, 179, 215
찰스 보닛(Charles Bonnet) 319
찰스 터너(Charles Turner) 30, 145, 233, 284, 301
추측항법(dead reckoning) 159
춤 언어(dance language) 128, 221
카를 다우머(Karl Daumer) 44
카를 폰 프리슈(Karl von Frisch) 38
케니언 세포(Kenyon cell) 256~257, 267~269, 308, 310
콘라트 로렌츠(Konrad Lorenz) 121
퀴닌(quinine) 82
크리스천 브랜즈(Christian Brandes) 309
크리스토프 코흐(Christof Koch) 204
크윈 솔비(Cwyn Solvi) 226
토머스 콜렛(Thomas Collett) 146
톰 실리(Tom Seeley) 241
톰 잉스(Tom Ings) 329

통각 수용(nociception) 322~323, 356
트리고나 스피니페스(Trigona spinipes) 222
페로몬(pheromone) 23, 61, 79, 95, 327
페이 펭(Fei Peng) 268
펠릭스 뒤자르댕(Félix Dujardin) 252~253
편광 민감성(polarized light sensitivity) 74
편광(polarization) 14, 69~71, 74, 164, 200, 251, 271~272
폴 시스카(Paul Szyszka) 81
프랑수아 위베르(François Huber) 91, 104, 106
피올라 복(Fiola Bock) 192

하모닉 레이더(harmonic radar) 166
한스 베테(Hans Bethe) 110
헤더 휘트니(Heather Whitney) 196
헤르만 뮐러(Hermann Müller) 121, 127
호미닌(hominin) 29
호세 누녜스(Josué Núñez) 327
홑눈(ommatidia) 14, 73, 186, 253, 259~260
후고 슈파츠(Hugo Spatz) 307
후고 폰 부텔레펜(Hugo von Buttel-Reepen) 111
희소 코드(sparse code) 267
흰개미(termite) 292
8자춤(waggle run) 134, 238, 240

대부분의 사람들은 벌들의 집단이 놀라울 정도의 지적 능력을 가지고 있다는 사실을 알고 있다. 하지만 벌이 하나의 개체로서도 놀라울 정도로 독특한 지적 능력을 보유하고 있다는 것을 아는 사람은 그리 많지 않을 것이다.

저자 라스 치트카는 자신이 수행한 선구적인 연구를 비롯한 지난 수십 년 동안의 연구들을 바탕으로 벌 한 마리 한 마리가 개체로서 놀라운 인지 능력을 가지고 있다고 주장한다. 이 과정에서 벌의 선천적인 행동과 효율적으로 먹이를 찾기 위한 진화가 벌의 공간 기억력 발달에 어떻게 기여했는지 설명한다.

저자는 독자를 벌의 감각 세계로 깊숙이 이끌면서, 벌의 뇌 안에 위치한 미세한 신경계에 정교한 물질들이 수없이 많이 들어있다는 점을 들어 벌이 동물계에서 얼마나 독보적인 존재인지 보여준다.